21 世纪高职高专规划教材（计算机类）

网络安全技术

第 2 版

主　编　湖北工业大学　陈　卓

副主编　黄冈职业技术学院　蔡向阳

山东日照职业技术学院　唐海和

参　编　黄冈职业技术学院　陈金莲

湖北交通职业技术学院　刘　桥

机 械 工 业 出 版 社

本书在第1版的基础上进行了修改和完善，全面介绍了网络安全的基本概念、原理以及应用，主要内容包括密码算法基础、身份认证技术、黑客攻击与防范、计算机病毒的原理与防御、防火墙技术及应用、入侵检测技术、操作系统安全、数据的备份与恢复，最后介绍了网络安全系统的规划与设计。

本书根据高职高专计算机网络技术专业的要求编写，并考虑了计算机相关专业的要求，内容丰富，文字浅显易懂，可作为高职高专计算机网络以及计算机应用等专业的教材，也可作为计算机爱好者的自学参考书。

为方便教学，本书配备电子课件等教学资源。凡选用本书作为教材的教师均可登录机械工业出版社教材服务网 www.cmpedu.com 注册后免费下载。如有问题请致信 cmpgaozhi@sina.com，或致电 010-88379375 联系营销人员。

图书在版编目（CIP）数据

网络安全技术/陈卓主编. —2版. —北京：机械工业出版社，2012.5（2024.7重印）
21世纪高职高专规划教材 计算机类
ISBN 978-7-111-37925-6

Ⅰ.①网… Ⅱ.①陈… Ⅲ.①计算机网络-安全技术-高等职业教育-教材 Ⅳ.①TP393.08

中国版本图书馆 CIP 数据核字（2012）第059505号

机械工业出版社（北京市百万庄大街22号 邮政编码100037）
策划编辑：余茂祚 责任编辑：赵志鹏 罗子超
版式设计：霍永明 责任校对：潘 蕊
封面设计：马精明 责任印制：单爱军
北京虎彩文化传播有限公司印刷
2024年7月第2版第7次印刷
184mm×260mm · 13.75印张 · 339千字
标准书号：ISBN 978-7-111-37925-6
定价：42.00元

电话服务	网络服务
客服电话：010-88361066	机 工 官 网：www.cmpbook.com
010-88379833	机 工 官 博：weibo.com/cmp1952
010-68326294	金 书 网：www.golden-book.com
封底无防伪标均为盗版	机工教育服务网：www.cmpedu.com

前　言

在信息技术飞速发展的今天，网络安全关系到国家的主权和安全，这是一个必须正视的问题。因此，构筑面向21世纪的国家信息安全保障体系，无疑具有十分重要的战略意义。

时代需要网络，网络需要安全。

在2004年7月召开的“全国高校本科信息安全规范与发展战略研究”成果发布与研讨会，给出了信息安全专业战略发展与规范的两个主要文件：一是信息安全学科专业发展战略研究，二是全国高校本科信息安全专业规范，指出信息安全专业人才至少应当包括研究性或学术性的信息安全专业人才（主要以研究性大学和教学研究型大学为培养主体）、应用型的信息安全人才（主要以教学主导型培养主体，技术型）和职业型的信息安全人才（以高等职业院校为主体）。由此可见，职业型信息安全人才是我们国家信息安全人才培养的重要组成部分。在社会面临日益严重的网络安全问题的大背景下，国家和各行业对网络安全人才的需求日趋旺盛，而真正具备足够理论知识和实战经验的网络安全人才却不多，远远不能满足社会需求。因此，培养高质量的职业型信息安全人才是高等职业院校义不容辞的责任。

网络安全涉及的理论比较生涩难懂，可能这是初入此道者翻了几本书后的共同心理。正是在这种情况下，我们根据高职高专计算机网络技术专业的需要，并考虑了计算机专业及相关专业的要求，编写了本书。本书力求以通俗的语言和清晰的叙述方法，向读者介绍计算机网络安全的基本理论和常用的安全技术。

《网络安全技术》一书自从2004年8月由机械工业出版社出版以来，多次重印，很受读者的欢迎。经过编者精心修订的第2版教材具有如下特色：

（1）知识实用、丰富、新颖

网络的发展日新月异，编者在教学过程中也深感网络安全技术在飞速发展，相关网络安全的新的理论和新的技术能够适时补充到原有教材是十分必要的，作为第2版，本书保留了原书的风格和基本体系，增加了身份认证技术、黑客攻击与防御、数据备份与恢复、网络安全系统设计规划这4个章节，并对原有章节进行了内容的更新，比较第1版，第2版更全面地反映网络安全的最新技术。

（2）强调实践性

网络安全技术实践性很强，仅仅通过书本，学生不可能全面深入地掌握网络安全的知识体系，更不可能在未来工作的网络安全攻防竞争中处于优势地位，对于高职高专的学生尤其如此。网络安全的实验教学近年来一直是国内网络安全教学的探索方向，本书中增加了更多的验证性实验，补充了一些综合性实验，增加了网络安全实践工程实例的内容比例，并详细介绍了操作步骤，使全书内容更具有实用性。

本书内容共分10章。

第1章为计算机网络安全概述，主要介绍了计算机网络安全的定义、计算机网络面临的主要威胁，网络安全的基本需求：机密性、完整性、可用性、不可否认性等，以及构建网络安全体系结构的主要技术、网络安全的级别分类和我国网络安全现状。

第 2 章介绍密码学的历史与发展、密码学的基本概念、密码算法的分类，学习几种有代表性的古典密码，还介绍了对称密码算法和非对称密码算法的原理与应用。

第 3 章介绍几种常见的身份认证技术：口令机制、数字证书、智能卡身份认证、基于生物特征识别的身份认证技术。

第 4 章介绍黑客攻击的原理和针对黑客攻击的防御知识。

第 5 章介绍计算机病毒的特性、传播途径以及病毒的预防和查杀的知识。

第 6 章介绍防火墙技术的基本原理、分类以及应用。

第 7 章介绍入侵检测技术的定义、功能、分类及应用。

第 8 章主要介绍了以 Windows 操作系统安全机制为应用背景的操作系统安全。

第 9 章主要介绍数据备份的基本概念、数据备份方案设计及实施、数据容灾技术以及几种常用的数据备份与恢复工具的使用。

最后，第 10 章主要介绍网络安全系统规划设计的基本方法以及网络安全平台搭建案例分析。

每章内容后都附有本章小结和复习思考题，帮助读者掌握基本理论和关键技术，同时每章还附有实践与训练，帮助读者学以致用，尽快进入实用状态。

本书参考学时为 70 学时。建议理论教学 40 学时、上机教学 30 学时。教师可以根据学校的教学条件、自己的专业特长和教学需要，适当补充或删减一些教学内容。

本书中介绍的软件大多可以从网上官方免费下载，这样既方便教师教学，也方便学生自学。如果学校条件允许，也可补充介绍一些商业软件、硬件或补充其他一些专业的网络安全教学软件，这样教学效果会更好。

有关本书的电子课件、习题参考答案、部分书中使用的工具软件将放在机械工业出版社教学资源网站（www. cmpedu. com）上，在电子课件中将对书中每章的教学重点、教学要求详细说明，供教师和学生参考。教师课堂教学时，建议多媒体课件、板书相结合，如果教学条件允许，对于有些实践性较强的章节，如果能在机房采用教师演示、学生通过实验验证，可能教学效果会更好。

本书第 1、2、3 章由陈卓编写，第 4 章和第 5 章由陈卓、唐海和共同编写，第 6 章和第 7 章由陈金莲编写，第 8 章和第 9 章由蔡向阳编写，第 10 章由刘桥编写。陈卓作为主编对全书进行了统编和最后定稿。

在向读者们热情推荐本书的同时，我们也深深感到计算机网络安全的理论、技术以及应用可谓博大精深，网络安全新技术如雨后春笋，书中如有错误和疏漏，敬请各位读者批评指正，并提出宝贵意见。

编　者

目　录

第1章 计算机网络安全概述

学习目标：

通过本章的学习，要求了解计算机网络安全的定义、面临的主要威胁，掌握计算机网络安全的基本需求：机密性、完整性、可用性、不可否认性等，了解构建网络安全体系结构的主要技术、网络安全级别划分、我国网络安全现状，最后，需要了解网络安全的法律法规，并自觉遵守。

引例：

信息技术的迅猛发展使得计算机网络这一人类伟大的发明已经广泛地深入到社会的各个角落，人们利用网络存储数据、处理图像、互发电子邮件等，充分地享用网络带来的无可比拟的功能和智慧。计算机网络已经成为社会发展进步的重要标志，它的应用遍及国家的政府、军事、科技、文教等领域。其中，存储、传输和加工处理的信息有许多涉及政府宏观调控决策、商业经济信息、银行资金、股票证券、能源资源、科研数据等重要内容。

与此同时，无情的事实表明，除非我们把计算机锁在一个密闭的房间里，并且没有任何计算机与之相连，使其对外界的访问受到隔离，否则该计算机系统就会时刻处于危险之中，随时都可能面临黑客的攻击、少数网民的恶作剧以及个别居心叵测分子的作祟。

近年来，计算机犯罪案件急剧上升，各国的网络系统面临着很大的威胁，并成为严重的社会问题之一。更多职业化黑客的出现，使网络攻击更加有目的性，黑客们已经不再满足于简单、虚无缥缈的名誉追求，更多的攻击背后是丰厚的经济利益。据美国联邦调查局的统计，美国每年因网络安全造成的损失高达上百亿美元。

1.1 引言

1.1.1 计算机网络安全的定义

当你遨游在 Internet 浩瀚无际的信息海洋时，你就会发现计算机只有同网络相连，才是

名副其实的计算机，从一定意义上讲，“网络就是计算机”，“计算机就是网络”，两者密不可分。随着计算机网络的飞速发展，这一关于计算机的现代理念已经越来越得到人们的认可。因此，要给计算机网络安全下定义，首先要了解“计算机安全”的概念。

国际标准化组织（ISO）将“计算机安全”定义为：“为数据处理系统建立和采取的技术和管理的安全保护，保护计算机硬件、软件数据不因偶然和恶意的原因而遭到破坏、更改和泄露”，此定义偏重于静态信息的保护。

也曾有人将“计算机安全”定义为：“计算机的硬件、软件和数据受到保护，不因偶然和恶意的原因而遭到破坏、更改和泄露，系统连续正常运行。”该定义着重于动态意义描述。

综合上述计算机安全的定义以及计算机和网络的密切关系，我们可以给“计算机网络安全”作如下定义：“保护计算机网络系统中的硬件、软件及其数据不受偶然或者恶意原因而遭到破坏、更改、泄露，保障系统连续可靠地正常运行，网络服务不中断。”

1.1.2 计算机网络面临的安全威胁

为什么计算机网络如此容易受到侵害？主要存在于两个方面的问题：一方面，资源共享是计算机网络的重要特点，这对于无数的计算机用户无疑是好事，否则，网络也不会受到人们如此的青睐。但也正是因为“共享”，容易被一些别有用心者钻了空子，使得网络信息及网络设备的安全受到了种种不同程度的威胁。

另一方面，从网络协议结构设计看，如今使用最广泛的网络协议是TCP/IP，它是在资源管理及网络技术均不成熟的情况下设计的。它的最初的主要设计目标是互联、互通、共享，而不是安全。实践证明，该协议中已被发现有许多安全漏洞和隐患，这是因为研制者在设计之初并没有过多考虑网络的安全性能。因此，计算机技术，包括网络技术，虽然已经从过去的研究阶段进入了商品实用阶段，但是它的技术基础是不安全的，有其脆弱的一面，这是我们不可否认的客观事实。

知己知彼，百战不殆。下面我们通过计算机网络上两个用户的通信来考察一下网络面临的主要威胁。

（1）截获　发送方通过网络与接收方通信时，如果不采取任何保密措施，那么其他人就有可能截获并偷看到他们的通信内容，如图1-1所示。

图1-1　消息被截获

（2）篡改　授权方不仅获得了访问而且篡改了内容。例如，将一笔电子交易的金额由100万元改成1000万元，比泄露这笔交易本身的结果更严重，如图1-2所示。篡改信息包

括对重要文件的修改、更换、删除等，是一种很恶劣的攻击行为，不真实的信息将对用户造成很大的损失。

图1-2　消息被篡改

(3) 抵赖　这是通信双方之间可能发生的安全隐患。例如，由于价格行情发生改变，A否认自己曾经与B签署的电子合同。在电子商务系统中特别需要提供抗抵赖服务。

(4) 恶意代码　恶意代码包括计算机病毒、“流氓”软件、钓鱼网络以及其他后门程序。其中，计算机病毒是计算机网络面临的主要威胁之一。由于网络的设计目标是资源共享，所以网络是计算机病毒滋生的理想家园。Internet的发展，大大地加速了病毒的传播速度。

(5) 拒绝服务　拒绝服务（Denial of Service，DoS）是一种破坏性的黑客攻击方式，其目的旨在使目的主机陷入停顿或无意义的繁忙，从而使合法用户无法正常使用资源，造成网络效率降低甚至瘫痪。例如，Ping风暴是一种常用的DoS攻击方法，只要多人约定在某个时刻同时对目标主机使用Ping程序，就可能耗尽目标主机的网络带宽和处理能力，造成网络效率急剧降低或瘫痪。

(6) 欺骗攻击　网络欺骗攻击的主要方式有网络互连协议（IP）欺骗、地址解析协议（ARP）欺骗、域名系统（DNS）欺骗、Web欺骗等。

1.1.3　计算机网络安全的基本需求

面对计算机网络面临的威胁，人们对计算机网络中的数据安全提出了以下安全需求。

1. 数据的机密性

首先人们意识到的是信息保密。在传统信息环境中，普通人通过邮政系统发送信件，为了个人隐私还要装上信封。可是到了使用数字化信息的今天，以0、1二进制位编码在网上传递信息，连个“信封”都没有，我们发的电子邮件都是“明信片”，那还有什么秘密可言，因此，就提出了信息安全中数据的机密性需求。

数据的机密性是指数据不被未授权者获取，机密性可以保护被传输的数据免受如图1-1所示的截获攻击。

2. 数据的完整性

在网络环境中如何防止信息被黑客篡改，或者说信息被移花接木后怎样才可以被察觉呢？人们提出了网络中数据的完整性需求。

数据的完整性是指保证真实的数据从发送方到达接收方。在经过网络传输后的数据，必

须与传输前的内容与形式完全一样，其目的就是保证信息系统上的数据处于一种完整和未受损的状态，数据在传输的过程不会被有意或无意的事件所改变、破坏和丢失。系统需要一种方法来确认数据在此过程中没有被改变。

3. 数据的可用性

数据的可用性是授权者可以随时使用信息的服务特性，即攻击者不能占用资源而阻碍授权者的工作。由于互联网是开放性网络，需要时就可以得到所需要的数据，这是网络设计和发展的基本目标，因此数据的可用性要求系统当用户需要时能够存取所需要的数据，或者说能够得到系统提供的服务。如果一个合法用户需要得到系统或网络服务时，系统和网络不能提供正常的服务，那么就像文件资料被锁在保险柜里，开关和密码系统因混乱而不能取出一样，虽然数据完好无损地存在于系统之中，却眼看着拿不出来。例如，网络环境下拒绝服务、破坏网络和系统的正常运行等都属于对数据可用性的攻击。

4. 不可抵赖和不可否认

不可抵赖和不可否认是指用户不能抵赖自己曾做出的行为，也不能否认曾经接到对方的信息，这在网络交易系统（如电子商务）中十分重要。

另外，保护网络硬件资源不被非法占有和破坏，软件资源免受病毒的侵害，都构成了整个信息网络上的安全需求。

1.2 主要的网络安全技术

1. 密码技术

构建网络安全的体系结构离不开密码技术，没有密码技术的支撑，网络安全无从谈起。密码理论是网络安全的重要基石，是保护网络信息安全的核心与关键技术。随着通信和计算机技术发展起来的现代密码学，不仅在解决信息的机密性，而且在解决信息的完整性、可用性和抗抵赖性方面发挥着不可替代的作用。本书在第 2 章将介绍密码学中的加密技术、鉴别和数字签名等技术。

数据加密可以用来实现数据的机密性，使得加密后的数据能够保证在传输、使用和转换过程中不被第三方非法获取。数据经过加密变换后，将明文转换成密文，只有经过授权的合法用户，使用与发送方共享的密钥通过解密算法才能将密文还原成明文。反之，未经授权的用户因不掌握密钥，无法获得原文的信息。数据加密可以说是许多安全措施的基本保证。

对于数据的完整性，可以采用鉴别技术来实现，鉴别技术也是密码学的主要应用领域之一。为了防止数据在传输过程中被非法篡改、删除、产生，只需在通信介质两端进行密码学鉴别。鉴别技术就像明察秋毫的大法官，通过对鉴别算法产生的消息鉴别码的比对，立刻就能发现接收到的数据是否被做过手脚，常用的鉴别算法有消息摘要算法第五版（MD5）、安全散列算法（SHA）等。

对于通信中的抵赖行为，在密码学中可以采用“数字签名”来解决。数字签名的目的是使发送者把签了名的消息发送给接收者以后，便不能否认其签名的消息；而接收者能够验证发送者的签名，但不能伪造。数字签名的作用类似于传统的手写签名，一旦双方就消息的内容和消息的来源发生了争执，应能向仲裁者提供有效的证据，证明是一方抵赖还是另一方诬告。

2. 网络安全协议

通过前面的介绍，我们知道采用密码技术可以提供数据的机密性、完整性、抗抵赖等安全服务，那么这些安全服务如何在网络中系统地实施呢？在实际的操作中很多时候是通过网络安全协议来实现这些安全服务的。

本书在第 2 章中介绍的安全套接层（SSL）、IPSec 就是其中有代表性的网络安全协议。虽然不必人人都是密码学或网络安全的专家，但是了解网络安全协议的基本知识无论对于计算机专业人士还是普通用户都是十分有益的，这样在具体的安全方案的实施中，可以根据实际的安全需求很方便地在操作系统和路由器中进行安全配置。

3. 身份鉴别技术

用户身份鉴别是对计算机系统中的用户进行验证的过程，让验证者相信正在与之通信的另一方就是他所声称的那个实体。用户必须提供他能够进入系统的证明，身份认证往往是许多应用系统中安全保护的第一道防线，因此，身份认证是建立网络信任体系的基础。

4. 防火墙技术

防火墙是插在内部网与外部网络之间的一个隔离层，通过建立受控的连接来形成一道安全的屏障。它隔离内部网与外部网，使内部网有选择地与外部网进行信息交换，阻止外界对内部资源的非法访问。防火墙增强了内部网络的安全性，用户可以安全地使用网络，更好地利用网络的资源。比较常用的防火墙有：包过滤防火墙、代理服务器（也叫应用级网关）、电路级网关、规则检测防火墙等。通过本章学习，我们将知道防火墙不能解决所有的安全问题，防火墙只是整个安全策略的一部分。

5. 入侵检测

入侵检测是防火墙的合理补充，帮助系统对付网络攻击，扩展了系统管理员的安全管理能力（包括安全审计、监视、进攻识别和响应），提高了信息安全基础结构的完整性。它从计算机网络系统中的若干关键点收集信息，并分析这些信息，了解网络中是否有违反安全策略的行为和遭到袭击的迹象。入侵检测被认为是防火墙之后的第二道安全防线，在不影响网络性能的情况下能对网络进行监测，从而提供对内部攻击、外部攻击和误操作等实时保护。

6. 网络病毒防护

面对病毒的猖獗，需要建立起有效的技术措施，能从病毒传染的各种可能途径入手，不受病毒种类和变形的限制，能够防、杀结合，甚至能够安全运行受病毒感染的程序，保证网络系统的有效、正常运行。

7. 数据备份与恢复

数据备份与恢复就是将系统数据以某种方式加以保留，以便在系统遭受破坏或其他特定情况下，重新加以利用的一个过程。数据备份是数据可用性的最后一道防线，其目的是为了系统数据崩溃时能够快速地恢复数据，无论对于个人，还是学校、银行、证券等企事业单位，数据备份与恢复都是不可忽视的重要环节。

1.3 我国计算机网络安全现状

中国互联网络发展状况统计报告显示，截至 2011 年 6 月，中国网民规模达到 4.85 亿人，网民规模较 2010 年年底增长 2770 万人，迅速发展的互联网行业背后，黑色产业链的发展也日益猖狂。统计数据显示，威胁的数量增长惊人，达到300%。与此同时，黑色链也发生了深刻的变化。

求其根源，引发网络安全问题的根源其实是“经济利益”，木马产业链、病毒经济都离不开利益。无论是盗号木马还是修改用户 IE 主页的恶意软件，这些病毒制作者的目的往往只有一个——“钱”。

《2010—2011 中国互联网安全研究报告》显示，2010 年新增计算机病毒木马 1798 万余种，仅从病毒数量增长情况看，病毒疫情区域平稳增长态势，感染数量没有出现类似 2009 年的飙升。以金山毒霸监测数据为例，2009 年金山毒霸共截获新增病毒和木马 20684223 个，与 2008 年相比增长迅猛，2010 年病毒数量有所下降，为 17988452。图 1-3 为 2003 年到 2010 年的新增病毒和木马数量对比，如图 1-3 所示。《2011 年中国互联网发展报告》显示，2011 上半年，遭遇过病毒或木马攻击的网民达 2.17 亿，比例为 44.7%；有过账号或密码被盗经历的网民达 1.21 亿人，占 24.9%。

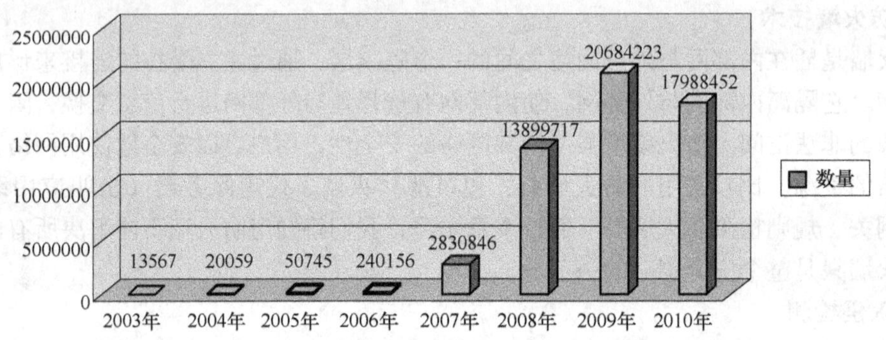

图 1-3 近几年新增计算机病毒、木马数量对比

在新增病毒中，木马仍然最多，占病毒总量的 73.6%。黑客后门和风险程序紧随其后，这三类病毒构成了黑色产业链的重要部分，如图 1-4 所示。而且网站挂马的现象也显著增

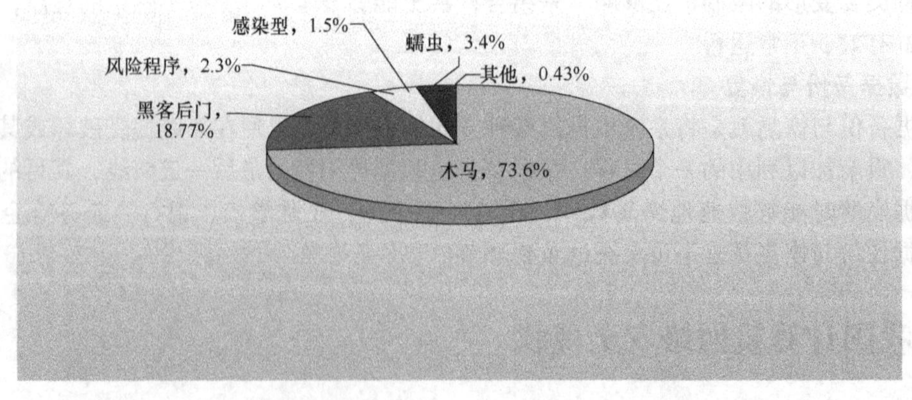

图 1-4 2009 年不同类别病毒和木马比例

加，网页挂马是地下产业链的重要一环，安全漏洞的披露以及网络热点事件、搜索热词的出现，都是黑客进行网页挂马的“契机”。以来自金山公司的数据显示，从2009年开始，全年共检测到8393781个挂马网站。此外，欺诈类钓鱼网站的数量也在2009年下半年迅猛增长，仅12月份，金山网盾共拦截钓鱼网站1万多个。

国家计算机网络应急技术处理协调中心（CNCERT/CC）通报的2010年网络安全数据显示，2010年一季度国家计算机网络应急技术处理协调中心共收到6225个事件报告，这个数据与2009年相比处于高位，其中垃圾邮件、网页挂马、网页仿冒事件的报告数量尤为突出，针对境内互联网基础设施的攻击主要是DoS攻击。

在公共互联网环境安全方面，国家计算机网络应急技术处理协调中心共监测发现僵尸网络控制服务器IP有3448个，僵尸网络受控主机IP有279万余个；共监测发现木马控制服务器IP有16.2万余个，木马受控主机IP有87万余个。与2009年相比，我国大陆地区的木马受控主机数量处在高位。由于目前国家计算机网络应急技术处理协调中心仅对远程控制类木马和僵尸网络进行监测，所以这些监测到的木马和僵尸网络还仅仅只能反映恶意代码活动的冰山一角。

另外，用户访问互联网的第一体验就是各种各样的Web网站，因此网站安全将严重影响用户的上网安全。2010年一季度，CNCERT共监测到我国内地被篡改网站各月累计有6488个，这一数字与2009年相比处于低位。我国被篡改网站数量的下降在一定程度上说明网站整体安全性有所提升，但总的情况不容乐观。2010年，我国内地政府网站被篡改数量各月累计达1211个；政府网站被篡改数量和比例与2009年相比处于高位。

1.4　计算机网络安全的级别分类

网络安全是建立在开放的网络环境中的，因此，建立一个严谨、统一、完整、可靠的网络信息安全标准具有非常重要的意义。

1.4.1　可信计算机系统评测标准

从1981年起，美国国防部计算机安全中心就开始全面研究计算机系统所处理的机密信息的保护要求和控制手段。1985年开发出计算机安全标准：《可信计算机系统评测标准》（Trusted Computer System Evaluation Criteria，TCSEC），因为封面为橘色也叫橘皮书，其中的一些计算机安全级别被用来评价一个计算机系统的安全性。自从1985年它成为美国国防部的标准以来，多年来一直是评估多用户主机和操作系统的主要方法，其他子系统（如数据库和网络等）也一直是用橘皮书来解释评价的。

橘皮书就计算机系统的安全性程度，分为若干安全级别，依照安全等级由低到高的顺序是：D级安全、C级安全、B级安全、A级安全。

1. D级安全

D级是最低的安全级别，拥有这个级别的系统是可用的最低安全形式。其硬件缺乏保护，操作系统容易受到损害，用户和存储器在计算机上的信息少有身份验证控制访问权限。属于这个级别的操作系统有：MS-DOS、Windows初期版本和Macintosh System 7.x等操作系统，它们不区分用户，无法确定谁在敲击键盘，对硬盘上的信息几乎可以不受限制地访问。

它们提供简单的用户识别、验证、审核，也有一些访问控制和加密等功能，只是安全性不如C级的操作系统。

2. C级安全

C级有两个安全子级别，即C1级和C2级。

（1）C1级安全 C1级安全又称自由选择性安全保护（Discretionary Security Protection）级别，它描述了一种典型的在UNIX系统上的安全级别。这种级别的系统对硬件提供了某种程度的保护，用户拥有注册账号和口令系统，通过账号和口令来识别用户是否合法，并决定用户对程序和数据有什么样的访问权，但其硬件受到损害的可能性仍然存在。

用户拥有的访问权是指对文件的访问权。文件的拥有者和超级用户（Root）可以改动文件中的访问属性，从而对不同的用户给予不同的访问权。例如，让文件拥有者具有读/写和执行的权力，而给其他用户只分配读的权力。

（2）C2级安全 C2级以C1级标准为基础，除了具有C1级包含的特性外，C2级系统还具有访问控制环境（Controlled-Access Environment）的权力。该环境具有进一步限制用户执行某些命令或访问某些文件的权限，而且还加入了身份认证级别。另外，系统对发生的事件加以审计（Audit），并写入日志当中，如什么时候开机，哪个用户在什么时候从哪里登录等，这样通过查看日志，就可以发现入侵的痕迹，如多次登录失败，也可以大致推测出可能有人想强行闯入系统。审计除了可以记录下系统管理员执行的活动以外，还加入了身份认证级别，这样就可以知道谁在执行这些命令。

能够达到C2级的常见操作系统有：UNIX、XENIX、Netware 3.0、Windows NT等。

3. B级安全

B级安全也称为强制性安全保护，包括三个子级别，即B1级、B2级和B3级。

（1）B1级安全 B1级即标志安全保护（Labeled Security Protection），是支持多级安全（如秘密和绝密）的第一个级别，这个级别说明一个处于强制性访问控制之下的对象（如磁盘或文件服务器目录），系统不允许文件的使用者修改其许可权限，这种用户标志和加密标志的双重保护，加强了系统信息的安全性。

B1级的计算机安全措施，视操作系统而定，政府机关和安全承包商们是B1级计算机系统的主要拥有者。

（2）B2级安全 B2级安全叫做结构化保护（Structured Protection），它要求计算机系统中所有的对象都要加上标签，而且给设备（磁盘、磁带及终端）分配单个或多个安全级别，它是提供较高安全级别的对象与另一个较低安全级别的对象相互通信的第一个级别。

（3）B3级安全 B3级安全称做安全域（Security Domain）级别，使用安装硬件的办法来保护域。例如，内存管理硬件用于保护安全域免遭无授权访问或其他安全域对象的修改，该级别也要求用户的终端通过一条可信任途径连到该系统上。

4. A级安全

A级安全也称验证设计（Verify Design），是当前橘皮书中规定的最高安全级别，它包含了一个严格的设计、控制和验证过程。与前面提到的各个级别一样，该级别包含了较低级别的所有特性。其设计必须是从数学上经过验证的，而且必须进行对秘密通道和可信任分布的分析。可信任分布（Trusted Distribution）的含义是硬件和软件在传输过程中要受到保护，以防止破坏整个安全系统，即所有部件来源必须有安全保证，在销售和运输过程中受到严密

跟踪。

1.4.2 ITSEC 和 CC

TCSEC 橘皮书带动了国际计算机安全的评估研究，20 世纪 90 年代初西欧四国（英国、法国、荷兰、德国）联合提出了信息技术安全评价标准（ITSEC），ITSEC 又称为欧洲白皮书，它除了吸收 TCSEC 的成功经验外，还首次提出了信息安全的保密性、完整性和可用性的概念。他们的工作成为欧洲共同体（简称欧共体）信息安全计划的基础，并对国际信息安全的研究和实施带来深刻的影响，ITSEC 也定义了 7 个安全级别。

美国为了保持他们在制定准则方面的优势，不甘心 TCSEC 的影响被 ITSEC 取代，它们采取联合其他国家共同提出新的评估准则的办法体现他们的领导作用。1991 年 1 月宣布了制定通用安全评估准则的计划，它的全称是 Common Criteria for IT Security Evaluation（简称 CC）。制定的国家涉及六国七方，它们是美国的国家标准及技术研究所（NIST）和国家安全局（NSA），以及欧洲的荷兰、法国、德国、英国、北美的加拿大。CC 标准因为吸收了各先进国家对现代信息系统信息安全的经验与知识，对信息安全的研究与应用带来了重大影响。

1.4.3 我国的国家标准

我国在信息安全技术及标准的研究方面起步比较晚。20 世纪 90 年代，我国受国际大环境的安全问题及信息战的威胁，在有关部门的组织下，不断开展了信息安全标准的制定工作。国内标准的制定主要是参考了一些国际标准，2001 年 3 月颁布的《信息技术　安全技术　信息技术安全性评估准则》（GB/T 18336.1 ~ 18336.3—2008）援引了《信息技术安全评估通用准则》（CC）。另外，由公安部主持制定、国家质量技术监督局发布的中华人民共和国国家标准 GB 17859—1999《计算机信息系统安全保护等级划分准则》正式颁布并实施。该准则将信息系统安全分为 5 个等级：自主保护级、系统审计保护级、安全标记保护级、结构化保护级和访问验证保护级。

目前，我们国家依据国内外相关标准制定了防火墙、多功能安全网关、IPSec-VPN、SSL-VPN、入侵防护（IPS）、入侵检测（IDS）等主流信息安全产品的评测指标体系，更多相关内容可以参考中国信息安全测评中心网站（http：//www.itsec.gov.cn）。

1.5 网络安全法律法规

随着计算机首先在军事和科学工程领域的应用，计算机犯罪开始出现。如今，利用高技术和高智慧实施的智能犯罪日益猖獗，计算机犯罪已成为现代社会的一个严重的社会问题，对社会造成的危害也越来越严重，必须引起高度的重视。

1.5.1 什么是计算机犯罪

计算机犯罪与计算机技术密切相关。随着计算机技术的飞速发展，计算机在社会中应用领域的急剧扩大，计算机犯罪的类型和领域不断地增加和扩展，从而使“计算机犯罪”这一术语随着时间的推移而不断获得新的涵义。

结合刑法条文的有关规定和我国计算机犯罪的实际情况，一般认为计算机犯罪的概念可以有广义和狭义之分：广义的计算机犯罪是指行为人故意直接对计算机实施侵入或破坏，或者利用计算机实施有关金融诈骗、盗窃、贪污、挪用公款、窃取国家秘密或其他犯罪行为的总称；狭义的计算机犯罪仅指行为人违反国家规定，故意侵入国家事务、国防建设、尖端科学技术等计算机信息系统，或者利用各种技术手段对计算机信息系统的功能及有关数据、应用程序等进行破坏、制作、传播计算机病毒，影响计算机系统正常运行且造成严重后果的行为。

1.5.2 计算机犯罪的特点

1. 作案手段智能化、隐蔽性强

大多数的计算机犯罪，都是行为人经过狡诈而周密的安排，运用计算机专业知识，所从事的智力犯罪行为。进行这种犯罪行为时，犯罪分子一般需要向计算机输入指令或篡改软件程序，作案时间短且对有时计算机硬件和信息载体造成的损害比较隐蔽，作案不留痕迹，使一般人很难觉察到计算机内部软件上发生的变化。

另外，有些计算机犯罪，经过一段时间之后，犯罪行为才能发生作用而达犯罪目的，如计算机“逻辑炸弹”，行为人可设计犯罪程序在数月甚至数年后才发生破坏作用。也就是说，行为时间与结果时间是分离的，这对作案人起了一定的掩护作用，使计算机犯罪手段更趋向于隐蔽。

2. 犯罪侵害的目标较集中

就国内已经破获的计算机犯罪案件来看，作案人主要是为了非法占有财富和蓄意报复，因而目标主要集中在金融、证券、电信、大型公司等重要经济部门和单位，其中以金融、证券等部门尤为突出。

3. 侦查取证困难，破案难度大，存在较高的“犯罪黑数”

“犯罪黑数”也称作犯罪未知数，是指所有不在犯罪统计上出现的犯罪数值，未受司法机关追究的犯罪数，可谓是一种隐藏的犯罪。由于计算机“犯罪黑数”相当高，很多计算机犯罪不能被人们发现，另外，在受理的这类案件中，侦查工作和犯罪证据的采集相当困难。

4. 犯罪后果严重，社会危害性大

国际计算机安全专家认为，计算机犯罪社会危害性的大小，取决于计算机信息系统的社会作用，取决于社会资产计算机化的程度和计算机普及应用的程度，其作用越大，计算机犯罪的社会危害性也越来越大。

1.5.3 相关法律法规

从20世纪60年代后期起，西方30多个国家先后根据各自的实际情况，制定了相应的计算机和网络法规。瑞典1973年就颁布了数据法，涉及计算机犯罪问题，这是世界上第一部保护计算机数据的法律。1978年，美国佛罗里达州通过了《佛罗里达计算机犯罪法》；随后，美国50个州中的47个州相继颁布了计算机犯罪法。1991年，欧洲经济共同体12个成员国批准了软件版权法。1991年，国际信息处理联合会计算机安全法律工作组召开首届世界计算机安全法律大会。迄今为止，已有很多国家先后从不同侧面制定了有关计算机及网络

犯罪的法律和法规，这些法规对于预防和打击计算机及网络犯罪，提供了必要的依据和权力。

我国现行的有关信息网络安全的法律体系框架分为3个层面：

1. 法律

它们主要包括《中华人民共和国宪法》、《中华人民共和国刑法》、《中华人民共和国治安管理处罚条例》、《中华人民共和国刑事诉讼法》、《全国人大常委会关于维护互联网安全的决定》等。这些基本法的出台，为我国建立和完善信息网络安全法律体系奠定了良好的基础。

2. 行政法规

它们主要包括《计算机软件保护条例》、《中华人民共和国计算机信息系统安全保护条例》、《中华人民共和国计算机信息网络国际联网管理暂行规定》、《互联网信息服务管理办法》等。

3. 部门规章及规范性文件

它们主要包括《计算机信息系统安全专用产品检测和销售许可证管理办法》、《计算机病毒防治管理办法》、《互联网电子公告服务管理规定》等。

1.5.4　我国刑法中规定的计算机犯罪

第八届全国人民代表大会第五次会议在1997年3月13日通过对《中华人民共和国刑法》的修改，在分则第六章妨害社会管理秩序罪第一节扰乱公共秩序罪中，专列3个条文规定了计算机犯罪。这些规定填补了刑法在计算机犯罪领域的空白，结束了我国计算机信息系统领域无法可依的局面，为我国以刑罚手段惩治计算机犯罪提供了法律依据。

《刑法》第285条明确规定了非法侵入计算机信息系统罪："违反国家规定，侵入国家事务、国防建设、尖端科学技术领域的计算机信息系统的，处三年以下有期徒刑或者拘役。"

非法侵入计算机信息系统罪的犯罪构成：本罪侵犯的对象是国家事务、国防建设、尖端科学技术领域的计算机信息系统。所谓计算机信息系统（根据1994年国务院颁布的《计算机信息系统安全保护条例》第2条的规定），是指由计算机及其相关的和配套的设备、设施（含网络）构成的，按照一定的应用目标和规则对信息进行采集、加工、存储、传输、检索等处理的系统。计算机信息系统的外延非常广，其表现形式也多种多样。按照系统内计算机的组成来划分，可将计算机信息系统分为两种：一种是只包括一台计算机系统的信息系统；另一种则是由多个计算机系统组成的分布式系统。无论是哪一种系统都可能成为国家事务、国防建设和尖端科学计算机领域的计算机信息系统。

本罪的客观方面表现为违反国家规定，侵入国家事务、国防建设、尖端科学技术领域的计算机信息系统的行为。所谓侵入，就是用户没有取得国家有关主管部门的合法授权或批准，通过计算机终端非法访问国家事务、国防建设、尖端科学技术领域的计算机信息系统或者进行数据截收的行为。一般来说，所有的计算机信息系统都有自身的安全控制机制，可以决定哪些用户有访问权力并明确合法用户的访问权限。因此，非法侵入行为分为两类：非法用户侵入计算机系统和合法用户越权访问。

通常，非法侵入方式是冒充合法用户进入计算机系统，使用非法手段获取口令或者许可

证明。随后，冒充合法用户，进入国家事务、国家建设、尖端科学技术领域的计算机系统。更有甚者，有人把自己的计算机与国家事务、国防建设、尖端科学技术领域的计算机信息系统非法联网，通过后门、陷阱门非法侵入。

本罪的主观方面应该是故意，也就是说，行为人清楚地知道，自己的行为违反了国家的规定，会产生非法侵入国家事务、国防建设、尖端科学技术领域的计算机信息系统的危害后果，而这种结果是自己希望发生的。其动机和目的是多种多样的，如好奇、炫耀、泄愤、报复、消遣等，这些都不影响犯罪的构成。但若行为人具有其他可查证的目的，如非法窃取国家秘密、商业秘密等，不构成本罪，而应以其行为构成的具体犯罪追究刑事责任，如非法窃取国家秘密罪、侵犯商业秘密罪或以某种特定危害国家安全罪追究刑事责任。

由于过失而侵入国家事务、国防建设、尖端科学技术领域的计算机信息系统的，不构成本罪。从司法实践来看，非法侵入一般情况只能是故意。因为各类计算机信息系统均有控制访问机制，本罪的犯罪对象更是如此，行为人不作技术方面的努力，不可能破译密码而突破系统的保护机制或成功地绕过此类安全保护机制。纯过失的误入此类信息系统的行为是罕见的，甚至是不存在的。若有过失进入事件，行为人已经发现而不主动退出的，也应构成本罪。

本罪的行为人往往具有相当高的计算机专业知识和操作技能水平，如程序设计人员，计算机管理、操作、维修人员等。

《刑法》第286条明确规定："违反国家规定，对计算机信息系统功能进行删除、修改、增加、干扰，造成计算机信息系统不能正常运行，后果严重的，处五年以下有期徒刑或者拘役，后果特别严重的，处五年以上有期徒刑。""违反国家规定，对计算机信息系统中存储、处理或者传输的数据和应用程序进行删除、修改、增加的操作，后果严重的，依照前款的规定处罚。""故意操作、传播计算机病毒等破坏性程序，影响计算机系统正常运行，后果严重依照第一款的规定处罚。"

本罪犯罪行为方式通常表现为以下4种：

1）删除，即卸载某些计算机软件，使其功能在计算机系统中不复存在。对关键性软件的破坏，除导致计算机系统不能正常运行外，有时可能会导致整个系统瘫痪。

2）修改功能性软件。

3）增加，在软件上添加大量程序，使系统因承担大量数据而运行速度减慢或瘫痪。

4）干扰，在软件中输入某些程序使系统的工作程序不能正常运行，使系统效益下降，或使系统在短时间内丧失处理用户程序的能力；另一种干扰是人为地发射强干扰信号，干扰计算机系统的正常的动作状态或传输的信号，使之不能正常工作或信号不能被正常输出或接收。

需要特别指出的是，故意制作、传播计算机病毒等破坏性程序，影响计算机系统正常运行，或者对计算机信息系统功能、数据非法增加、删除、修改、干扰而造成严重后果的，也就是《刑法》第286条第三款所针对的犯罪行为的重要部分。

这些犯罪的主观方面也应该是故意，也就是说，行为人明知自己所输入的程序或指令会导致计算机信息系统不能正常运行的危害结果，仍然希望这种结果的发生。其动机和目的多种多样，如泄愤报复、牟取非法利益、嫉贤妒能等，无论什么动机和目的，都不影响本罪的构成。

1.5.5　网络安全案件的电子侦破

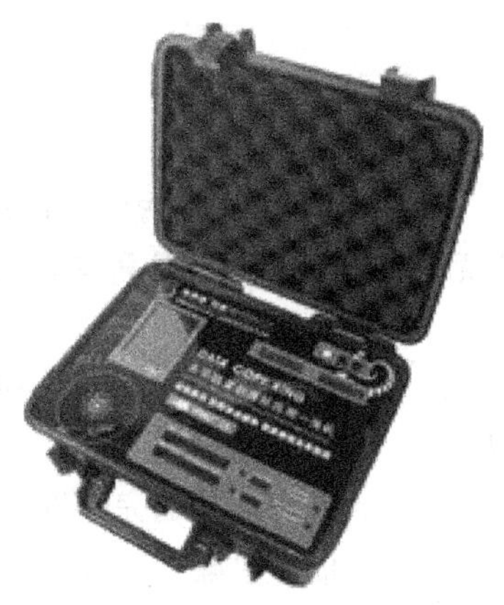

图 1-5　电子证据取证设备 DCK 硬盘复制机

由于网络犯罪的特殊性，要侦破网络犯罪案件关键就在于提取网络犯罪分子遗留的电子证据。电子证据具有易删除、易篡改、易丢失等特性，为确保电子证据的原始性、真实性、合法性，在电子证据收集时应采用专业的数据复制备份设备将电子证据文件复制备份，要求数据复制设备需具备只读设计以及自动校准等功能。

目前国内的电子证据取证设备不少，包括多功能复制擦除检测一体机（简称 DCK 硬盘复制机）如图 1-5 所示。数据指南针（Data Compass，DC）、网警计算机犯罪取证勘察箱等。其中，DCK 硬盘复制机还具备数据销毁、硬盘检测、Log 日志记录生成、只读口设计等功能，在将嫌疑硬盘中的数据完整复制到目标硬盘的同时，确保取证数据的全面客观。

本章小结

本章主要介绍了计算机网络安全的一些基本知识。网络由于自身的特点存在脆弱的一面，容易受到各种各样的威胁，如信息被截获、篡改、抵赖行为、病毒危害以及遭受 DoS 攻击等，所以人们对网络的安全性提出了基本需求：机密性、完整性、可用性、不可否认性等。那么如何满足这些安全需求呢？网络安全是一个系统的概念，是不能靠某一种安全技术来解决的，本章介绍了构建网络安全体系结构的主要技术，这些安全技术在下面的章节中将详细介绍，此外还介绍了网络安全的级别分类标准［TCSEC（橘皮书）、ITSEC（白皮书）和 CC 标准］以及网络安全法律法规。

【关键概念】

机密性、完整性、可用性、不可否认性、刑法第 285 条、刑法第 286 条。

【课堂讨论】

1. 听说过“网络战争”吗？谈谈你的理解。

2. 上海某高校学生杨某多次侵入“上海热线”网络，破译了部分“上海热线”工作人员的账号及数百个“上海热线”合法用户的账号，给“上海热线”造成直接经济损失高达数十万元。结合该计算机犯罪案例以及其他案例，谈谈对计算机法律法规的理解。

3. 平时你是怎样保护自身信息安全的（如计算机文档、银行口令等）？你遇到过与网络安全有关的问题吗？你是怎么解决的？

4. 上网查查什么是“肉鸡”，什么是僵尸网络？如何避免自己成为黑客的“肉鸡”呢？

复习思考题

一、选择题

1. 某黑客组织在短时间内向网络中的某台服务器发送大量无效连接请求，导致合法用户无法访问服务器，这种攻击行为是破坏了网络数据的________。

A. 机密性　　B. 完整性　　C. 可用性　　D. 不可否认性

2. 如果一个人避开了网络系统的访问控制机制，则该用户对网络资源进行的非正常使用属于________。

A. 破坏数据的完整性　　B. 非授权访问

C. 信息泄漏　　D. 拒绝服务攻击

3.《刑法》第285条明确规定："违反国家规定，侵入国家事务、国防建设、尖端科学技术领域的计算机信息系统的，处________以下有期徒刑或者拘役。"

A. 1年　　B. 2年　　C. 3年　　D. 4年

4. 在图1-4中，如果信息接发双方将信息采用加密算法处理，这样，有人截获数据后发现数据是加密后的"乱码"，因此看不懂数据内容，这样的方法是保护了数据的________。

A. 机密性　　B. 完整性

C. 可用性　　D. 不可否认性

二、填空题

1. 计算机网络安全的基本需求就是利用计算机网络安全技术与网络管理，实现网络数据的机密性、________、________、________。

2. 网络安全的关键技术有________、________、________、________等。

3. TCSEC也叫________，它对计算机系统的安全程度从低到高划分了共________个等级，Windows NT操作系统属于TCSEC中________等级。

三、简答题

1. 如何保证信息的机密性和完整性？

2. 威胁网络安全的因素有哪些？

3. 什么是TCSEC（橘皮书）、ITSEC（白皮书）、CC标准？我们国家信息安全技术及标准有哪些？

4. 中国是否有必要组织力量加强本国网络系统的安全？

5. 如果一个人避开了某国家事务网络系统的访问控制机制，对网络资源进行了非正常使用，事情败露后，他为自己辩解说自己是无意进入的，你认为他的说法可信吗？你认为他的行为是否构成计算机犯罪？

6. 比较刑法第285条与第286条的区别。

第 2 章 密码算法基础

学习目标：

密码算法是网络安全的基石，通过本章的学习，要求了解密码的历史、发展以及几种有代表性的古典算法，掌握在网络安全中提供信息机密性和完整性、不可否认性的对称算法、公钥算法、消息鉴别算法的基本原理，最后了解密码算法在实际中的应用。

引例：

"密码"一词对大多数人来说，有一种高深莫测的神秘色彩，究其原因，那是因为这门理论和技术很久以来与军事、政治、外交等有关国家安全的机关联系紧密，信息不准外泄的缘故。曾几何时，我们只能通过一些小说、电影、电视剧等，对密码有一些或多或少的了解。随着人类已进入信息化时代，密码作为网络安全的重要基石，为更广泛的领域和大众服务，所以不管是计算机的专业人士，还是普通用户，还是有必要了解一些密码的基本概念。下面我们一起试着揭开"密码"的神秘面纱，看看它是如何在网络安全中发挥作用的。

2.1 密码学简介

2.1.1 密码学历史与发展

在战争期间，如果情报通信联络人员被敌方俘虏，密件中的情报如果泄露出去后果将不堪设想，这使人们自然而然产生了"秘密书写"的念头，我们可以将不愿意被第三方所知道的内容用某种方法变换一下，使变换后的内容仅仅被有关人员所理解，而在其他人眼里，这些东西则好像杂乱无章的"天书"一般。早在 4000 多年前，古埃及人就在墓志铭中使用过类似象形文字的奇妙符号，这是史载的最早的密码形式。公元前约 50 年，罗马皇帝盖乌斯·尤利乌斯·恺撒（Gaius Julius Caesar）使用一种用于战时秘密通信的方法，后来被称为恺撒密码。

千百年来，人们运用自己的智慧创造出形形色色的编写密码的方法，由于军事、外交、情报等方面的需要，刺激了密码学的发展。密码编写得好与坏，有时会产生重大的甚至决定性的影响。例如，第二次世界大战期间，英国情报部门在波兰人的帮助下，于 1940 年破译了德国自认为可靠的 Enigma 三转轮密码机密码系统，使德方遭受重大损失，Enigma 三转轮密码机如图 2-1 所示。

在第二次世界大战期间，一大批优秀的密码专家和学者都加入了密码学的研究工作，这些努力后来证明对战争的进程均产生了重大的影响，也极大地促进了密码学的发展。

早期的密码多应用于军事、外交、情报等敏感的领域。因为密码学研究的这种敏感性质，它犹如不易盛开的花朵，虽然它在开花，因为千百年来密码学的研究结出了丰硕的果实，但是它不容易盛开，因为其本质决定了它不同于一般的科学。由于国家利益等安全因素，密码学的研究往往不能够公开，至少不能完全公开，所以，公开发表的有关文献和资料总是不能反映出当时密码学发展的真正水平。但是，自 20 世纪 70 年代以来，在计算机网络技术迅速发展的大背景下，公开发表的密码学研究成果急剧增加，密码学研究的这种“秘密”本质发生了重大变化。

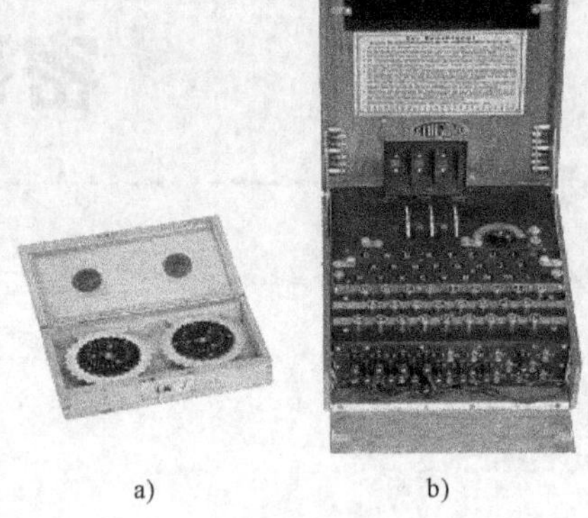
a) b)

图 2-1 三转轮密码机
a）轮转机的转子 b）Enigma 三转轮密码机

历史的车轮滚滚向前，密码学紧跟科学技术前进的步伐，经历了如下发展历程：从密码学初级形式的手工阶段，经过中级形式的机械阶段，发展到今天高级形式的电子与计算机阶段。计算机的出现大大促进了密码学的变革，正如德国学者 T. Beth 所说：“突然，现代密码学从半军事化的角落里解脱出来，一跃成为通信科学领域中的中心研究课题”。密码学的发展从此进入了一个崭新的现代密码阶段。

2.1.2 恺撒密码与密码算法的基本概念

下面首先介绍一个古老的恺撒密码，在这基础上研究什么是密码算法。

1. 恺撒密码

恺撒密码是以罗马杰出的军事统帅恺撒大帝的名字命名的，根据罗马帝国时期历史学家在《罗马十二帝王传》一书中的记载，当年恺撒曾用此方法与其将军们进行联系。

恺撒采用的是偏移量是 3 的加密方法，也就是明文中的所有字母都在字母表上向后进行偏移 3 位后被替换成密文。这样，所有的字母 A 将被替换成 D，B 变成 E，依此类推，而最后三个字母 X、Y、Z 被替换成 A、B、C。解密的方法与加密相反，得用第 4 个字母置换第一个字母，即以 D 代替 A，依此类推，如图 2-2 所示。

同样，恺撒的侄子奥古斯都也使用过类似方式，只不过他是把字母向右移动一位，而且末尾不折回。《罗马十二帝王传》一书中写道，每当他用密语写作时，他都用 B 代表 A，C 代表 B，其余的字母也依同样的规则。

恺撒密码的加密、解密方法还能够通过同余的数学方法进行计算。首先将字母用数字代

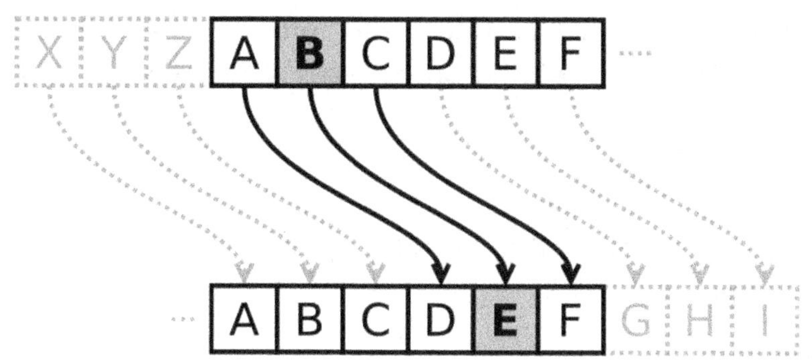

图 2-2　恺撒密码采用的是偏移量是3的加密方法

替，A = 0，B = 1，…，Z = 25。

当偏移量为 3 的加密方法，即 C = (P + 3) mod26。

解密就是：

P = (C − 3) mod26

这里 P 表示明文字母代表的数字，C 表示密文字母代表的数字。

mod 表示求余运算，比如 9mod26 = 9，27mod26 = 1。

现在已经无法弄清恺撒密码在当时有多大的效果，但是有理由相信它是安全的。因为恺撒大部分敌人都是目不识丁的，而其余识字的则可能将这些消息当做是某个未知的外语。

2. 什么是密码算法

简单地说，就是一个变换 E，这个变换将需要保密的明文消息 m 转换成密文 c，可以用一个公式表示

$$c = E_k(m)$$

这个过程称之为加密，注意其中使用了一个重要的参数 k 是加密过程中使用的密钥。

在通信中如果敌手不掌握密钥 k，即使他截获了密文 c，他也无法从 c 恢复明文信息 m。也就是说，一个理想的密码算法应该保证从密文 c 反推明文 m 极为困难。

通信双方一方为发信方，或简称为发送方，另一方为收信方或简称接收方。传统的保密通信可用图 2-3 表示。

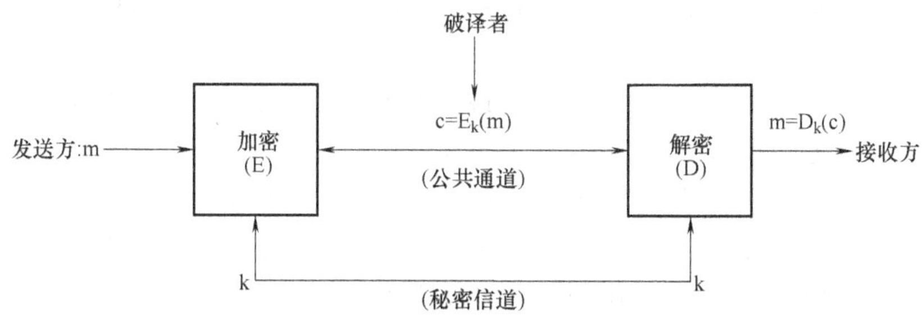

图 2-3　传统的保密通信的过程

从密文 c 恢复明文 m 的过程称之为解密。解密算法 D 是加密算法 E 的逆运算，解密算法是使用密钥 k 从密文恢复为明文的过程。

以恺撒密码为例，设明文 m 为 meet me after the party。

这里加密算法就是将明文的字母依次向后移三位，如遇字母 X、Y、Z 则被依次替换成 A、B、C。

这里加密算法中使用的密钥 k = 3。

加密后的密文是 phhw ph diwhu wkh sduwb。

作为接收方，解密算法是加密算法的逆过程，即将密文的字母依次向前移三位，如遇密文字母 A、B、C 则被依次替换成 X、Y、Z。

2.1.3 密码的分析

密码学家们充满期待地把新的发明提交出来，这时候密码分析者就登场了，他们装备了强大的工具，全力以赴地分析这些算法的弱点，围绕算法的设计进行各种各样的攻击以求攻破该算法。密码分析技术的主要任务是破译密码，实现窃取机密信息或进行信息篡改活动。这里介绍用于破译密码常用的两种方法：穷举攻击法和统计分析法。

所谓穷举攻击，就是尝试密钥空间中所有可能的密钥。

以恺撒密码为例，恺撒密码的密钥 k 可以是 1 ~ 25 之间的任意一个数。也就是说，恺撒密码有 25 个可能的密钥，即它的密钥空间是 25。显然，这不是一个安全的密码系统，它非常容易被攻破，攻破它的关键是确定密钥 k，如果已知密文用的是恺撒密码，敌手采用穷举攻击法只需用所有的可能 k 值依次来解密密文，直到找到一个可以理解的消息为止，至多 25 次穷举搜索就可以确定密钥。

为了对付穷举攻击法，应该设法增大密码算法的密钥空间，为了了解密钥空间大小的概念，我们来看一些例子。40 位（bit）的密钥意味着密钥空间有 2^{40} 个密钥，或者换句话说，有大约 1.1×10^{12} 个密钥，也就是说有超过 1000 000 000 000 个可能的密钥。64 位的密钥就意味着有 2^{64} 个，或者说大约 1.8×10^{19} 个密钥，也就是说有近 20 000 000 000 000 000 000 个可能的密钥。标准的对称密钥长度是 128 位，所以说当密钥空间增大时，尝试的次数必然增大，从而增加穷举攻击的难度。

如果密钥空间很大，使得破译密码有难度，这时密码分析者还可以采用另一种方法，即统计分析法。

任何自然语言都有许多固定的统计信息，如果明文语言的这种统计特性在密文中有所反映，则密码分析者便可通过分析密文的统计规律而使密码破译，许多古典密码均可用统计分析的方法破译。

比如，阅读一篇英文文章，你是否会发现英文单词中有些英文字母出现的频率高，有些字母出现的频率低呢？你是否会发现字母 e 出现得最多？如果进行认真统计，并且所统计的文献的篇幅足够长，便可发现各个字母出现的相对频率十分稳定，而且只要文献不特别专门化，对不同的文献进行统计所得的频率大体相同，它们的频率分布如图 2-4 所示。

1）一般书面材料中字母 E 的出现频率最高，它的出现概率约为 0.12。

2）A、H、I、N、O、R、S 和 T 出现的频率介于 0.06 和 0.09 之间。

3）D 和 L 的出现频率约为 0.04。

4）J、K、Q、V 和 Z 出现的频率小于 0.01。

不仅单字母以相当稳定的频率出现，而且双字母组和三字母组同样如此，出现频率最高

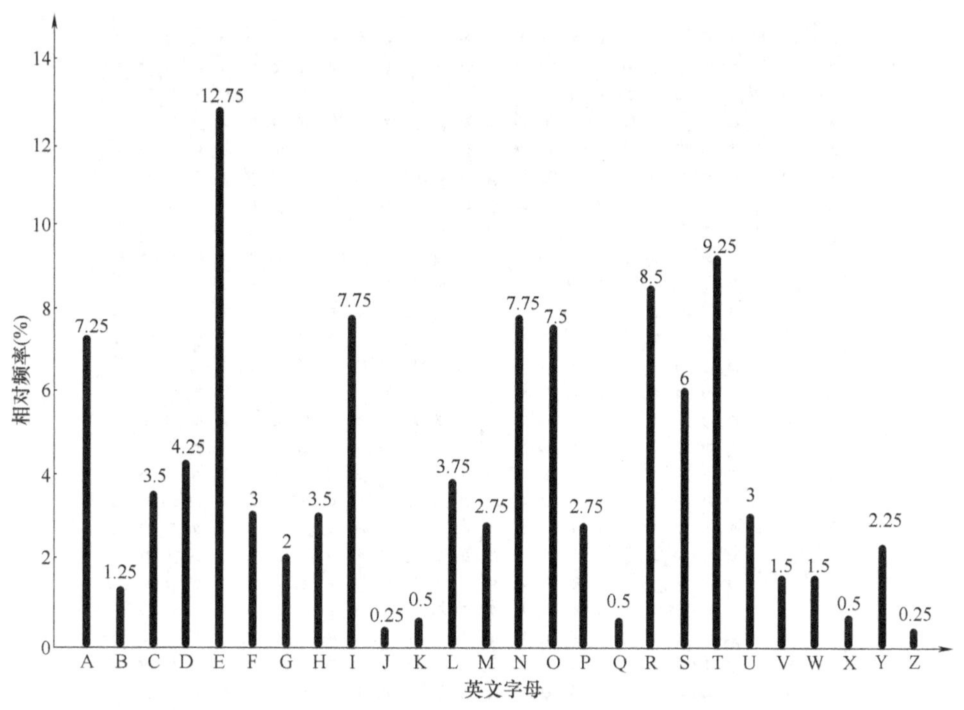

图 2-4　英文中字母出现的相对频率

的 27 个双字母组依次为

th he in er an re ed on es st en at to nt ou ea hg as or ti is it ar te se hi of

出现频率最高的 20 个三字母组依次是

the ing and her are ent tha nth was eth for dth hat she ion int his sth ers ver

特别值得注意的是，the 的频率几乎是排在第二位的 ing 的 3 倍，这对于破译密码是很有帮助的。

字母和字母组的统计数据对于密码分析者来说是十分重要的，因为它们可以提供有关密钥的许多信息，如果是单表替代密码，如前面举的恺撒密码中，明文字母 t 出现了 4 次，那么 t 对应的密文字母 w 也必然出现 4 次。

柯南·道尔在他的推理小说《跳舞的人》中记叙了福尔摩斯采用这种依据字母出现的频率破译密码的过程。

2.1.4　维吉尼亚密码

类似恺撒密码的这类密码算法，明文中的字母和密文中的字母一一对应，即一个明文字母必然与一个密文字母对应，这样明文中字母的统计规律在密文中被反映出来，因此很容易破译。

改进的方法中，最有名的要算维吉尼亚密码。维吉尼亚密码是由 16 世纪法国亨利三世王朝的布莱斯·德·维吉尼亚（Blaise de Vigenère）发明的，Vigenere 密码选用一个词组或一个短语作密钥。为帮助理解，我们构造了一个维吉尼亚密码表矩阵，如图 2-5 所示。顶部排列的是明文 26 个标准字母表，最左边是其密钥字母，加密的过程是这样的：给定明文字母 x 和密钥字母 y，密文字母是位于 y 行和 x 列的那个字母。

明文字母
密钥字母

	a	b	c	d	e	f	g	h	i	j	k	l	m	n	o	p	q	r	s	t	u	v	w	x	y	z
a	a	b	c	d	e	f	g	h	i	j	k	l	m	n	o	p	q	r	s	t	u	v	w	x	y	z
b	b	c	d	e	f	g	h	i	j	k	l	m	n	o	p	q	r	s	t	u	v	w	x	y	z	a
c	c	d	e	f	g	h	i	j	k	l	m	n	o	p	q	r	s	t	u	v	w	x	y	z	a	b
d	d	e	f	g	h	i	j	k	l	m	n	o	p	q	r	s	t	u	v	w	x	y	z	a	b	c
e	e	f	g	h	i	j	k	l	m	n	o	p	q	r	s	t	u	v	w	x	y	z	a	b	c	d
f	f	g	h	i	j	k	l	m	n	o	p	q	r	s	t	u	v	w	x	y	z	a	b	c	d	e
g	g	h	i	j	k	l	m	n	o	p	q	r	s	t	u	v	w	x	y	z	a	b	c	d	e	f
h	h	i	j	k	l	m	n	o	p	q	r	s	t	u	v	w	x	y	z	a	b	c	d	e	f	g
i	i	j	k	l	m	n	o	p	q	r	s	t	u	v	w	x	y	z	a	b	c	d	e	f	g	h
j	j	k	l	m	n	o	p	q	r	s	t	u	v	w	x	y	z	a	b	c	d	e	f	g	h	i
k	k	l	m	n	o	p	q	r	s	t	u	v	w	x	y	z	a	b	c	d	e	f	g	h	i	j
l	l	m	n	o	p	q	r	s	t	u	v	w	x	y	z	a	b	c	d	e	f	g	h	i	j	k
m	m	n	o	p	q	r	s	t	u	v	w	x	y	z	a	b	c	d	e	f	g	h	i	j	k	l
n	n	o	p	q	r	s	t	u	v	w	x	y	z	a	b	c	d	e	f	g	h	i	j	k	l	m
o	o	p	q	r	s	t	u	v	w	x	y	z	a	b	c	d	e	f	g	h	i	j	k	l	m	n
p	p	q	r	s	t	u	v	w	x	y	z	a	b	c	d	e	f	g	h	i	j	k	l	m	n	o
q	q	r	s	t	u	v	w	x	y	z	a	b	c	d	e	f	g	h	i	j	k	l	m	n	o	p
r	r	s	t	u	v	w	x	y	z	a	b	c	d	e	f	g	h	i	j	k	l	m	n	o	p	q
s	s	t	u	v	w	x	y	z	a	b	c	d	e	f	g	h	i	j	k	l	m	n	o	p	q	r
t	t	u	v	w	x	y	z	a	b	c	d	e	f	g	h	i	j	k	l	m	n	o	p	q	r	s
u	u	v	w	x	y	z	a	b	c	d	e	f	g	h	i	j	k	l	m	n	o	p	q	r	s	t
v	v	w	x	y	z	a	b	c	d	e	f	g	h	i	j	k	l	m	n	o	p	q	r	s	t	u
w	w	x	y	z	a	b	c	d	e	f	g	h	i	j	k	l	m	n	o	p	q	r	s	t	u	v
x	x	y	z	a	b	c	d	e	f	g	h	i	j	k	l	m	n	o	p	q	r	s	t	u	v	w
y	y	z	a	b	c	d	e	f	g	h	i	j	k	l	m	n	o	p	q	r	s	t	u	v	w	x
z	z	a	b	c	d	e	f	g	h	i	j	k	l	m	n	o	p	q	r	s	t	u	v	w	x	y

图 2-5　维吉尼亚密码表

举个例子：

p = meet me after party

k = cipher

第一个明文字母是 m，对应的密钥字母是 c，密文字母就是位于 c 行 m 列的 o，第二个明文字母是 e，密钥字母是 i，对应的密文是位于 i 行 e 列的 m，依次类推，可得

密文 = omta qv cnilv gczif

上面的推导也可以通过计算得到，令 26 个字母分别对应于整数 0 ~ 25，见表 2-1。

表 2-1　26 个字母分别对应于整数 0 ~ 25

a	b	c	d	e	f	g	h	i	j	k	l	m	n	o	p	q	r
0	1	2	3	4	5	6	7	8	9	10	11	12	13	14	15	16	17
s	t	u	v	w	x	y	z										
18	19	20	21	22	23	24	25										

上例中，密钥 cipher 相对应的数字为 k = 2，8，15，7，4，17，明文是 meet me after party。加密过程如下（见表 2-2）。

1）首先把明文字母转换为对应的数字。

2）把密钥字母转换为对应的数字，然后周期性延长，与明文数字对齐。

3）明文数字与密钥数字相加，如果相加的结果大于 26，那么将该结果减去 26，以此作

为对应的密文数字，比如明文数字17，密钥数字18，相加结果为35大于26，那么将相加的结果减去26，对应的密文数字是9，即35 mod 26 =9。

4）这样明文转换成密文为omta qv cnilv gczif。

表2-2　加密的过程

明文	m	e	e	t	m	e	a	f	t	e	r	p	a	r	t	y
明文数字	12	4	4	19	12	4	0	5	19	4	17	15	0	17	19	24
密钥数字	2	8	15	7	4	17	2	8	15	7	4	17	2	8	15	7
密文数字	14	12	19	0	16	21	2	13	8	11	21	6	2	25	8	5
密文	o	m	t	a	q	v	c	n	i	l	v	g	c	z	i	f

其中，明文出现了4次字母e，对应的密文字母是m、t、v、l，如图2-6所示。

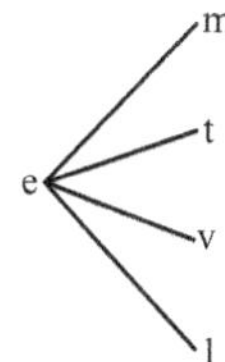

图2-6　明文字母e的变换

在这个实例中，维吉尼亚密码的密钥长度是6，一个字母能够映射成6个可能字母中的一个，这样的密码算法称为多表密码算法，一般情况下对多表密码算法的密码分析比单表困难。

2.2　如何保证机密性

不管是公元前的恺撒密码还是后来的维吉尼亚密码，它们有一个共同的特征：加密的密钥和解密的密钥是相同的。一般说来，如果加密和解密是同一把钥匙，我们称这种密码为对称密码。本节介绍几种目前常见的现代对称密码算法。

2.2.1　数据加密标准

1973年，美国国家标准局（NBS），即现在的美国国家标准与技术研究所（NIST）公布了征求国家密码标准的提案，人们建议了许多密码系统，经过对这些建议的密码系统进行评估之后，1977年7月，NBS采纳了IBM在20世纪60年代研制出来的一个被称为LUCIFER的密码系统作为数据加密标准（Data Encryption Standard，DES），DES后来成为世界上应用最广泛的密码系统，在DES算法公布以前，密码算法的设计者总是设法掩盖算法的实际细节，DES开创了公布加密算法的先例，是密码史上第一个公开的加密算法，它的设计核心思想是：让所有秘密寓于密钥之中。

DES是一种对称的分组密码，在加密之前，先对整个明文进行分组，每个组长为64位（二进制），然后对每个64位二进制数据进行加密处理，产生一组64位密文数据，然后将各组密文串接起来，即得出整个密文，使用的密钥为64位（实际上密钥长度为56位，有8

位用于奇偶校验），图 2-7 所示为 DES 加密的原理图。

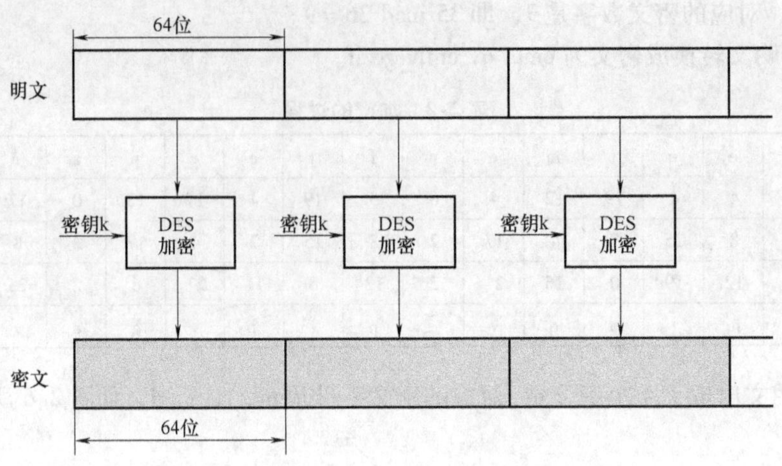

图 2-7 DES 加密原理图

DES 自从公布以来，它一直超越国界成为国际上商用保密通信和计算机通信最常用的加密算法。原先规定使用期限为 10 年，由于 DES 尚未受到严重的威胁，更重要的是新的数据加密标准还没完成，或意见尚未一致，所以当时的美国政府宣布延长它的使用期。因而 DES 超期服役了很长了时间，从它诞生以来在国际保密通信的舞台上，扮演了十分突出的角色，世界各国的公司都推出了自己实现 DES 的软硬件产品，虽然 DES 的描述是相当长的，但它能以硬件或软件方式非常有效地实现。

当 DES 被建议作为一个标准时，自然而然地吸引了密码学家和破译者的极大兴趣，人们关心 DES 的安全强度。

对 DES 最中肯的批评是 56 位的密钥太短，认为密钥空间 2^{56} 的尺寸对实现真正的安全太小。对于已知明文攻击，已开发出了各种专门机器用于对密钥的穷举搜索，即给定 64 位的明文和响应的密文，测试每一个可能的密钥，直到找到密钥。

2.2.2 其他几种对称密码算法

由于 DES 密钥只有 56 位，易于遭受穷举式攻击，人们对于找到一种替代加密算法就相当有兴趣：一种方法是设计一个全新的算法，如下面将会介绍到的 IDEA、AES 算法；另一种方法是用 DES 和多个密钥进行多次加密，也称为多重 DES，这样做的好处是可以保护在软件和设备方面的已有的投资。

1. 两个密钥的三重 DES

作为一种替代方案，Tuchman 提出使用两个密钥的三重 DES 加密方法，并在 1985 年成为美国的一个商用加密标准。该方法使用两个密钥，执行 3 次 DES 算法，如图 2-8 所示。加密的过程是加密-解密-加密，解密时是解密-加密-解密。

为什么在加密和解密过程中只使用两个而不是 3 个密钥呢？这是因为两个密钥合起来的长度已有 56 位 ×2 =112 位，可以基本满足商业应用的需要。如果使用总长为 168 位的 3 个密钥，会由于密钥过长而产生不必要的开销。

为什么在加密时采用 E-D-E（加密-解密-加密）而不是 E-E-E（加密-加密-加密）

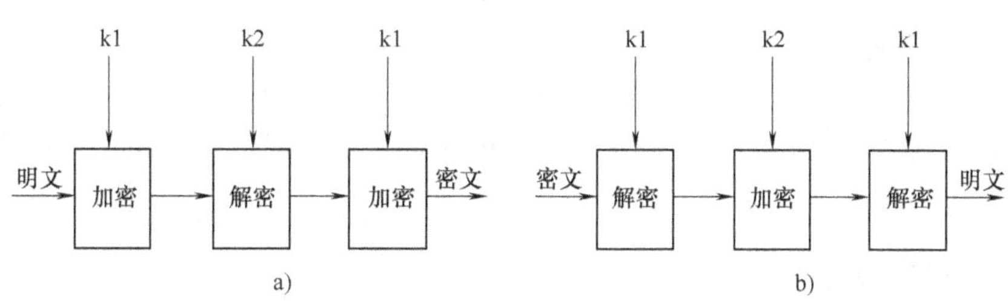

图 2-8 三重 DES
a）加密 b）解密

呢？这是为了与现有的 DES 系统向后兼容。使用 E-D-E 的好处是当 k1 = k2 时，三重 DES 的效果就和原有的 DES 一样，这样有助于逐渐地推广使用三重 DES。

使用两个密钥的三重 DES 是一种较受欢迎的 DES 替代方案，它已经被用于密钥管理标准 ANS（美国国家标准）X9.17 和 ISO 8732 中。

2. 国际数据加密算法

国际数据加密算法（International Data Encryption Algorithm，IDEA）是 1990 年由瑞士联邦理工学院的中国学者来学嘉和他的导师 James Massey 研制的一个对称分组密码，是用来替代 DES 的许多算法中的一种，从被采用的角度看，IDEA 应用得比较成功，已在 PGP（在后面章节中介绍）中采用。

IDEA 和 DES 相似，也是先将明文划分成一个个 64 位长的分组，然后经过 8 次循环和一次变换，得到 64 位密文。对于每一次的循环，每一个输出位都与每一个输入位有关。

由于 IDEA 使用 128 位长度的密钥，因而更加不容易被攻破。IDEA 算法用硬件和软件实现都很容易，比 DES 在实现上快得多。

2.2.3 高级加密标准

由于 DES 作为数据加密标准自 1977 年颁布以来，已超期服役了很长时间，1997 年美国国家标准技术研究所（NIST）向密码学界征询一个用于新的数据加密标准，名为高级加密标准（Advanced Encryption Standard，AES）候选算法的提议，NIST 规定候选算法必须满足下面的要求：

1）密码必须是没有密级的，绝不能像商业秘密那样来保护它。

2）算法的全部描述必须公开披露。

3）密码必须可以在世界范围内免费使用。

4）密码系统支持至少 128 位长的分组。

5）密码支持的密钥长度至少为 128 位、192 位和 256 位。

随后 NIST 接到提交的 15 个候选算法。在 1999 年 8 月 9 日，NIST 宣布选出了 5 个候选算法进行第二轮的选择，它们是 Mars、RC6、Serpent、Twofish、Rijndael。2000 年 10 月 2 日，由比利时的 Joan Daeman 和 Vincent Rijmen 设计的 Rijndael 数据加密算法最终获胜。

负责评估过程的 NIST 官员确信在它们所评估的 15 个候选算法中，Rijndael 提供了安全性强、良好的软件和硬件性能，低内存需求以及灵活性好的最好组合。为此在全球范围内角逐了数年的激烈竞争宣告结束，这一新的加密标准的问世取代了 DES，成为 21 世纪保护敏

感信息的高级加密标准。

AES 是一个使用可变分组和可变长密钥的迭代分组密码，它支持 128 位的明文分组，密钥长度可以根据需要选择是 128 位、192 位、256 位的密钥长度，Rijndael 使用的迭代轮数依赖于分组和密钥的长度。

2.2.4 对称密码算法的缺点

如果加密和解密是同一把钥匙，我们称这种密码叫对称密码。打个比方，就好像平时开门和反锁关门是不是同一把钥匙呢？答案是肯定的。

这看起来没有什么不妥，但是随着加入安全通信人数的增加，就会带来一个问题。

我们来分析一下，如果两个人之间要安全通信，采用对称密码，那两个人只需要一个共同的密钥。

那 3 个人之间要安全通信（两两通信时，第三人不能解密），一共需要几个密钥呢，答案是 3。

但是，随着人数的增加，如果采用对称密码，密码系统所需要的密钥总数会增加，当人数为 n 时，实际上，对应的密钥总数为 $n\ (n-1)/2$。

你会看到：

$n=100$ 时　$n\ (n-1)/2=4995$

$n=5000$ 时　$n\ (n-1)/2=12497500$

也就是，如果你是 5000 个员工中的一个，你手里将持有 4999 个密钥以备与其他人保持秘密通信，而这个 5000 人的公司，将拥有的密钥总数是 12497500，还得保证它们的安全性！你会觉得这是一个很大的负担。而在计算机网络中，用户数位 5000 人的个数实在不值一提。

怎么办呢？其实，在 DES 诞生之前，人们已经注意到这个问题，而这个问题是对称算法自身无法解决的。

1976 年两位美国人 W. Diffie 和 M. E. Hellman 在《New Directions in Cryptography》一文中提出一种方法来解决以上问题，这种解决方法与以前四千多年来一直采用的方法有着根本区别，它是密码学中的又一个发展里程碑，这个方法的名称是——公钥密码。

2.2.5 公钥密码

公钥密码的基本思想是：密钥成对出现，一个为加密密钥，一个为解密密钥。一方面，你希望所有的人都知道你的加密密钥；然而另一方面，你必须小心地藏好你的解密密钥。与以往对称密码不同，在公钥密码算法中，加密密钥和解密密钥是截然不同的，并且互相很难推导。

Diffie 和 Hellman 的文章发表两年后，美国麻省理工学院的 3 位学者 Rivist、Shamir 和 Adlemar 开发出了第一个公钥密码算法，并以 3 个发明者的名字首字母来命名，称为 RSA 公钥密码系统。

公钥密码算法也叫非对称密码算法，之所以被称为非对称的，是因为进行加密和解密所使用的并不是同一个密钥，而是使用了两个不同的密钥：一个用于加密，另一个用于解密。加密密钥是公开信息，所以也叫公开密钥，简称公钥；而解密密钥是需要保密的，简称私

钥。加密算法 E 和解密算法 D 也是公开的，但是仅仅知道密码算法和加密密钥而要确定解密密钥，在计算上是不可能的。非对称密码算法之所以被称为公钥密码，是因为有一个密钥（加密密钥）需要公开。

当一个非对称密钥生成过程完成后，会得到两个密钥：一个是公钥，一个是私钥。非对称密钥具有下面这种性质，那就是用一个密钥加密的东西只能用另一个（对应的）密钥解密，如图 2-9 所示。

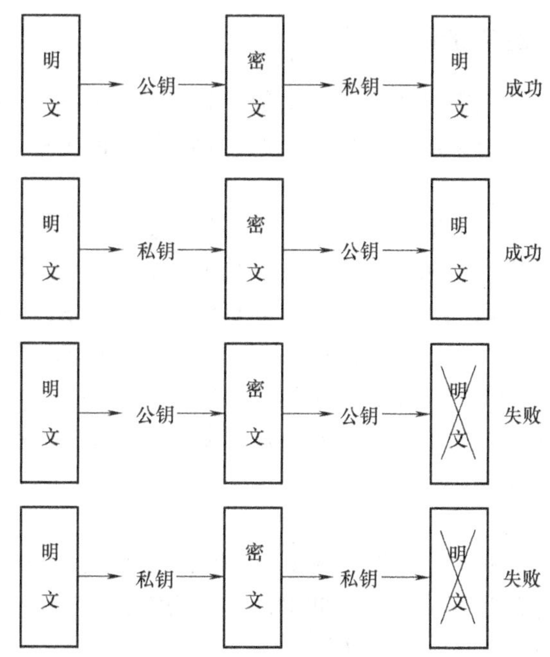

图 2-9　公钥和私钥的使用

图 2-10 给出了公钥加密的过程，其中的主要步骤如下：

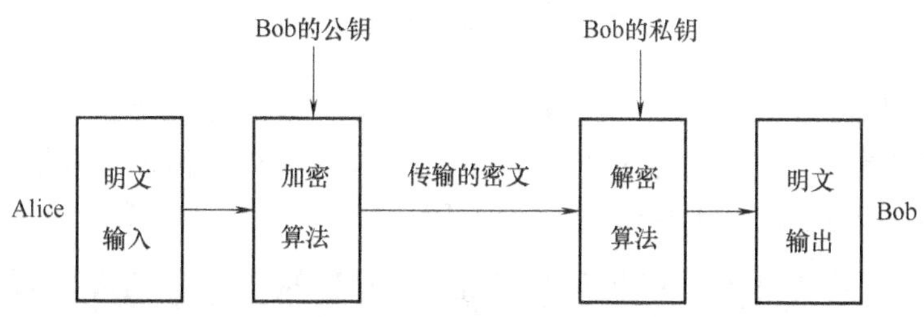

图 2-10　公钥加密的过程

1）网络中的每个用户都产生一对加密密钥和解密密钥。

2）在网络上公布自己的加密密钥，这就是公钥；解密密钥则自己保存，这就是私钥。

3）如果 Alice 想给 Bob 发送一个消息，她就用 Bob 的公开密钥加密这个报文。

4）Bob 收到这个报文后就用他自己的私钥解密报文。网络中其他所有收到这个报文的人都无法解密，因为他们没有 Bob 的私钥，所以无法解密报文。

2.3 防止消息被篡改

除了采用前面的算法加密信息以保证数据的机密性，我们还希望数据被篡改后，正常用户可以察觉得到，这也是可以通过密码算法来实现的。这种算法的功能与前面介绍的有所不同，主要是防止篡改，这类算法叫散列算法。

2.3.1 散列算法得到数字指纹

要防止消息被篡改，我们需要提取消息的数字指纹（Fingerprint），以此作为每条消息鉴别的依据。正如现实生活中警察通过人的指纹，找到他们希望找到的嫌疑人，因为他们知道每个人的指纹是不同的。

而对于报文来说，我们也希望得到它的数字指纹，怎样得到这个数字指纹呢？这就要用到散列算法。简单地说，散列算法就是接受一大块的数据并将其压缩成一个数字指纹。比如，我们用一个漏斗来表示散列函数，那么散列算法的过程就是大块的报文从上面进入漏斗，从漏斗下面滴出来的就是该报文对应的指纹。如果从漏斗流进的报文被改动了哪怕是一位数据，它生成的指纹就会不同。需要说明的是，这个“漏斗”具有压缩的功能，输入的报文可能很长，而输出是定长的短小的。正是由于散列函数的这种特点，使它广泛用于消息的鉴别，用来保护消息的完整性。

1. 什么是散列算法

散列算法（Hash Function）就是把任意长度的信息输入后加以压缩、转换，成为一长度比较短且固定的输出信息的运算，一般称此输出信息为散列值（Hash Value），有时也称为数字摘要（Message Digest），如图 2-11 所示。

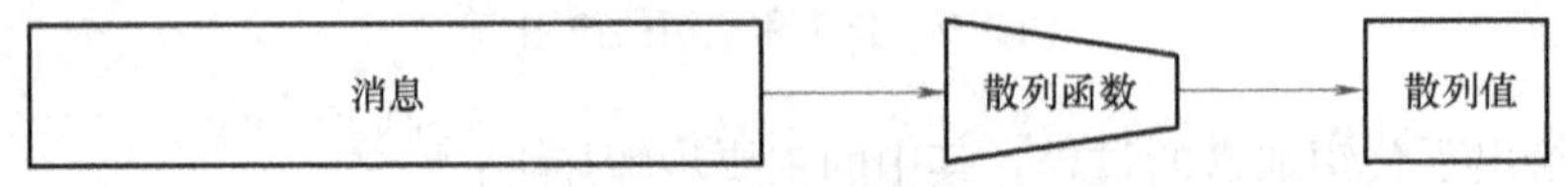

图 2-11 散列函数运算示意图

以常见的散列算法 MD5 为例，我们把任意长度的文本文件作为输入，它们的输出结果总是 128 位（二进制），并且你会发现，输入的两个文本文件哪怕内容只相差一点点，它们的输出结果是截然不同的。图 2-12 是采用 MD5 的演示程序 WinMD5 计算一个文件名为

WinMD5 v1.1 鼠标版
请拖动文件到这个窗口来计算其 MD5 校验值.
正在处理:
3f07f26bf9636095a86ea620dadc53d2 MD5简介.txt

图 2-12 散列函数 MD5 计算摘要值的结果

“MD5 简介”的文本文件的输出结果。

该文本文件“MD5 简介 . txt”的内容可能很长，但是经过 MD5 算法计算后得到的散列值为 128 位（二进制），用十六进制表示为 16 位。

2. 散列算法的基本要求

一个安全的散列算法应该至少满足以下几个条件：

1）输入长度是任意的。

2）输出长度是固定的，根据目前的计算技术应至少取 128 位长。

3）对每一个给定的输入，计算输出即散列值是很容易的，但是反向推导是困难的，换句话说就是，无法将一个 MD5 的摘要值变换回原始的字符串。

4）找到两个不同的输入消息对应同一个散列值是计算上不可行的，也就是说一个安全的散列算法，不应该存在两条消息内容不同，而数字指纹相同的情况。

2.3.2 两种典型的散列算法

目前已研制出许多散列算法，使用比较广泛的有 MD5 和 SHA 等算法。MD5 是由设计 RSA 公钥密码算法的 3 位发明人（Rivest，Shamir，Adleman）中的 Rivest 所设计和发展的。MD5 可以将任意长度的文件、信息转换输出为 128 位的散列值。MD5 由 Rivest 发展于 1991 年，是 MD4 的加强安全版，比 MD4 复杂，相对比 MD4 慢。

MD5 的典型应用是对一段消息产生数字指纹，以防止被“篡改”。举个例子，你将一段话写在一个命名为 readme. txt 的文件中，并对这个 readme. txt 产生一个 MD5 的值并记录在案，然后传送这个文件给别人，别人如果修改了文件中的任何内容，你对这个修改后的文件重新计算 MD5 的摘要值并进行比对就发现前后摘要值不同，因此可以判定原文被改动了。

在一些数据库管理系统和 UNIX 系统中用户的口令就是以 MD5（或其他类似的算法）计算摘要值后存储在文件系统中。当用户登录时，系统把用户输入的口令计算成 MD5 值，然后再去和保存在文件系统中的 MD5 值进行比较，进而确定输入的口令是否正确。通过这样的步骤，系统在并不知道用户口令的明文的情况下就可以确定用户登录系统的合法性。这不但可以避免用户的口令被具有系统管理员权限的用户知道，而且还在一定程度上增加了口令被破解的难度。

SHA（Secure Hash Algorithm）是由美国国家标准与技术研究所开发出来的，在安全性上，SHA 优于 MD5，并在 1993 年作为联邦消息处理标准（FIPS PUB 180）公布的。在 1995 年出版了改进版本，通常叫做 SHA-1。此算法以最大长度不超过 2^{64} 位的消息作为输入，与 MD5 不同，SHA-1 生成 160 位的消息摘要输出。

近年来，散列算法的安全性分析也取得很大的成果，一些密码学家（如原山东大学王小云教授）已经发现破解数种散列算法的方法，其中也包括 MD5，研究结果表明目前 SHA-1 的安全性暂时没有问题，但随着技术的发展，美国国家标准与技术研究所逐步淘汰 SHA-1，换用其他更长更安全的算法（如 SHA-224、SHA-256、SHA-384 和 SHA-512）来替代。

2.4　数字签名

2.4.1　数字签名简介

在日常生活中许多事务都需要当事人签名以表示承诺或同意，如各种合同、借款、行政文件等。手写签名、印章、指纹等可以满足这类“印刷”文字的需要，而在网络通信中，由于电子信息的可修改性和容易复制等原因，传统的手写签名、印章、手印等也就无用武之地了。

例如，某客户通过网络向银行要求取款 10 万元，一方面银行首先要确认该客户是否真的发出了取款请求，同时银行还要确认该取款信息在传送过程中没有被人篡改，或防止客户事后否认。另一方面，客户也要防止自己没有收到汇款，而银行却说 10 万元已汇出。因此，在网络通信和电子商务中很容易发生如下问题：

1）否认，发送信息的一方不承认自己发送过某一信息。

2）伪造，接收方伪造一份文件，并声称它来自某发送方的。

3）冒充，网络上的某个用户冒充另一个用户接收或发送信息。

4）篡改，信息在网络传输过程中已被篡改，或接收方对收到的信息进行篡改。

用数字签名（Digital Signature）可以有效地解决这些问题。它主要用于对数字信息进行的签名，以防止信息被伪造或篡改等。数字签名具有以下特性：

1）签名是可信的，任何人都应该能够验证签名的有效性。

2）签名是不可伪造的。人们相信其他人不可能仿冒签名者的签名。

3）签名是不可重用的。其他人不可能将签名移动到另外的文件上。

4）签名后的文件是不可篡改的。不可对已经签名的文件作任何更改。

5）签名是不可抵赖的。签名者事后无法声称他没有签过名。

同时，数字签名与传统手写签名一样受到法律保护的，数字签名有的地方也称为电子签名。2004 年 8 月 28 日，十届全国人大常委会第十一次会议表决通过了《中华人民共和国电子签名法》。这部法律规定，可靠的电子签名与手写签名或者盖章具有同等的法律效力。电子签名法的通过，标志着我国首部“真正意义上的信息化法律”已正式诞生，并于 2005 年 4 月 1 日起施行。《中华人民共和国电子签名法》的颁布对我国电子商务、电子政务的发展起到极其重要的促进作用。

2.4.2　数字签名的原理与应用

那么，数字签名的原理是怎样的呢？对于一些公钥密码体制（如 RSA）用发送者的私人密钥加密文件就是对文件进行了签名。

采用 RSA 进行数字签名的基本原理是：

1）Alice 用她的私钥对文件加密，从而对文件签名。

2）Alice 将签名的文件传给 Bob。

3）Bob 用 Alice 的公钥解密文件，能够完成这一步就是验证了签名。

采用 RSA 进行数字签名的过程如图 2-13 所示。

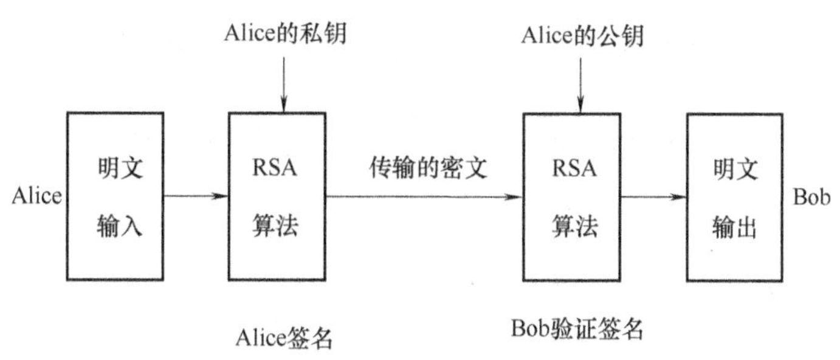

图 2-13　RSA 进行数字签名的过程

2.5　密码算法应用实例

前面介绍了一些常见的密码算法，采用这些密码算法，我们可以对数据进行加密，将数据明文转化为密文以保护数据的机密性。还可以采用类似 MD5 这样的消息鉴别算法保护数据的完整性，这样当数据被他人篡改时接收方可以马上察觉；此外，在电子商务和电子政务中还可以使用数字签名，以防止消息的伪造、篡改以及事后否认。

这些密码算法提供的安全功能可以通过一些网络安全协议和软件得以实现，如下面介绍的安全套接层（SSL）协议和 IPSec 是分别工作在应用层和网络层的安全协议，而 PGP 是一个实用的网络安全工具包，这些应用实例都是密码算法的综合应用。

2.5.1　SSL

安全套接层（Secure Socket Layer，SSL）协议位于 TCP 和应用层之间，SSL 主要适用于点对点之间的信息传输，常用客户端/服务器方式，可在服务器端和用户端同时实现支持。SSL 协议综合采用了一些密码算法和身份认证的机制，提供的安全服务可以归纳为如下 3 个方面：

1）用户和服务器身份的合法性认证。

2）数据机密性。

3）数据的完整性。

现行网上银行和电子商务等大型的网上交易系统普遍采用 HTTP 和 SSL 协议相结合的方式。服务器端采用支持 SSL 协议的 Web 服务器，用户端采用支持 SSL 协议的浏览器实现安全通信。对于电子商务应用来说，使用 SSL 协议能够对信用卡和个人信息提供信息的完整性和保密性保护。

除了网上银行和电子商务，在其他一些需要保护口令安全的应用场合 SSL 协议的应用也非常普遍，如图 2-14 显示的是登录 163 邮箱的界面，为保护邮箱账号和口令的安全，可以采用如图 2-14 中提示的“SSL 安全登录”界面。

当客户端与服务器的链接采用 SSL 协议链接，在浏览器的地址栏会显示 HTTPS 的协议标记，HTTPS 是以安全为目标的 HTTP 通道，简单讲是 HTTP 的安全版，即 HTTP 下加入 SSL 层，HTTPS 的安全基础是 SSL 协议，HTTPS 使用端口 443，而不是像 HTTP 那样使用端口 80 来和 TCP/IP 进行通信。

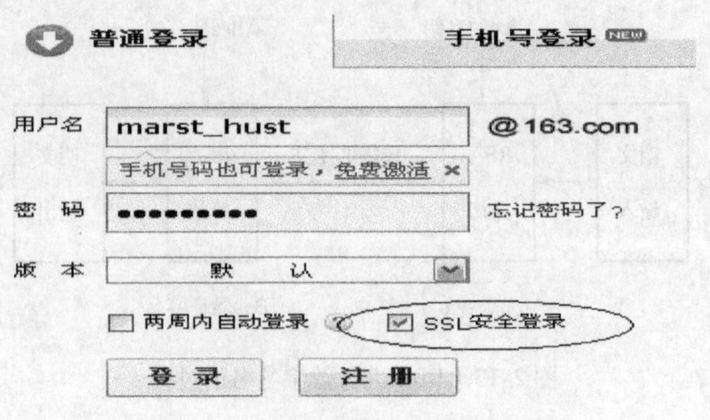

图2-14 163邮箱的SSL安全登录界面

2.5.2 Windows中的IPSec安全策略

1. 什么是IPSec

在TCP/IP中，IP包本身并不继承安全特性，很容易便可伪造出IP包的地址，即IP哄骗（入侵者伪造假的IP地址，并对基于IP认证的应用程序进行哄骗），传输途中拦截或修改包的内容。

IPSec（Internet Protocol Security）即Internet安全协议，是一个工业标准网络安全协议，针对TCP/IP的安全问题提供了一种标准的、健壮的、包容广泛的机制，可有效地保护IP数据包的安全。IPSec主要提供以下安全服务：数据内容的机密性、数据起源的验证、数据的完整性验证、抗重播保护。

IPSec位于TCP/IP分层结构的IP层上，因此它可以加密和鉴别在IP层的所有通信量，所有的分布式应用，包括远程注册、客户端/服务器、电子邮件、文件传输、Web访问等，都可以通过IPSec增加安全特征。

IPSec的工作流程是依靠组成IPSec的几个子协议来完成，这些协议的原理其实就是建立在我们前面介绍的一些密码算法的基础上来实现的，所有操作对普通用户来说是完全透明的。

2. 如何在Windows中部署IPSec安全策略

可以采用多种方法启动IPSec管理单元，这里，我们采用以下几种方法。

（1）启动IPSec管理单元 单击“开始”按钮，在“运行”文本框中输入“mmc”，打开“控制台”窗口。然后手工在其中添加“IP安全策略管理”管理单元，在添加该管理单元时，可以如下选择：

1）选择“这台计算机”选项，表明只管理当前本地计算机。

2）选择“另一台计算机”选项，则表明希望管理另一台计算机上的IPSec策略。

这里选择1)，图2-15显示了在一个新建MMC控制台中添加IP安全策略管理单元后的情况。

从图2-15可以看到，在默认状态下，Windows XP实际上已经为用户指定了3个IPSec策略，这3个默认的IPSec策略分别是“客户端”、“服务器”、“安全服务器”。

图2-15中“策略已指派”显示为“否”，表示这3个IPSec策略尚未被指派到计算机上，这时用户可以根据自己的需要，选中某一策略，然后打开MMC“操作”菜单，再选择

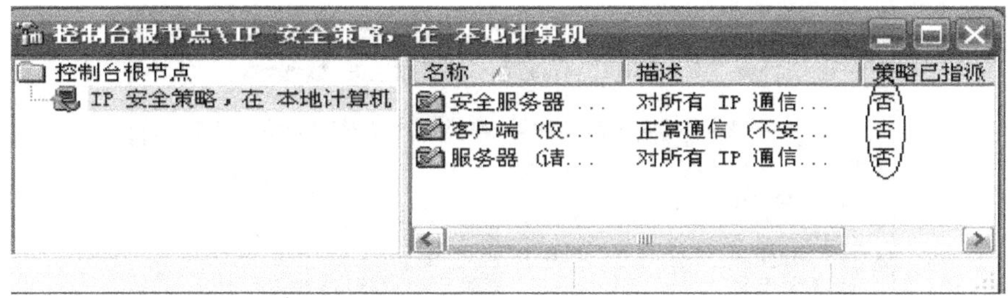

图 2-15　IP 安全策略

“指派”命令，这时对应策略的“策略已指派”选项显示为“是”。

（2）编辑 IPSec 策略　可以对新建的 IPSec 策略或原有的 IPSec 策略进行编辑。在如图 2-15所示的窗口中选择“安全服务器”选项并双击，这时会打开如图 2-16 所示的对话框。

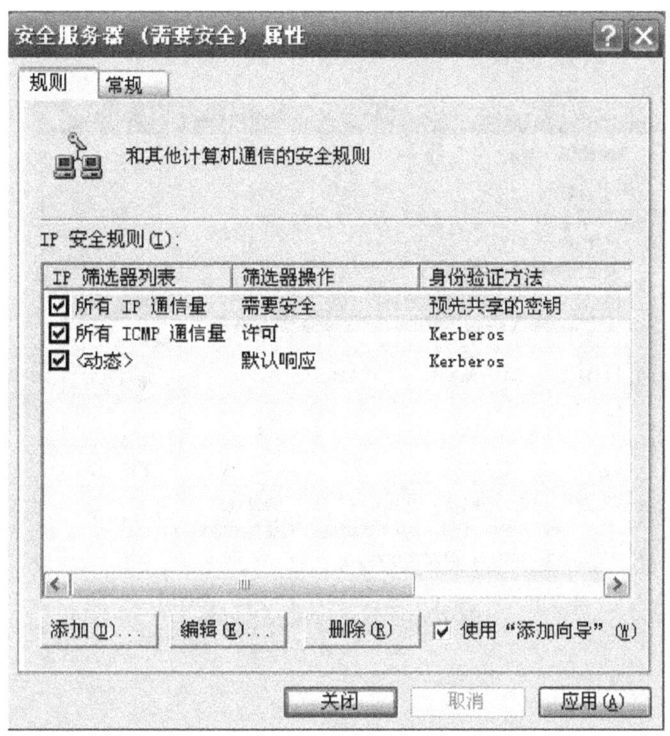

图 2-16　“规则”选项卡

单击“编辑”按钮，出现可以编辑具体的 IPSec 规则，编辑策略的选项包括“IP 筛选器列表”、“筛选器操作”、“身份验证方法”、“隧道设置”、“连接类型”等几个选项卡，如图 2-17 所示。

这里以“筛选器操作”选项卡为例，单击该选项。

在“筛选器操作”选项卡中单击“编辑”按钮，系统弹出“安全措施”选项卡，如图 2-18所示。

这里可以看到，该 IPSec 的安全策略中，分别采用了 MD5 和三重 DES 算法来保证数据的完整性和机密性。

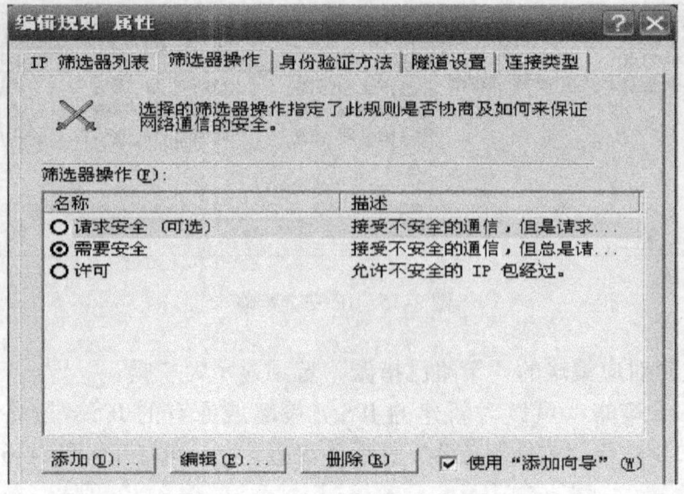

图 2-17 “筛选器操作”选项卡

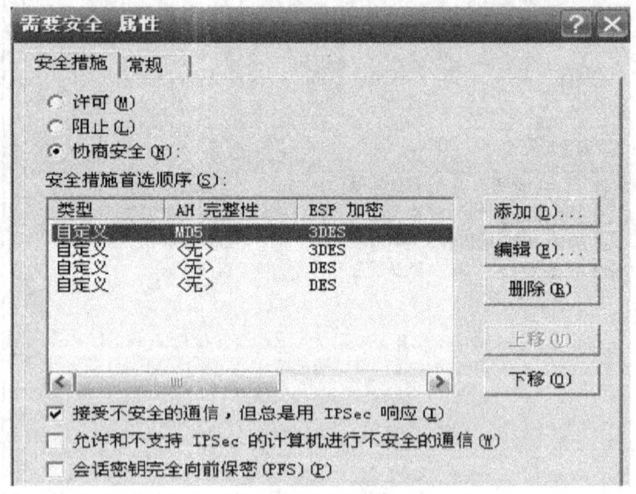

图 2-18 筛选器的安全设置

2.5.3 PGP

PGP（Pretty Good Privacy）是一个提供安全电子邮件的软件包，提供加密、鉴别、数字签名和压缩等技术。PGP 最初由美国人 Philip Zimmennann 设计，它是一个国际化软件，其程序和文档都被翻译成了多种语言。PGP 的版本有两大类：仅供个人用于非商业目的 PGP 免费版和公司用的 PGP 商业版。

PGP 主要采用前面介绍过的 IDEA 对称密码算法、MD5 报文摘要算法、RSA 公钥算法以及编码和压缩算法来实现以上功能，本书以 PGP10.0 为例介绍 PGP 的使用。

PGP 在安装时会有两个选择：Yes，I already have keyings；No，I’ m a new user。如果是新用户，那么选择后者。下面介绍采用 PGP 进行邮件加密和解密的过程。PGP 安装完成后，首先使用 PGP 生成创建密钥对。

单击"开始"→"程序"→"PGP"→"PGP Desktop"命令，启动PGP。打开PGP"File"菜单下的"NEW PGP KEY"选项启动新密钥向导对话框，系统开始生成公钥。

输入全名和邮件地址开始实验，输入的命名是"afengcom"，邮件地址是"afengcom@163.com"并单击"下一步"按钮。在要求输入"passphrase"的对话框中，我们以123testpass作为自己私钥的安全口令，如图2-19所示。在PGP完成创建密钥对后，单击"下一步"按钮直至完成。打开PGP的主界面，可以看见刚才创建的密钥对，如图2-20所示。

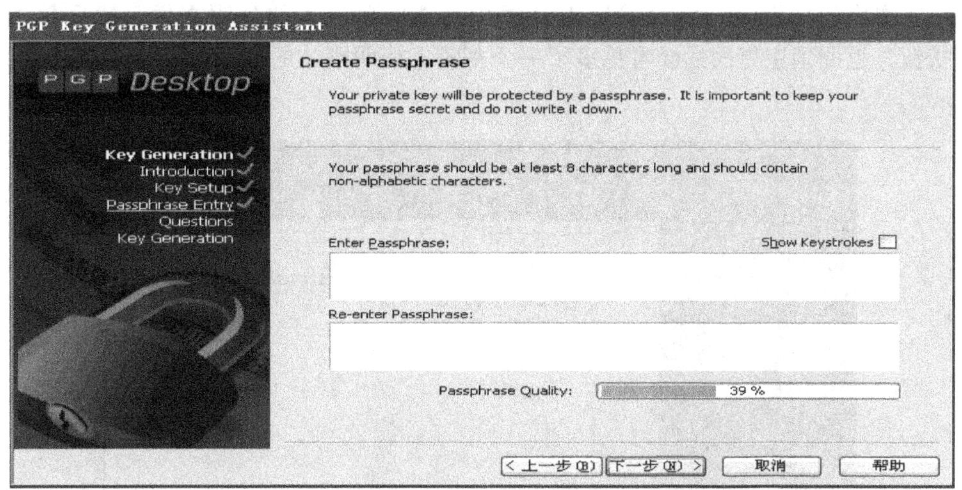

图2-19　设置安全口令

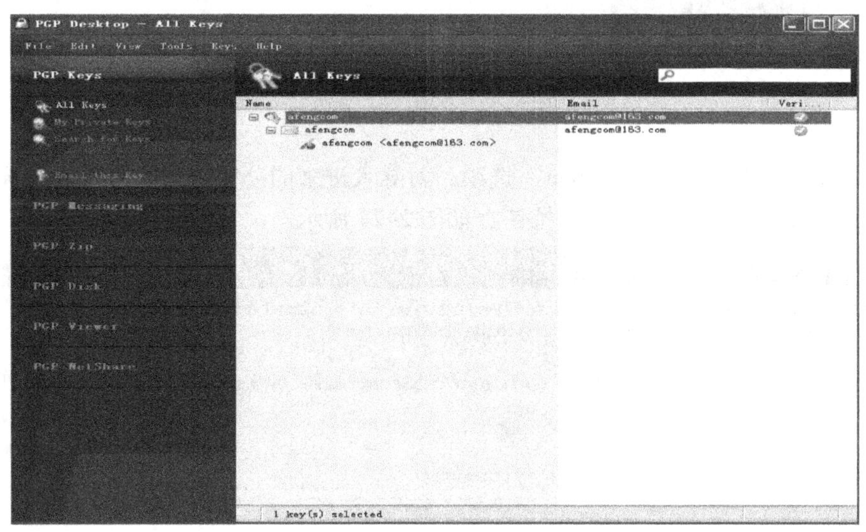

图2-20　创建密钥对后的界面

在PGP主界面打开"File"→"Export"→"Key"菜单导出公钥，在"Export Key to File"对话框中，以默认的文件名"afengcom.asc"保存在桌面上，如图2-21所示。

图2-21　导出的公钥文件

切换到另一台计算机，以相同的方式来创建另一对新密钥并

图 2-22　在另一台计算机导出的公钥文件

且将其导出。输入“aaa”作为全名，“aaa@ company. com”作为邮件地址，导出的公钥文件名为“aaa. asc”，如图 2-22 所示。

接下来对导出的密钥进行导入，打开“File”菜单，选择“Import”选项，在“Select File Containing Key”对话框中，选择另一台计算机的公钥文件（aaa. asc），然后单击“打开”按钮（假设我们已经将两台计算机的公钥都通过共享的方式复制在了桌面上），在弹出的“Select key（s）”对话框中，选中要导入的公钥文件，然后单击“Import”按钮，返回到主界面后会看见多了一个密钥，证明刚才的密钥已经导入成功了，如图 2-23 所示。

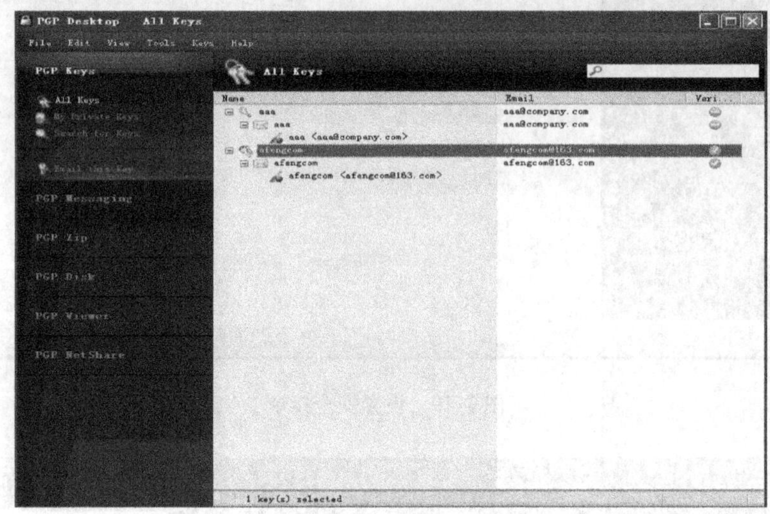

图 2-23　密钥导入成功

打开“Keys”菜单，选择“Sign”选项，对导入进来的公钥进行签名确认。选中刚才导入的公钥文件（aaa），单击“OK”按钮，如图 2-24 所示。

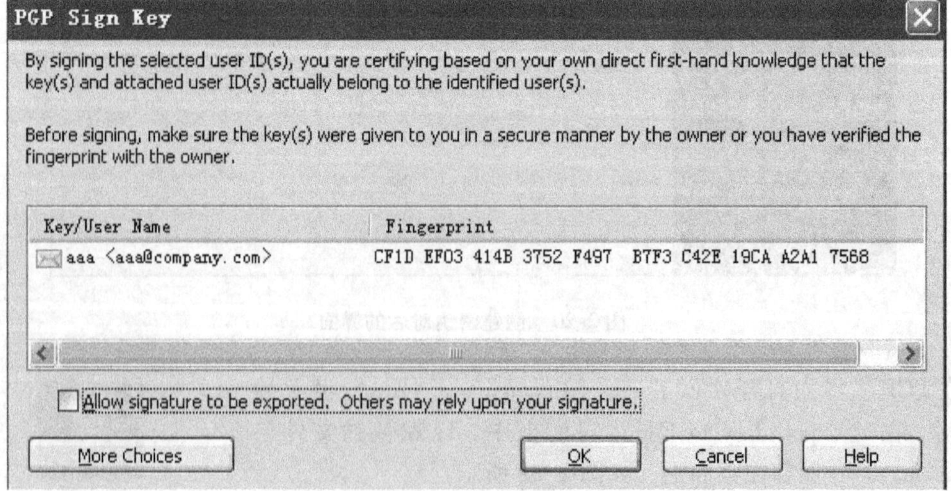

图 2-24　对导入的公钥进行签名确认

下面开始用 PGP 加密邮件并发送邮件。打开“Outlook Express”软件，单击“创建新邮件”按钮，撰写一封邮件，收信人为“aaa@ company. com”，主题为“PGP 实验”，内容为“hello world!”，如图 2-25 所示。

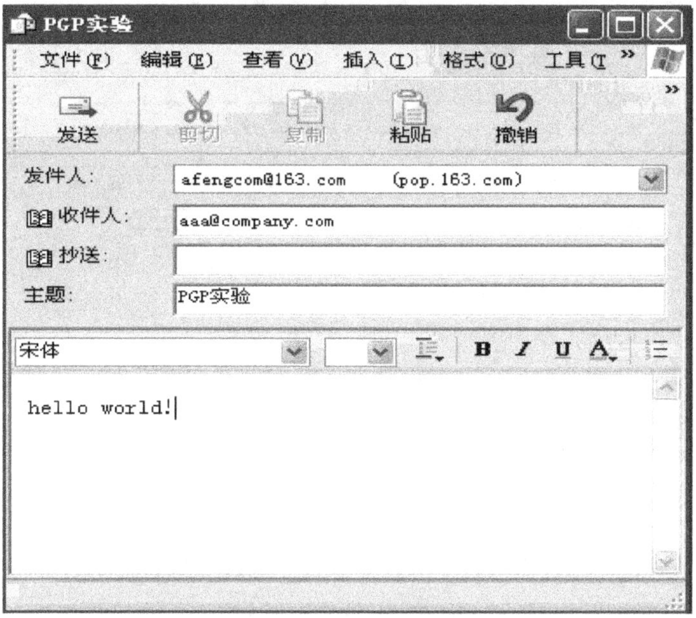

图 2-25　创建新邮件

在发送之前，对邮件内容进行签名，选择“Sign”选项，如图 2-26 所示。

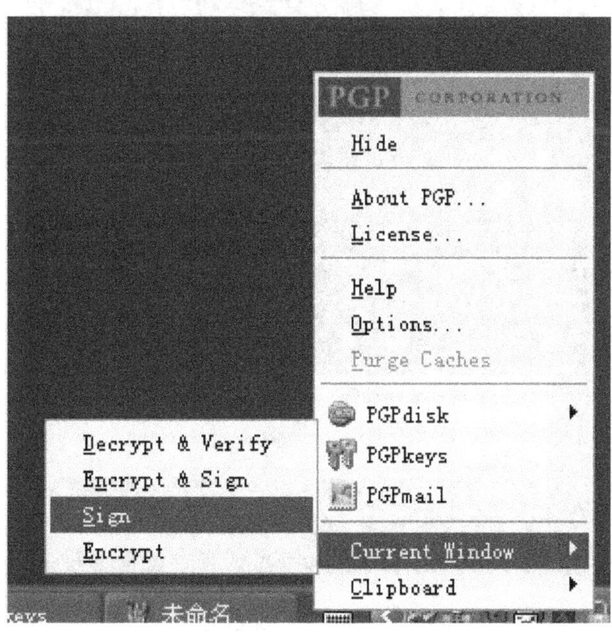

图 2-26　发送之前对邮件内容进行签名

签名后邮件内容如图 2-27 所示。

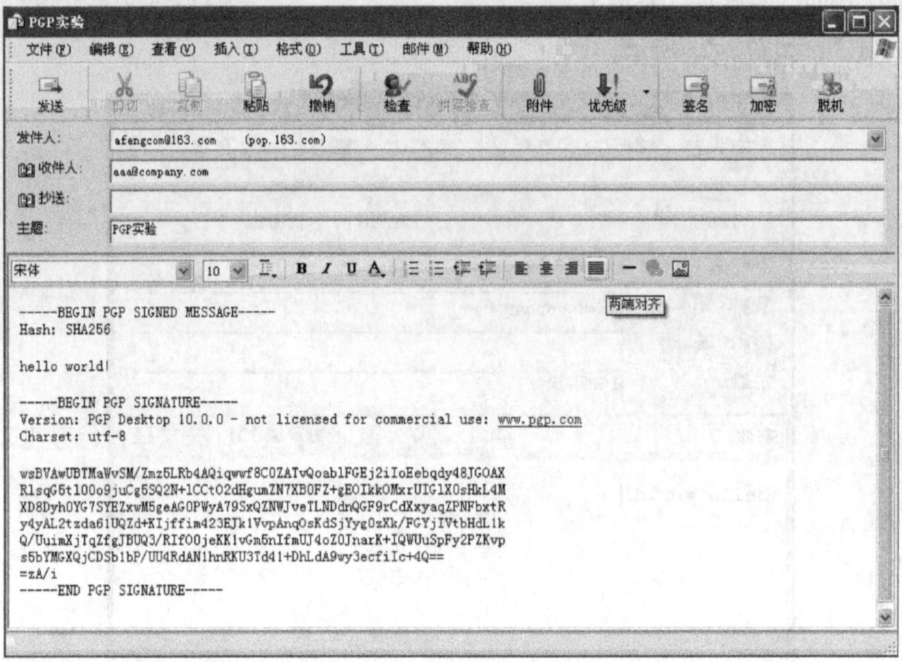

```
-----BEGIN PGP SIGNED MESSAGE-----
Hash: SHA256

hello world!

-----BEGIN PGP SIGNATURE-----
Version: PGP Desktop 10.0.0 - not licensed for commercial use: www.pgp.com
Charset: utf-8

wsBVAwUBTMaWvSM/Zmz5LRb4AQiqwwf8C0ZATvQoablFGEj2iIoEebqdy48JGOAX
RlsqG5t100o9juCg5SQ2N+1CCtO2dHgumZN7XBOFZ+gEOIkkOMxrUIGlX0sHkL4M
XD8Dyh0YG7SYEZxwM5geAGOPWyA79SxQZNWJveTLNDdnQGF9rCdXxyaqZPNFbxtR
y4yAL2tzda61UQZd+KIjffim423EJk1VvpAnqOsKdSjYyg0zXk/FGYjIVtbHdL1k
Q/UuimXjTqZfgJBUQ3/RIfO0jeKK1vGm5nIfmUJ4oZ0JnarK+IQWUuSpFy2PZKvp
s5bYMGXQjCDSb1bP/UU4RdAN1hnRKU3Td41+DhLdA9wy3ecfiIc+4Q==
=zA/i
-----END PGP SIGNATURE-----
```

图 2-27　签名后邮件内容

再对邮件内容加密，选择“Encrypt”选项，如图 2-28 所示。

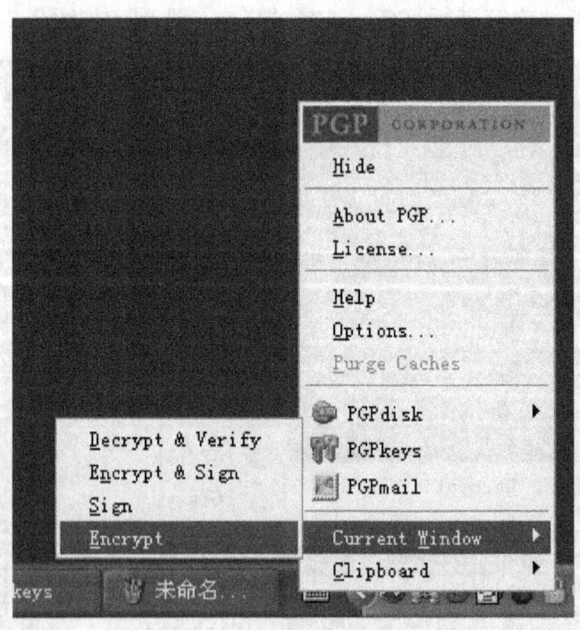

图 2-28　邮件内容加密的操作

选择将对方 aaa 公钥文件拖动到下面的窗口，如图 2-29 所示。

PGP Desktop - Key Selection Dialog

Drag users from this list to the Recipients list | Ver... | Size

Recipients | Ver... | Size

aaa <aaa@company.com> 2048

afengcom <afengcom@163.com> 2048

Secure Viewer

Conventional Encryption

OK　Cancel

图 2-29　选择对方的公钥

单击“OK”按钮后就完成邮件加密，加密后的结果如图 2-30 所示。


```
-----BEGIN PGP MESSAGE-----
Version: PGP Desktop 10.0.0 - not licensed for commercial use: www.pgp.com
Charset: utf-8

qANQR1DBwEwDLt+8uXr/Fp4BCADKGl6GHT2R9PS9tLtVT7mvrsAkihXdOpwsqOyM
xaxxPzqYm5x4A2MzRu5T8nuIyyA0/KLz5Vi8vLcBO1DfW8a68iSbk7i8Uul2HrBK
BaJPTEpZ+sEyxe45g/5aefxByNmLOcPxhDbdm3piekHMfkGYEXQehzZlSgAI8TEM
W1wKVpFaoGGt2CCeRzQ2yAqUnfeQPjSdMb5Mcm2xx64PLeqIK3rlUJI0joxsN8pp
ALkgLIYagbvPHRHbxygW3Vindw6pcagszuj05RuC1+YHPZ8C3+a0WbBJxfaBJjDJ
abT3H7zx/sWg5oCXT4EK5Fu5wfSR0awz/s+DBTHOgK8c2DmCwcBMA3GwV5hxXPrK
AQgAgAGJWN+6j9FtCqkA0ntRp/9Gh+1oaEVwEzKtC7xJ7eo23A46fa3Qgg0X40hG
f+P4HSD9U5p/aMoTgLG+Hy5r4qqk0jeiLeN+/ne5XOOeYvmraL5RYgcgSCvkIUlY
IEnr7kmNKhf+NvcSkcgSqLI9C0YuVWgBmu3usiUyuBeilC5+pfjNazpEzfoAuMIc
R9bqfIB/vC49AQiPukfyejjWn99T3ch0caYL24aC/lmAdvZ1iZJoGncn5U8yitpv
aVqIvLR685nUA9gRGev4LOLu0AUkS7cvqgbBt0DzY9xTZAqSE0+I0oUlge0qYD2p
8kGenpSiwcZEf7wDOWiloUTrFtLB2wGtKAq4IgSqr6VhlZ5FzMYQrvxIOCWZtVCl
+XLpYDc3sU2u3XApjaJEFtBOZS6mosar5Ai0dJ2b52uR49RacurvDQBG7U66eFYn
+tBnUulQdVAtXXMEvAzk3zjy7s+rSBIebS4kktUZJFx3trJX5RZdgIJJei2VcK72
12RbZgoReQN2FGTLFwwqwJ4HPVfx7J/V5I450b8BB13pOOihSwJGbD9DGOgHOaEq
uxlltyTW67xpnFhhKRwSTofGQ/rxdogpLm+/Melah7eT+evNdCRqsZHhxUwUE4Uw
9DNuJYtZEjCImdiRMF6SjviFgqYu94JA7KdrByHzzhvmfvFvj0zZI3eLXuYJ4hkb
PVs7t10XjuHFLhndamYfEGxD2kNn7sLZ29Wqi81H818bjjbn9KDb7jImwaKanMBm
DtaFY9UeokdiIJRPcQMsONpdYr+onoK91/60qAThnihwF1Dp2y/p8Nh3IgmefAa9
8wyJEfMPM5GLOfceACa0MvZTBtdN3qLj5COVoVuZygQbqxY21t+rhwISgspA93BT
fGC/Ojjtn4A+1saum7NauPFLVwi4hwgCXky3fgkx4/C27hn21/I8YJLcdDnxi8cW
9a/VSZXe88d+0ulb9+AWgueeX1tV2fzQh/b5xZwE5ev2zSxszqguymMYujFWSB4T
wzjLqscFMKk32/1ZzS4srCpf6ea4013ytgCO4XdEJR5kuD95rONGzghZTuR9f0MS
5CGYzllkVvRN0aEzZIh5cq64Dcpw2tl+xUboBSVpt49fk0ovk/8dqdam2w7Plff3
Ld2JcnWIOEOpUHoQbANtBZDEHfEpoBZZNpH2m1DMKaprycd+cd+2sY98mXKNZSEN
xfbv48wvlZC1WzlIbNw5AQ8=
=jG7O
-----END PGP MESSAGE-----
```


图 2-30　加密后的邮件

接下来单击“发送”按钮发送邮件，这时邮件以密文形式发送。之后转到另一台计算机继续实验。aaa 收到加密邮件之后，需要对加密邮件进行解密和验证签名，选择“De-

scrypt & Verify”选项，单击“OK”按钮进行解密和验证签名。

解密之后的内容如图 2-31 所示。

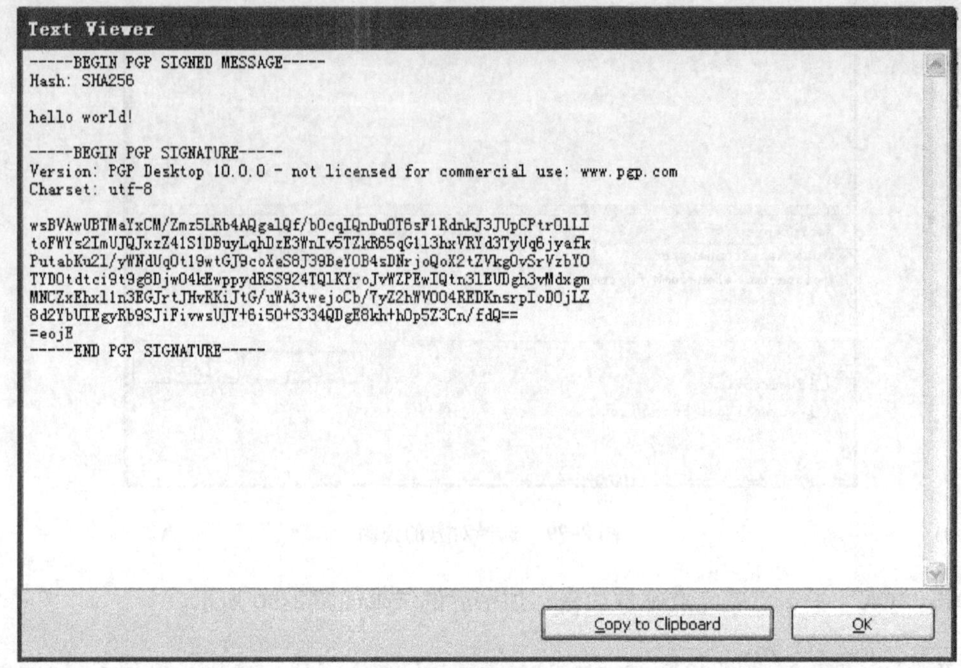

图 2-31　解密后的邮件

至此，PGP 实验对邮件的加密、解密过程全部完成。

本章小结

在这一章我们了解了密码学的一些基础知识，如密码的历史、发展以及几种有代表性的古典算法。密码算法根据加密密钥和解密密钥是否相同分为对称密码和非对称密码，非对称密钥由于将加密密钥公开，所以通常被叫做公钥密码。对于对称密码，我们介绍了应用广泛的几种对称密码：DES、三重 DES、IDEA、AES。由于对称密码需要发收方共享密钥，因此，给密钥的协商、分发带来不便，因此出现了公钥密码解决这个问题。公钥密码中应用最广泛的是 RSA 算法。

散列算法主要是为了防止消息被篡改，本章介绍了常用的 MD5、SHA 这两种算法。

这些密码算法提供的安全功能可以通过一些网络安全协议和软件得以实现，本章以 SSL、IPSec、PGP 为例介绍了密码算法的综合应用，SSL 和 IPSec 是分别工作在应用层和网络层的安全协议，而 PGP 是一个实用的网络安全工具包。

【关键概念】

密码算法、恺撒密码、维吉尼亚密码、对称算法、公钥算法、散列算法、DES、三重 DES、AES、RSA、MD5、数字签名、SSL、IPSec、PGP。

【课堂讨论】

1. 你认为一个密码算法除了安全性，算法的效率重要吗？

2. 每个人都有自己的指纹，你认为双胞胎的指纹一样吗？如何生成报文的数字指纹呢？

3. 讨论现实生活中可以通过签名、盖章、按手印可以用在什么地方，起什么作用？那么网络中是否可以“数字签名”和“数字盖章”呢？

复习思考题

一、选择题

1. 经过统计，26 个英文字母出现的频率相对固定，这有助于密码分析者进行统计分析，如英文字母中出现频率最高的单字母是________。

A. a　　B. h　　C. t　　D. e

2. 散列算法就是把任意长度的信息输入后加以压缩、转换，成为一定长、短小的输出的运算，一般称此输出信息为________。

A. 加密值　　B. 散列值　　C. 数字签名　　D. 校验码

3. ________是一个提供安全电子邮件的软件包，可以提供加密、鉴别、数字签名和压缩等服务。

A. SSL　　B. Kerberos　　C. IPSec　　D. PGP

4. 在网络上交换信息时对内容的“不可否认性”可通过下列________项技术保证。

A. 使用防火墙　　B. 应用对称密钥

C. 对传输的内容加密　　D. 数字签名

5. ________协议主要适用于点对点之间的信息传输，常用客户端/服务器方式，可在服务器端和用户端同时实现支持。

A. SSL　　B. Kerberos　　C. IPSec　　D. PGP

二、填空题

1. 密码算法就是一个变换 E，这个变换将需要保密的________转换成密文 c，如果用一个公式表示就是 $c = E_k(m)$。其中使用了一个重要的参数 k，k 是加密过程中使用的________。

2. DES 是使用最广泛的________算法，现在 DES 作为数据加密标准已被________所替代。

3. 公钥密码算法中________密钥和解密密钥不相同，而且从其中一个很难推出另一个，其典型代表是________算法。

4. 现实生活中可以通过签名、盖章、按手印等措施起到任何时候不可否认，防止伪造的作用，那么在网络中我们可以采用________来实现相应的功能。

三、简答题

1. 说说恺撒密码的原理。

2. 什么是密钥空间，已知 Tom 所用 DES 算法的密钥是 56 位，则该密钥的密钥空间是多少？为了对付穷举攻击法，你觉得的密钥空间是大好还是小好呢？

3. DES开创了公布加密算法的先例，因此我们可以通过许多渠道获得该算法的源代码，有人觉得公开源代码会影响算法的安全性，你说对吗？

4. 有人认为公钥密码算法就是将密钥完全公开，你说对吗？

5. 阅读柯南·道尔的推理小说《跳舞的人》，弄清福尔摩斯采用依据字母出现的频率破译密码的过程，以此例领会密码破译的统计分析法。

6. 如果Alice想给Bob发送一个消息，Alice采用的是RSA算法，她用Bob的公开密钥加密这个报文。Bob收到这个报文后如何解密报文。

7. 在一些数据库管理系统和UNIX系统中用户的口令是以MD5（或其他类似的算法）计算摘要值后存储在文件系统中，系统是怎样比对出正确口令的？

8. 什么是数字签名？在网络通信中数字签名能够解决哪些问题？

9. 什么是PGP加密软件？有什么用途？

实践与训练

实验目的：

提高对密码算法原理的认识，并了解密码算法在实际中的应用。

实验环境：

Pentium Ⅲ、600MHz以上CPU、128MB以上内存、10GB以上硬盘，安装Windows XP及以上操作系统，安装CAP密码算法分析软件、RSADemo、WinMD5、PGP软件（随电子课件提供）。

实验内容和步骤：

1）手工计算恺撒密码，明文为P = hello world!，密钥k = 3，求密文。

2）手工计算Vigenere密码，设明文为P = meet me after party，密钥k = dog。

用CAP软件验证手工计算的结果是否正确，并分析明文字母中4个E分别对应哪些密文字母。

3）用RSADemo程序理解RSA算法的原理，选择p = 7，q = 17，加密明文9，分析什么是公钥，什么是私钥。

4）创建一文本文件命名为readme. txt，采用WinMD5计算该文件的摘要值，然后将该文本文件的内容修改一下命名为readme2. txt，再次计算readme2. txt的摘要值，分析其结果。

5）使用PGP进行邮件的加密和解密，使用PGP进行文件的加密和解密。

第3章 身份认证技术

学习目标：

通过学习，了解网络安全中的用户身份认证机制的相关问题。比如，如何设置安全的口令、网上银行中的数字证书的原理是什么，以及基于IC卡和生物特征的身份认证的原理和应用。

引例：

用户身份认证是对计算机系统中的用户进行验证的过程，让验证者相信正在与之通信的另一方就是他所声称的那个实体。身份认证往往是许多应用系统中安全保护的第一道防线，它的失败可能导致整个系统的崩溃，因此，身份认证是建立网络信任体系的基础。

3.1 口令机制

3.1.1 什么是口令机制

在计算机系统中口令机制是一种最常用、最简单的身份认证方法，一般由用户账号和口令（也称为密码）联合组成，如图3-1所示。口令用来验证对应用户账号的某人身份是否真的是计算机系统所允许的合法用户。

图3-1 QQ登录时采用的口令认证机制

例如，当系统要求输入用户账号和口令时，用户就可以根据要求在适当的位置进行输入，输入完毕确认后，系统就会将用户输入的账号名和口令与系统口令文件里的用户名和口令进行比较，如果相符，就通过了认证；否则拒绝登录或再次提供机会让用户进行认证。

基于口令的认证方式是最常用和最简单的一

种技术，它的安全性仅依赖于口令，口令一旦泄露，用户就有可能被冒充，计算机系统的安全性也将不复存在。

在选用口令时，很多人习惯将特殊的日期、时间或数字作为密码使用。例如，将节假日、自己或家人的出生日期、家庭电话或手机号码、身份证等数字作为口令，认为选择这些数字便于记忆，但是这些密码的安全性其实是很差的。

为什么这些口令不安全呢？我们先看看目前有哪些口令攻击的形式。

3.1.2　口令攻击的形式

目前，绝大多数计算机资源还是通过固定口令的方式来保护，而这种以固定口令为基础的认证方式存在很多问题，变得越来越脆弱。现在对口令的攻击主要包括以下几种。

1. 字典攻击

攻击者将一些可能的口令放入字典中，如一般用户最喜欢的使用的数字、有意义的单词等，然后使用字典中的口令来尝试用户的密码。图3-2和图3-3是LC5软件自带的口令字典的截图，它们只是口令字典中的很少一部分。

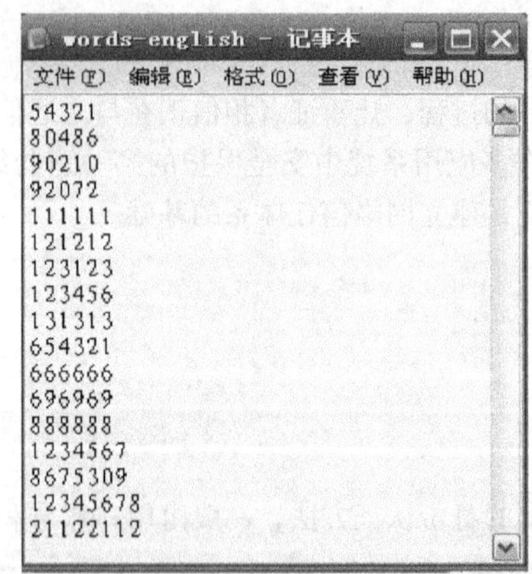

图3-2　口令字典中用户喜欢使用的数字

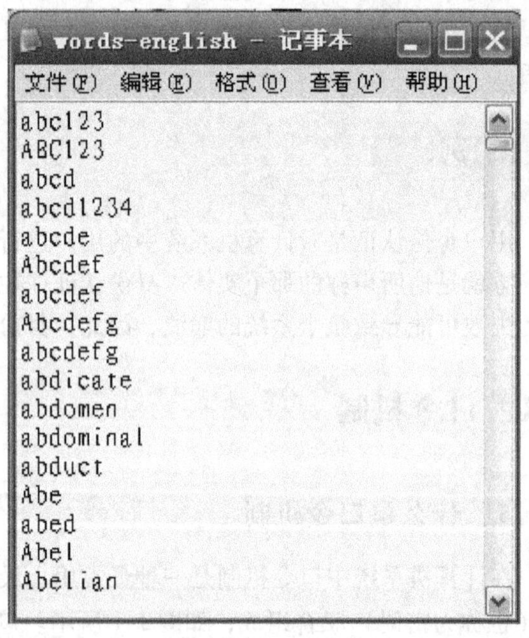

图3-3　口令字典中用户喜欢使用的字母组合

2. 穷举攻击

穷举攻击也称蛮力攻击，这是一种广义的字典攻击，它使用字符串的全集作为字典，通过穷举的方式来尝试用户可能使用的密码。因此，如果用户的密码很短，就很容易被穷举出来。

3. 网络数据流窃听

攻击者通过窃听网络数据，获取用户账号和口令，如采用Sniffer软件的嗅探功能截获明文传送的用户账号和口令。

3.1.3　改进方案

1. 选择安全口令

为了增加口令的强度，更有效地保护自己的口令，在使用口令时应该注意以下几点：

1）要随机选择口令数字，切不可使用有规律的便于记忆的数字和单词等，这些口令用字典攻击是十分容易的。

2）在选择口令时，最好能同时使用字母（包括字母的大小写）、数字、特殊符号，如 A9d&31，使用这样的密码相对是比较安全的。

3）在计算机允许的情况下，使用口令位数要尽可能长，至少要多于 6 位。

4）应该定期更换口令，很多人长时间地使用一个口令，这是很不好的习惯。对于一般计算机用户来说，至少每隔 3 个月更换一次口令。

5）将使用的口令记录在其他比较安全的地方，但不要放在计算机中。

2. 动态口令

固定口令有监听的可能和破译的可能，并且用户记忆口令也是一个不小的负担，动态口令（也叫一次性口令）的方法是每次登录使用不同的口令，每个口令只能使用一次，动态口令认证技术比前面的静态口令相对要安全一些。

动态口令有很多方法可以得到，这里我们介绍一种一些银行目前使用的动态口令卡，口令卡大小类似于银行卡，背面以矩阵形式印有一些数字串。需要使用的时候，网上银行系统会随机地给出一组口令卡坐标，客户从卡片上找到坐标对应的密码组合并输入，只有当密码输入正确时，才能完成相关交易。这种密码组合的动态变化，每次交易密码仅使用一次，能有效地避免交易密码被窃取。图 3-4 为动态口令卡的反面图样。

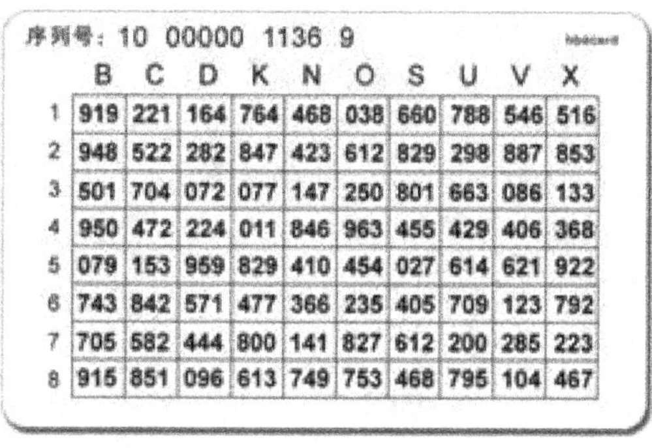

序列号：10 00000 1136 9

	B	C	D	K	N	O	S	U	V	X
1	919	221	164	764	468	038	660	788	546	516
2	948	522	282	847	423	612	829	298	887	853
3	501	704	072	077	147	250	801	663	086	133
4	950	472	224	011	846	963	455	429	406	368
5	079	153	959	829	410	454	027	614	621	922
6	743	842	571	477	366	235	405	709	123	792
7	705	582	444	800	141	827	612	200	285	223
8	915	851	096	613	749	753	468	795	104	467

图 3-4　动态口令卡的反面

如系统提示输入口令坐标 55N1，则用户应该在图 3-5 所示的界面中输入的动态口令为 027468。

请输入下列付款资料

注册客户支付	
选择支付卡号	选择支付卡号
卡有效期	1007 (MMYY)
动态口令卡坐标:	55N1
动态密码	

确定付款　清除资料

图 3-5　用户根据动态口令卡输入动态密码

3.1.4 采用 LC5 测试口令强度

LOphtCrack（简称 LC5）是一款网络管理员常用的工具，可以用来检测 Windows 或 UNIX 系统用户是否使用了不安全的口令，同样也是一款 Win NT/2000/XP/UNIX 管理员账号口令破解工具。

在 Windows 操作系统当中，用户账户的安全管理使用了安全账号管理器（Security Account Manager，SAM）的机制，用户和口令经过散列变换（如 MD5 算法）后以散列列表形式存放在\SystemRoot\system32 下的 SAM 文件中。LC5 主要是通过破解 SAM 文件来获取系统的账户名和口令。LC5 可以从本地系统、其他文件系统、系统备份中获取 SAM 文件，从而破解出用户口令。

下面列出了 Windows XP 系统下的几个安全级别不同的口令及测试的过程：

1）建立测试账户。在测试主机上建立用户名为“test”的账户，方法是依次打开“控制面板”→“管理工具”→“计算机管理”选项。在“本地用户和组”节点下面鼠标右键单击“用户”选项，在右键菜单中选择“新用户”选项，如图 3-6 所示。这里建立两个用户，一个用户名为 test1，口令为 abc123；另一个用户名为 test2，口令为不规则字母、下划线与数字组合 ihm_786。

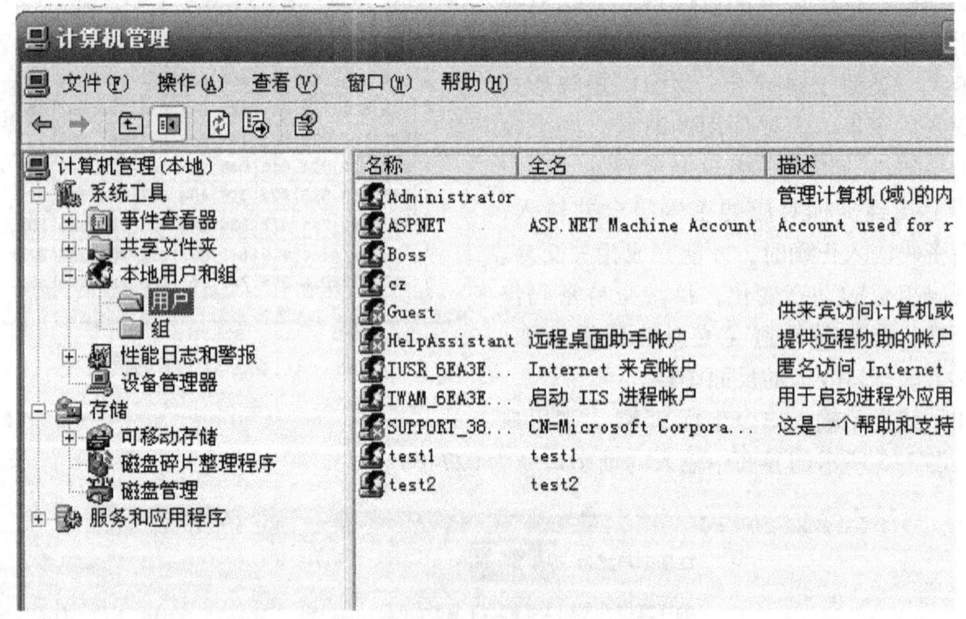

图 3-6 建立测试账户 test1 和 test2

2）在 LC5 主界面的主菜单中，单击“文件”→“LC5 向导”菜单命令。

3）系统弹出“LC5 向导”对话框，如图 3-7 所示。

4）单击“下一步”按钮，系统弹出“取得加密口令”对话框。

5）这时有 4 个单选按钮，选择“从本地机器导入”单选按钮，再单击“下一步”按钮，系统出现如图 3-8 所示的界面。

6）这个界面有 4 个选项，由于设置的密码比较简单，所以选择“快速口令破解”单选

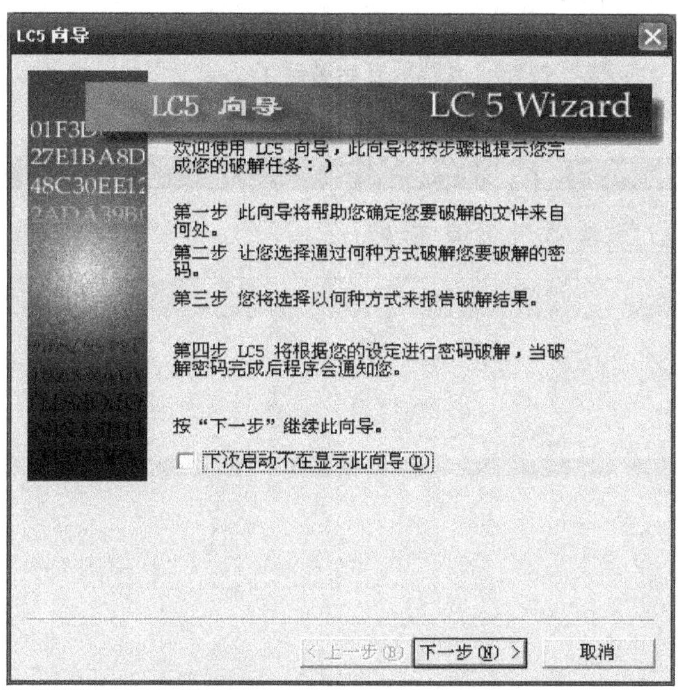

图 3-7 “LC5 向导”对话框

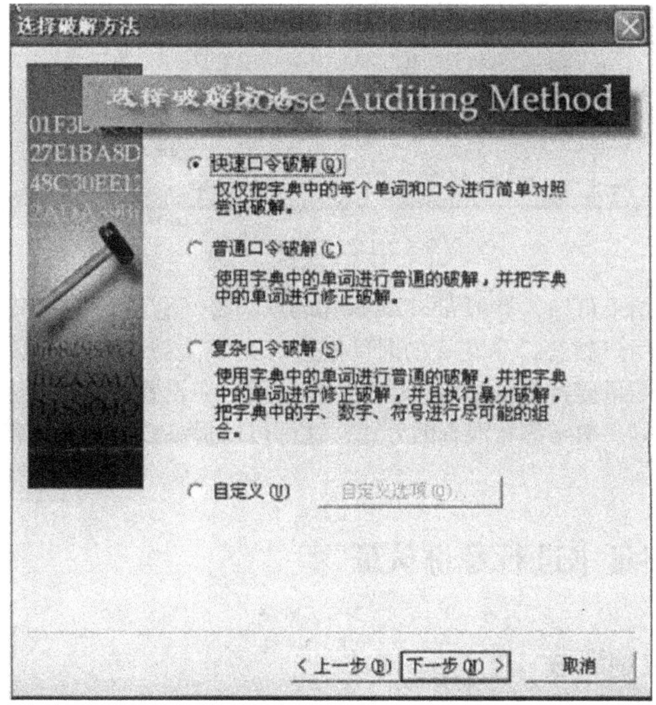

图 3-8 选择“从本地机器导入口令”单选按钮

按钮，单击“下一步”按钮。

7）在第 6 步操作完成之后出现的界面中直接单击“下一步”按钮，系统弹出如图 3-9 所示的界面。单击“完成”按钮，系统就开始破解了。

8）系统会很快出现密码破解的界面，如图 3-9 所示。

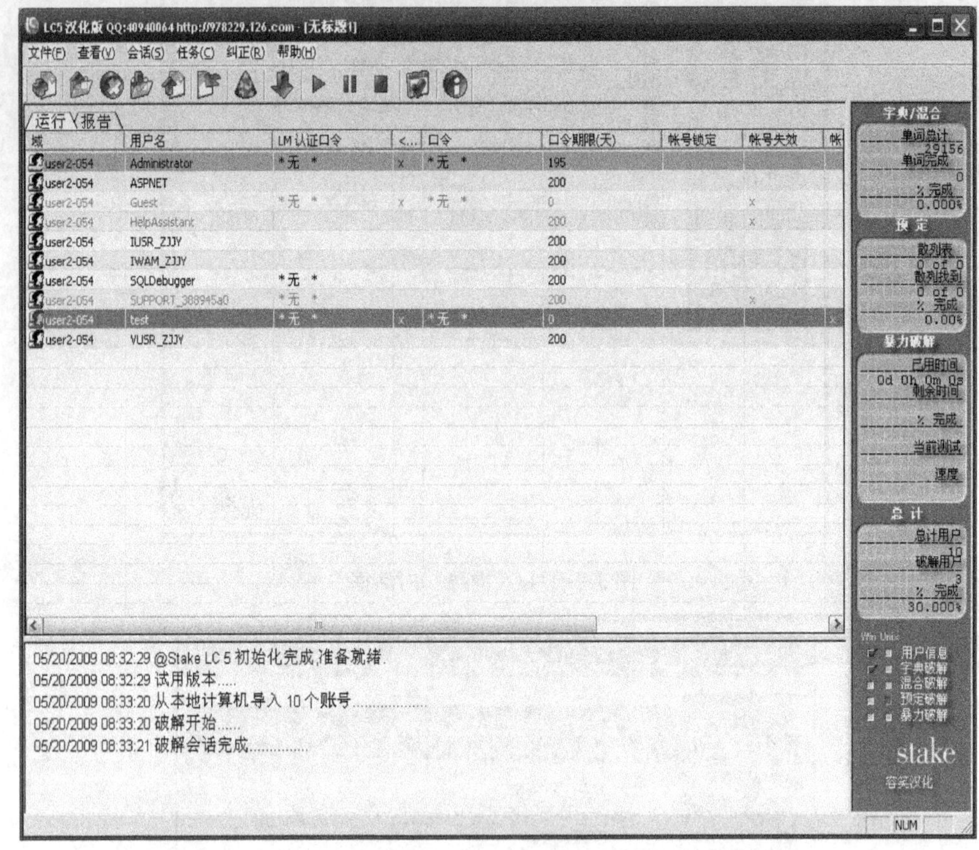

图 3-9 LC5 破解口令界面

由上述测试的结果可知，类似 abc123 这样的弱口令可以在瞬间被破解，系统口令的复杂程度越高，非法用户破解口令花费的时间越多，则安全强度越高，系统也就越安全。因此，这里通过实验结果要特别提醒用户注意的是，用户在设置口令时，应该尽量选择英文大小写字母、特殊符号、数字等相混合的方式，这样可以提高口令的复杂程度，从而可以增强系统的安全性。

3.2 采用数字证书进行身份认证

3.2.1 什么是数字证书

在现实生活中，有一种可以证明身份的证件，那就是身份证。身份证是很重要的证件，在很多场合需要出示身份证。比如，在各个银行的一些储蓄业务，作为用户是需要出示身份证的，那么网络中是否有这样的类似身份证的东西呢？这就是数字证书。数字证书类似于现实生活中的身份证，以银行业务为例，目前很多的业务都可以通过“网上银行”完成，在网上银行操作时，验证用户的身份就是采用的数字证书。图3-10所示为工商银行的网上银行登录界面。

那么数字身份证是什么形式的呢？数字证书有多种格式，但一般比较常用的是采用X.509国际标准。标准的X.509数字证书包含以下一些内容，如图3-11所示。

1）证书的版本信息。

2）证书的序列号，每个用户都有一个唯一的证书序列号。

3）证书所使用的数字签名算法。

4）证书的发行机构名称。

5）证书的有效期。

6）证书所有人的名称。

7）证书所有人的公开密钥。

8）证书发行者即CA机构对证书的数字签名（CA机构的数字签名使得第三者不能伪造和篡改证书）。

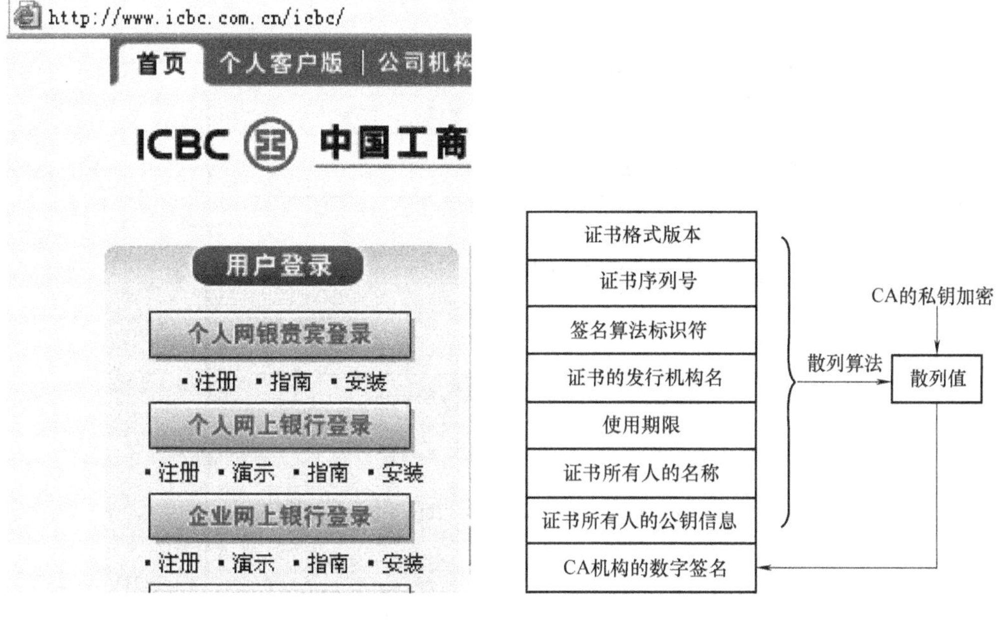

图3-10　网上银行界面

图3-11　X.509证书的结构

其实，使用的操作系统中预存有很多的数字证书，可以了解它们的形式，具体方法：单击“开始”→“运行”控制启动MMC控制台。选择“文件”菜单→“添加/删除管理单元”命令。在“添加/删除管理单元”对话框中选择“添加”命令，在可用的独立管理单元中选择“证书”选项后，选择“添加”选项。将“证书管理单元”选择为“我的账户”选项，单击“确定”按钮。可以看到管理台根节点中已有的数字证书，如图3-12所示。

双击一份数字证书，可以看到证书中说明的一些信息，图3-13是该证书的一些常规信息，这是一份自颁发的根证书。

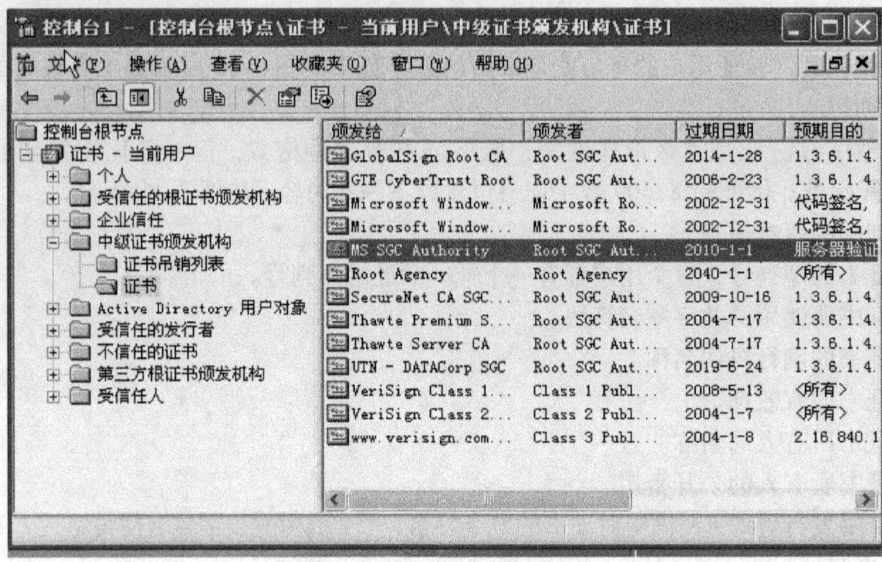

图 3-12　Windows 中的数字证书

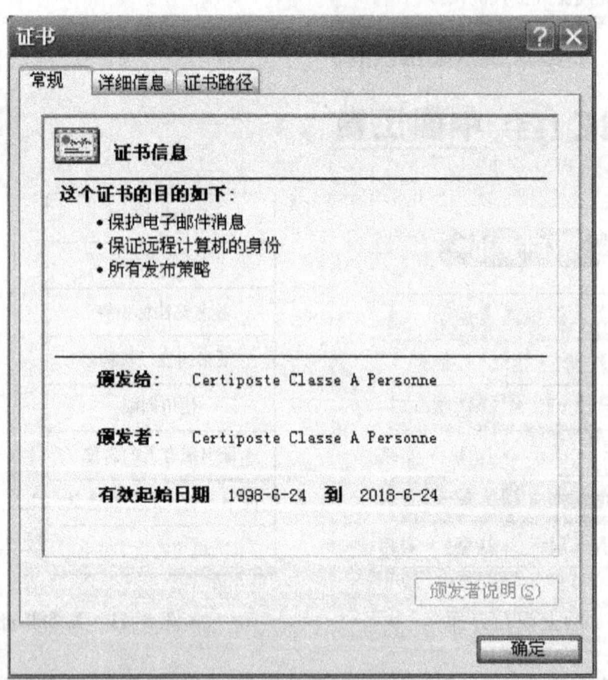

图 3-13　一份数字证书

单击“详细信息”选项卡，可以看到如图 3-14 所示的公钥信息，该证书的公钥为 2048 位。该证书的签名算法使用的是 MD5 和 RSA。

3.2.2　数字证书的颁发机构

现实生活中身份证由公安机关的专门机构来颁发，那网络中的身份证是由谁颁发呢？

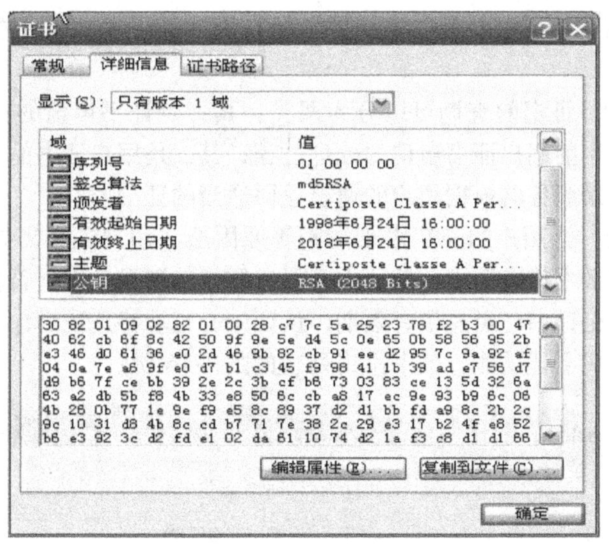

图 3-14 证书的公钥信息

这样的机构叫证书授权中心（Certificate Authority），也叫 CA 机构，CA 认证中心就是一个可信任的、负责发布和管理数字证书的权威机构。它负责产生、分配并管理所有参与网上信息交换各方所需的数字证书，因此 CA 的重要性是不言而喻的。CA 中心为每个使用公开密钥的用户发放一个数字证书，CA 机构的数字签名使得攻击者不能伪造和篡改证书。

对于一个大型的应用环境，认证中心往往采用一种多层次的分组结构，各级的认证中心类似于各级行政机关，上级认证中心负责签发和管理下级认证中心的证书，最下一级的认证中心直接面向最终用户。处在最高层的是根 CA（Root CA），它是公认的权威，如金融系统中的 CA。目前每个省也都有各自的 CA，图 3-15 是山东省 CA 的主页。

图 3-15 山东省 CA 的主页

CA 的功能具体如下：

（1）证书的颁发 CA 接收、验证用户（包括下级认证中心和最终用户）的数字证书的申请，将申请的内容进行备案，并根据申请的内容确定是否受理该数字证书申请。如果中心接受该数字证书申请，则进一步确定给用户颁发何种类型的证书。新证书用认证中心的私钥签名以后，发送到目录服务器供用户下载和查询。为了保证消息的完整性，返回给用户的所有应答信息都要使用认证中心的签名。

（2）证书的更新　认证中心可以定期更新所有用户的证书，或者根据用户的请求来更新用户的证书。

（3）证书的查询　证书的查询可以分为两类：其一是证书申请的查询，认证中心根据用户的查询请求返回当前用户证书申请的处理过程；其二是用户证书的查询，这类查询由目录服务器来完成，目录服务器根据用户的请求返回适当的证书。

（4）证书的作废　当用户的私钥由于泄密等原因造成用户证书需要申请作废时，用户需要向认证中心提出证书作废请求，认证中心根据用户的请求确定是否将该证书作废。另外一种证书作废的情况是证书已经过了有效期，认证中心自动将该证书作废。认证中心通过维护证书吊销列表来完成上述功能，证书吊销列表如图 3-16 所示。

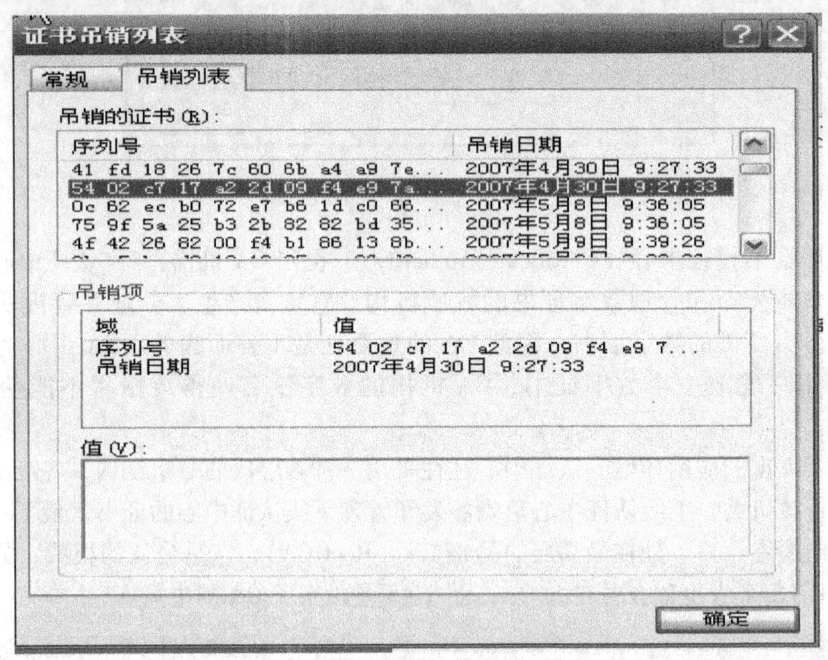

图 3-16　证书吊销列表

（5）证书的归档　证书具有一定的有效期，证书过了有效期之后就将被作废，但是我们不能将作废的证书简单地丢弃，因为有时我们可能需要验证以前的某个交易过程中产生的数字签名，这时我们就需要查询作废的证书。基于此类考虑，认证中心还应当具备管理作废证书和作废私钥的功能。

3.2.3　网上银行中的数字证书

个人网上银行是指通过互联网，为个人客户提供账户查询、转账汇款、投资理财、在线支付等金融服务的网上银行渠道。网上交易不是面对面的，客户可以在任何时间、任何地点发出请求，传统的身份识别方法通常是靠用户名和登录口令对用户的身份进行认证。但是，用户的口令在登录时以明文的方式在网络上传输，很容易被攻击者截获，进而可以假冒用户的身份，身份认证机制就会被攻破。

在网上银行系统中，用户的身份认证依靠基于公钥密码体制、数字签名机制和用户登录

密码的多重保证。银行对用户的数字签名和登录密码进行检验，全部通过后才能确认该用户的身份。用户的唯一身份标志就是银行签发的“数字证书”。用户的登录密码以密文的方式进行传输，确保了身份认证的安全可靠性。数字证书的引入，同时实现了用户对银行交易网站的身份认证，以保证访问的是真实的银行网站，另外还确保了客户提交的交易指令的不可否认性。由于数字证书的唯一性和重要性，各家银行为开展网上业务都成立了 CA 认证机构，专门负责签发和管理数字证书，并进行网上身份审核。

对于普通用户，申请网上银行后，会得到一个类似 U 盘的客户证书 USBkey，在中国工商银行中称为 U 盾，USBkey 使用之前需要安装个人网上银行安装驱动程序，然后下载个人证书信息到 U 盾中，如图 3-17 所示。

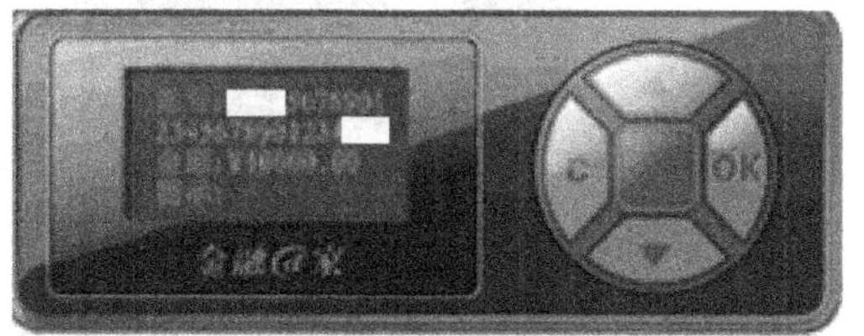

图 3-17　U 盾

网上银行设置完成后，用户如需办理转账、汇款、缴费等对外支付业务，就可登录个人网上银行，按系统提示将 U 盾插入计算机的 USB 接口，输入 U 盾密码，并经银行系统验证无误，即可完成支付业务。为保护自身财产的安全在使用网上银行交易的过程中，仍然要注意网银的安全。

3.3　采用 IC 卡与指纹认证身份

3.3.1　采用 IC 卡进行身份认证

智能卡的名称来源于英文“Smart Card”，又称集成电路卡，或 IC 卡（Integrated Circuit-card），是内嵌有微芯片的卡的通称，智能卡配有 CPU 和 RAM（随机存取存储器），智能卡提供了一个防损害、可靠的存储账号、口令、私钥和其他一些个人信息的场所，因此被用于身份认证。

IC 卡厂家将一片专用集成电路镶嵌于符合 ISO/IEC 7816—1：1998 标准的基片中，即制成一张 IC 卡，外观也可以封装成纽扣、钥匙牌和各种装饰物等特殊形状。

IC 卡的特点如下：

（1）高可靠性　IC 卡具有防磁、防静电、防机械损和防化学破坏等能力，信息一般可以保存 100 年以上，改写次数可达 10 万次至少可用 10 年。

（2）高安全性　很多 IC 卡带有加密功能，可以有效地防止数据被非法修改和读取，如果试图攻击则卡片可能自锁。

（3）大存储量　某些 IC 卡的存储容量已达到 32Mbit。

（4）方便使用　体积小巧，质量轻，便于携带，易于使用。

（5）多应用类型　无加密功能的 IC 卡可用于信息存储和信息传递；带有逻辑加密功能的 IC 卡可用于小额电子支付和身份识别；而带有协议认证加密功能的 IC 卡还可用于大额电子支付、电子装置防非法复制、电子签名和软件加密。

根据卡与外界数据交换界面的不同，IC 卡可以分为接触式 IC 卡和非接触式 IC 卡。

接触式 IC 卡以符合 ISO/IEC 7816 标准的多个金属触点为卡芯片与外界的信息传输媒

介，成本低，实施相对简便，如图 3-18 所示。

非接触式 IC 卡则不用触点，而是借助无线收发传送信息，因此在前者难以胜任的交通运输等诸多场合有较多应用，如图 3-19 所示。

图 3-18　接触式 IC 卡

图 3-19　非接触式 IC 卡

IC 卡按卡内镶嵌芯片的不同可将智能卡分为存储器卡、逻辑加密卡和 CPU 卡 3 类。

（1）存储器卡　卡内嵌入的芯片为存储器芯片，这些芯片多为通用 E^2PROM（或 Flash Memory）无安全逻辑，可对片内信息不受限制地任意存取。

存储器卡的特点是功能简单，没有（或很少有）安全保护逻辑，价格低廉，开发使用简便，存储容量增长迅猛，多用于某些内部信息无需保密或不允许加密（如急救卡）的场合。

（2）逻辑加密卡　由非易失性存储器和硬件加密逻辑构成，一般是专门为 IC 卡设计的芯片，具有安全控制逻辑，安全性能较好；同时采用 ROM、PROM、E^2PROM 等存储技术。

逻辑加密卡的特点是有一定的安全保证，多用于有一定安全要求的场合，如保险卡、加油卡、驾驶卡、借书卡、IC 卡电话和小额电子钱包等。

（3）CPU 卡　其硬件构成包括 CPU、存储器（含 RAM、ROM、E^2PROM 等）、卡与读/写终端通信的 I/O 接口及加密运算协处理器 CAU，ROM 中则存放有片内操作系统 COS。

CPU 卡的特点是有很高的数据处理和计算能力以及较大的存储容量，因此应用的灵活性、适应性较强，有极强的安全防伪能力。它不仅可验证与持卡人的合法性，而且可鉴别读/写终端，已成为一卡多用及对数据安全保密性特别敏感场合的最佳选择，如金融信用卡和手机 SIM 卡等，因此 CPU 卡才是真正意义上的“智能卡”。

3.3.2　采用指纹识别身份

生物特征识别技术（Biometrics）是根据人体本身所固有的生理特征、行为特征的唯一性，利用图像处理技术和模式识别等方法来达到身份鉴别或验证目的的一门科学。人体的生理特征包括面像、指纹、掌纹、视网膜、虹膜和基因等。人体的行为特征包括签名、语音和走路姿态等。目前的生物特征识别主要有面像识别、指纹识别、掌纹识别、虹膜识别、视网膜识别、话音识别、签名识别等。由于人体特征具有人体所固有的不可复制的唯一性，因此，将人体生物特征作为生物密钥具有无法复制、不会失窃、不会遗忘的特点。

1. 什么是指纹识别

指纹是指人的手指末端正面皮肤上凸凹不平产生的纹线。每个人的指纹都与众不同，是

独一无二的。指纹识别技术通过分析指纹的全局特征和局部特征从指纹中收取特征值，并以此来确定一个人的身份。

指纹的全局特征是用人眼直接就可以观察到的特征，如指纹的纹型就是常见的全局特征之一，如图3-20所示。

仔细观察你会发现指纹纹路并不是连续或平滑笔直的，而是经常出现中断、分叉、打折。这些断点、分叉点和转折点就称为“节点”，如图3-21所示。指纹的局部特征是指指纹上节点的特征点。两个指纹经常会具有相同的全局特征，但它们的局部特征不可能完全相同。

图3-20　指纹的基本纹型

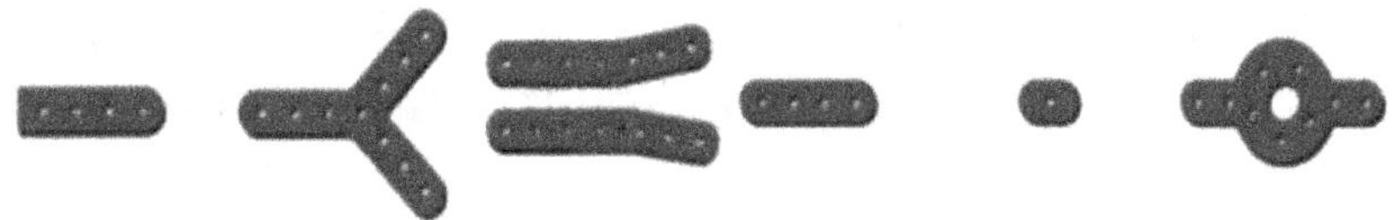

图3-21　节点的分类

2. 指纹传感器

指纹传感器是实现指纹自动采集的关键器件，如图3-22所示，目前常用的指纹传感器有光学式传感器、电容/电感式传感器、超声波扫描、射频（RF）传感器等。

其中，光学指纹采集器主要是利用光的折射和反射原理，光从底部射向三棱镜，并经棱镜射出，射出的光线在手指表面指纹凹凸不平的线纹上折射的角度及反射回去的光线明暗就会不一样，光耦合器件（Charge-Coupled Device，CCD）的光学器件就会收集到不同明暗程度的图片信息，就完成指纹的采集。光学指纹采集器是最早的指纹采集器，使用最为普遍。由于指纹采集原理的限制，光学指纹采集器很难对干的手指采集到清晰的指纹图像，造成了这种产品对干手指识别率低（拒真率高）的问题。手指越干燥，这个问题越突出。在冬天寒冷的气候条件下，手指发干会导致很多人的手指无法被识别。这个问题在北方地区尤其突出。因为成本优势，基于光学原理的指纹门禁考勤机在国内应用广泛，但是，由于存在人造指纹问题，它在金融系统，尤其是金库门这种场所的使用是不安全的。

图3-22　指纹传感器

生物射频指纹识别技术采用的是射频传感器技术，它是通过传感器本身发射出微量射频信号，穿透手指的表皮层去控测里层的纹路，来获得最佳的指纹图像。因此对干手指、汗手指等困难手指识别能力相对要强。

3. 指纹识别应用实例

下面介绍一个高校网络指纹考勤系统，使大家对指纹识别的具体应用有一个了解。

目前，市面上指纹考勤系统常见的有两种：一种是联机型产品，其工作时须有计算机支持，多个系统共享指纹识别设备，需要建立大型的数据库存储指纹信息，且指纹的比对需要由后台计算机支持；另一种是脱机型产品，单机就可完成考勤全部过程，使用方便，得以广

泛应用。

该系统采用脱机型指纹考勤机，以遵循 TCP/IP 的以太网为传输媒介，包括上层管理系统和指纹考勤终端。每个设备终端存有原始指纹图像，单机就可完成指纹采集、区分判定、存储上传记录、报警显示等功能。在下课后，教师可将结果通过校园网络上传到上位机，管理人员可对考勤记录进行统计处理。相比要将指纹图像上传到服务器进行比对的联机型产品来说，这种结构可以将服务器负担分散，即使在考勤需求集中的上课和考试的时段也能顺利进行。

该考勤系统由上层管理系统和指纹考勤终端组成。考勤终端采用考勤机成品，本案例中可存储 3000 枚指纹，具有指纹录入、比对、查询、记录、显示和报警功能，并可采用串口 485、TCP/IP 和 USB 这 3 种通信方式，可直接同计算机相连，也可连入局域网中。上位机的考勤信息管理软件主要是安装在管理 PC 上的管理系统，它负责完成对接收到的考勤数据进行处理，存储并对考勤数据进行分类管理，并可实现对考勤记录的查询、统计、报表生成、打印等功能。同时它也是一个综合的信息管理系统，对人员管理、特殊情况管理等情况进行处理。考勤信息的获取通过接入局域网的考勤终端网络传输获得，系统总体结构如图 3-23 所示。

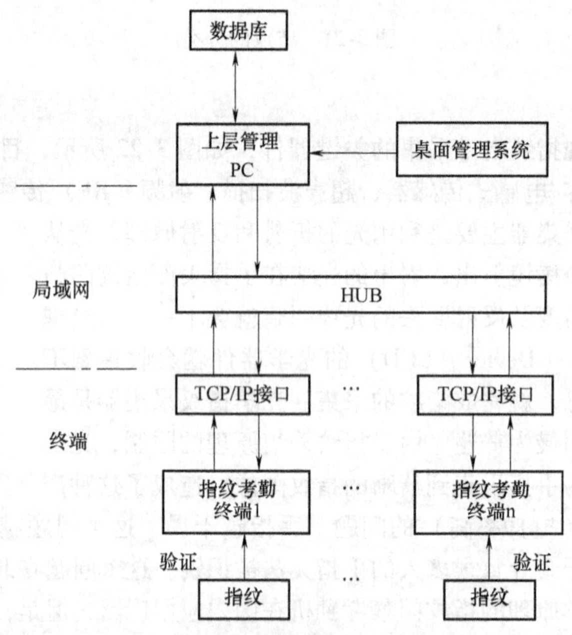

图 3-23 指纹考勤系统的总体结构

本章小结

身份认证往往是许多应用系统中安全保护的第一道防线，本章介绍了网络安全中几种典型的用户身份认证机制：基于口令的身份认证机制、数字证书身份认证，以及基于 IC 卡和生物特征的身份认证的原理和应用。

【关键概念】

弱口令、安全口令、数字证书、CA、IC卡、指纹特征识别。

【课堂讨论】

1. 你是如何设置口令的？选用口令应该注意什么？
2. 讲述一下平时生活和学习中遇到的身份认证机制，比较不同身份认证机制的特点。
3. 使用过网上银行吗？说说其中身份认证的原理。

复习思考题

一、填空题

1. ________攻击是一种广义的字典攻击，它使用字符串的全集作为字典，通过穷举的方式来尝试用户可能使用的密码。因此，如果用户的密码很短，就很容易被穷举出来。

2. 在Windows操作系统当中，用户名和口令经过散列变换后存放在系统的________文件中，因此应该保证该文件的安全性。

3. 数字证书类似于现实生活中的身份证，现实生活中身份证由公安机关的专门机构来颁发，网络中颁发数字证书的机构叫________。

4. IC卡根据卡与外界数据交换界面的不同IC卡可以分为________式IC卡和________式IC卡。

5. __________是根据人体本身所固有的生理特征、行为特征的唯一性，利用图像处理技术和模式识别等方法来达到身份鉴别或验证目的的一门科学。人体的生理特征包括面像、指纹、掌纹、视网膜、虹膜和基因等，人体的行为特征包括签名、语音和走路姿态等。

二、简答题

1. 选用口令时应注意哪些问题？如何选择安全口令？
2. 什么是数字证书？数字证书中包含哪些内容？
3. 你知道哪些身份认证机制？
4. 什么是IC卡？IC卡的特点是什么？
5. 了解你平时使用的公交卡、饭卡、图书借阅证、第二代身份证的内部结构。
6. 指纹的总体特征和局部特征有哪些？采集指纹常用的设备有哪些？
7. 你知道Windows中的账户口令是如何存放的？可有保护它的办法？
8. 什么是CA，登录本省的CA主页，了解相关信息。
9. 到中国生物识别门户网：//www.swsbmh.com/中查阅生物特征识别技术的最新动态。

实践与训练

1. 按照 3. 1. 4 节介绍的步骤，使用 LC5 测试系统口令的安全性。
2. 按照 3. 2. 1 节介绍的方法查看操作系统的数字证书，了解数字证书的结构。
3. 申请一个网上银行，了解其中网络安全的原理。

第4章 黑客攻击与防范

学习目标：

要成功地防范黑客的行为，应该对黑客的攻击原理、攻击步骤有所了解，正所谓对症下药，只有这样，才能更好地采取措施，保护网络的安全。本章要求了解黑客攻击的一般步骤，掌握常用的网络命令，掌握网络扫描、监听的原理和防范。

引例：

由于系统脆弱性的客观存在，网络协议、操作系统、应用软件、硬件设备不可避免地存在一些安全漏洞，如果再加上操作人员在安全管理上的疏忽，这些都可以为攻击者采用非正常手段入侵系统提供可乘之机。近年来，网络攻击技术和攻击工具发展很快，使得一般的计算机爱好者成为一名准黑客非常容易，这也使得各个单位和个人的网络信息安全面临越来越大的风险，对于普通用户和网络管理者只有了解了攻击者的手段和原理，才能更好地采取措施、对症下药，来保护网络与计算机系统的正常运行。

4.1 概述

4.1.1 黑客攻击的一般步骤

黑客入侵一般完整的模式为：隐藏自己→信息踩点→扫描→获取访问权和权限提升→采取攻击行为→安装后门→清除日志。

1. 隐藏自己

隐藏网络攻击者的身份及主机的位置对黑客来说是必要的，这可以通过利用被入侵的主机做跳板、盗用他人账号上网、通过免费网关代理、伪造 IP 地址等技术实现。

2. 信息踩点

信息踩点（FootPrinting，也叫目标探测）是通过自动或人工查询的方法，获得与目标网络相关的物理或逻辑参数的一种技术手段，但同时也是黑客搜集有用信息资讯再最终制定入

侵方案方法的前奏。

3. 扫描

扫描是检测 Internet 上的计算机当前是否是活动的、端口分配情况、提供的服务和它们的软件版本，并能对扫描对象的脆弱性和漏洞进行深入分析，扫描与信息踩点一样是网络攻击的前奏。

4. 获取访问权和权限提升

在搜集到目标系统的足够信息后，下一步要完成的工作一般是设法获得目标系统的访问权，为进一步的入侵创造条件。但这时获得的系统访问权往往是最普通的使用权限。因此，攻击者会想法获得更高权限的用户口令，或者将已经获得的普通用户权限提升至更高级别的用户权限，以便完成对系统的完全控制。

5. 采取攻击行为

通过前面的步骤如果发现目标计算机系统有可以被利用的漏洞或弱点，则可以采取攻击行为。在此过程中具体采用的攻击行为要视计算机系统而定，一般常见的有：信息的窃取、篡改、注入病毒、拒绝服务、缓冲区溢出、SQL 注入等方法。

6. 安装后门

好的管理员往往会定期更换密码，为了不在管理员更改密码后失去对被入侵主机的控制，黑客往往会在被入侵主机上创建一些后门或陷阱，以便继续控制被入侵主机。

7. 清除痕迹

攻击者清除攻击痕迹的方法主要是清除系统和服务日志，比如在 Windows 操作系统里面主要清除的是 C：\ Windows \ system32 \ config 目录下的 log 文件。

4.1.2 获取网络信息的常见网络命令

一些常用的网络命令对于我们更好地了解网络结构、安全故障诊断和排除是十分重要的，这些网络命令在下面的内容中也会用到，下面介绍一些常用网络命令的使用方法。

1. ping 命令

ping 是一个使用频率极高的命令，用于确定本地主机是否能与另一台主机交换（发送与接收）数据报，根据返回信息，就可以推断 TCP/IP 参数是否设置得正确以及运行是否正常。简单地说，ping 就是一个测试程序，如果 ping 运行正确，大体上就可以排除网络访问层、网卡、Modem 的输入/输出电路、电缆和路由器等存在故障，从而减少了问题的范围。

按照默认设置，Windows 上运行的 ping 命令发送 4 个网间控制报文协议（ICMP）提出请求，如果一切正常，应能得到 4 个回送应答。

下面给出使用 ping 命令检测网络故障的常用方法。

（1）ping 127.0.0.1　127.0.0.1 是本地环回地址。该命令永不退出该计算机。如果没有做到这一点，就表示 TCP/IP 的安装或运行存在某些最基本的问题。

（2）ping 本机　这个命令被送到计算机所配置的 IP 地址，计算机始终都应该对该命令作出应答，如果没有，则表示本地配置或安装有问题。

（3）ping 局域网内其他 IP　这个命令离开使用 ping 命令的这台计算机，经过网卡及网线到达其他计算机，再返回。收到回送应答表明本地网络中的网卡和载体运行正确。但如果收到 0 个回送应答，那么表示子网掩码不正确或网卡配置错误或网线有问题。

（4）ping www. xxx. com　对这个域名执行 ping. www. xxx. com 地址，通常是通过 DNS 服务器。如果这里出现故障，则表示 DNS 服务器的 IP 地址配置不正确或 DNS 服务器有故障。

一般情况下，通过 ping 目标地址，可让对方返回生存时间（TTL）值的大小，通过 TTL 值可以粗略判断目标主机的系统类型是 Windows 还是 UNIX/Linux。一般情况下，Windows 系统返回的 TTL 值在 100 ~ 130 之间，而 UNIX/Linux 系统返回的 TTL 值在 240 ~ 255 之间。但 TTL 的值是可以修改的，故此种方法可作为参考。

2. ipconfig 命令

ipconfig 实用程序可以用于显示当前的 TCP/IP 配置的设置值，这些信息一般用来检验人工配置的 TCP/IP 设置是否正确。

这里介绍 ipconfig 的两种常见用法：

（1）ipconfig　当使用 ipconfig 时不带任何参数选项，那么它为每个已经配置了的接口显示 IP 地址、子网掩码和默认网关。

（2）ipconfig/all　当使用 all 选项，ipconfig 能为 DNS 和 WINS 服务器显示已配置且所要使用的附加信息（如 IP 地址等），并且显示内置本地网卡中的物理地址（MAC）。

3. netstat 命令

netstat 用于显示与 IP、TCP、UDP 和 ICMP 协议相关的统计数据，一般用于检验本机各端口的网络连接情况。

（1）netstat- e　用于显示关于以太网的统计数据。它列出的项目包括传送的数据报的总字节数、错误数、删除数、数据报的数量和广播的数量，可以用来统计一些基本的网络流量。

（2）netstat- a　显示所有的有效连接（Established）和监听（Listening）端口。

（3）netstat- n　以数字形式显示地址和端口。

4. net 命令

net 命令是很多网络命令的集合，在 Windows 2000/XP/2003 中，很多网络功能都是以 net 命令为开始的，通过 net help 或者 net/? 可以看到这些命令的用法。其中，最常用到的是 net view 和 net use，通过这两个命令，可以连接网络上开放了远程共享的系统，并且获得资料。

（1）net share　用于创建、删除或显示共享资源。

（2）net start　启动服务或显示已启动服务的列表。

5. tracert 命令

如果有网络连通性的问题，可以使用 tracert 命令。通过向目标发送不同 IP 生存时间值的“Internet 控制消息协议（ICMP）”回应数据包，tracert 诊断程序确定到目标所采取的路由。tracert 命令结果显示用于将数据包从计算机传递到目标位置的一组 IP 路由器，以及每个跃点所需要的时间。

（1）tracert IP 或 tracert URL　该命令返回到 IP 地址所经过的路由器列表。

（2）tracert IP -d 或 tracert URL -d　更快地显示路由器路径。

下例是网络上某一台计算机 tracert 网易的结果，可以看出经过 11 个跃点，到达网易主机 119. 190. 4. 73。

```
C:\>tracert www.163.com
Tracing route to 163.xdwscache.glb0.lxdns.com [119.190.4.73]
over a maximum of 30 hops:

 1     2ms     2ms     2ms   10.2.9.254
 2     5ms     9ms    10ms   192.168.0.45
 3     1ms     1ms     1ms   192.168.0.6
 4     4ms     3ms     4ms   222.133.182.225
 5     2ms     1ms     1ms   221.2.48.225
 6     1ms     1ms     1ms   222.133.190.133
 7     8ms     8ms     8ms   60.215.136.249
 8    15ms    13ms    12ms   60.215.136.82
 9     9ms     9ms    10ms   124.134.134.106
10    13ms    11ms    12ms   119.191.60.222
11    10ms     9ms    10ms   119.176.60.106
12     9ms     9ms     9ms   119.190.4.73
Trace complete.
```

4.2 信息踩点

网络攻击者在攻击之前的首要任务就是要明确攻击目标，开始进行网络攻击的第一个步骤就是踩点。信息踩点的一般方法是先搜寻初始信息、确定目标范围、分析目标网络信息。

4.2.1 获得初始信息

在一些情况下，公司会在不知不觉中泄露信息，公司认为是一般公开的以及能争取客户的信息，都能作为攻击者作为初始信息，这种信息一般被称为开放来源信息。开放来源信息是关于公司或者它的合作伙伴的一般的公开信息，任何人都能够得到，这意味着存取或者分析这种信息比较容易，并且是合法的。

如某公司为展示其技术的先进性，公司的新闻信息往往会在不经意间泄露系统的操作平台、交换机型号以及基本线路连接。

4.2.2 确定目标范围

入侵一个目标就是要确定该目标的网络地址分布和网络分布范围以及位置。通过开放的资源进行搜索是获得该信息最有效的方法，因特网上的一些规模巨大的数据库系统可以方便、自由和实时地提供目标网络的信息。例如，目标网络域名为 www.yahoo.com，通过域名可以查看该 Web 服务器的一台域名服务器地址（一个大型网站通常由许多服务器提供同一个网站的 Web 服务器），利用最简单和实用的 Ping 命令就可以获得一台服务器的 IP 地址。

```
C:\Windows>ping www.yahoo.com
```

```
Pinging any-fp. wa1. b. yahoo. com [98. 137. 149. 56] with 32 bytes of data:

Reply from 98. 137. 149. 56: bytes =32 time =256ms TTL =48
Reply from 98. 137. 149. 56: bytes =32 time =254ms TTL =48
Reply from 98. 137. 149. 56: bytes =32 time =251ms TTL =48
Reply from 98. 137. 149. 56: bytes =32 time =253ms TTL =48

Ping statistics for 98. 137. 149. 56:
    Packets: Sent = 4, Received = 4, Lost = 0 (0% loss),
Approximate round trip times in milli-seconds:
    Minimum = 251ms, Maximum = 256ms, Average = 253ms
```

屏幕上所显示的 98. 137. 149. 56 就是提供 www. yahoo. com 服务的一台服务器的 IP 地址。

还可以利用 Whois 查询得到目标主机的 IP 地址分配、机构地址位置和接入服务商等重要信息。同时，黑客也可以利用这些信息为入侵提供方便。

Whois 查询就是查询域名和 IP 地址的注册信息，国际域名设在美国的 Internet 信息管理中心（InterNIC）和它设在世界各地的认证注册商管理，国内域名由中国互联网络信息中心（CNNIC）管理。目前世界上有几大主要的 Whois 数据库服务器，包括：

http：//www. internic. net/whois. html

http：//www. networksolution. com

http：//www. apnic. net

http：//www. allwhois. com

4.2.3　分析目标网络信息

进一步分析目标网络的信息还可以使用专用的工具。目前有许多软件工具，如 Netscan、SamSpade、Traceroute 和 VisualWare 系列中的 VisualRoute。这些软件的主要功能包括快速分析和辨别 Internet 连接的来源，标志某个 IP 地址的地理位置、目标网络 whois 查询，提供可视化的显示结果。

以 VisualRoute 为例，VisualRoute 是网络路径节点回溯分析工具，以在世界地图上显示连接路径的方式。VisualRoute 将 traceroute、ping 以及 Whois 等功能集合在了一个简单易用的图形界面里，它可以用来分析互联网的连通性，并找到快速有效的数据点以解决相关的问题。此外，该软件还具有一个独特的功能，它能够找到路由器或者服务器的地理位置，VisualRoute的主界面如图 4-1 所示。

在图4-1 中，最左边是跃点，跃点数从 0 开始，每增加一个跃点，数字加 1。第3、4 列是每个跃点所对应的路由器的 IP 地址和名字；ms 为到达跃点所用的时间；最后一列为路由器所在的网络。

虽然每次数据包由某个出发点（Source）到达同一目的地（Destination）所走的路径可能会不一样，但大部分时候是相同的。了解信息从一台计算机达到 Internet 上另一台计算机的传播路径是非常重要的。

要检测数据包的传播路径还有很多种工具，目前最常见的检测工具是 TraceRoute。该工

Hop	%Loss	IP Address	Node Name	Location	Tzone	ms	Graph	Network
0		124.42.120.14	server2037	*			0 289	Beijing Guanghuan Xi
1		10.8.12.1	-	...		0		(private use)
2		10.0.0.1	-	...		0		(private use)
3		203.86.64.98	-	Beijing, China	+08:0(	0		Great Wall Broadband
4		192.168.51.73	-	...		3		(private use)
5		159.226.254.1	8.200	Beijing, China	+08:0(	3		CHINA SCIENCE AND
6		159.226.254.1	8.198	Beijing, China	+08:0(	0		CHINA SCIENCE AND
7		159.226.1.134	-	Beijing, China	+08:0(	33		CHINA SCIENCE AND
8		203.192.137.1	Gi6-0.gw2.hkg	(Hong Kong ,China)	+08:0(	58		Asia Netcom HKG HU
9		202.147.16.20	po0-0.cr1.hkg3	...		58		Asia Netcom Corporat
10		202.147.0.173	gi1-2.gw1.nrt5.	...		111		Asia Netcom Corporat
11		202.147.50.13	po0-0.gw2.sjc'	...		219		Asia Netcom Corporat
12	10	63.218.7.93	ge6-12.br01.sj	...		284		Beyond The Network A
13		63.218.94.150	dtg.ge10-2.br0	...		255		Beyond The Network A
14		69.65.112.26	colo8a.iad	...		261		Defender Technologie
15		205.234.111.1	visualroute.cor	...		261		Defender Technologie

图4-1　VisualRoute的主界面

具在Windows中的命令为Tracert，在UNIX系统中的命令为TraceRoute，它们的原理是发送小的数据包到目标设备再返回，来测量其需要多长时间，一条路径上每个设备TraceRoute要测3次，输出的结果中包括每次测试的时间（ms）、设备的名称及其IP地址。图4-2和图4-3表示了两个IP地址之间的路由路径。

从 61.4.82.22（世界网络北京双线路服务器）到 222.133.182.227 的路由信息

Hop	IP地址	节点域名	所在地	耗时(ms)
1	61.4.82.1		北京市	4ms
2	172.31.31.9	linktom070517	北京市	0ms
3	218.241.152.77		北京市	0ms
4	202.99.1.154		北京市	0ms
5	123.235.42.161		山东省	16ms
6	60.215.136.141		山东省莱芜市	15ms
7	60.217.41.82		山东省滨州市	22ms
8	222.133.190.134		山东省日照市	27ms
9	221.2.48.226		山东省	26ms
10	222.133.182.254		山东省日照市	24ms
11	-	-	-	超时
12	-	-	-	超时
13	-	-	-	超时

图4-2　两个IP之间路由路径（用跃点表示）

目标探测的方法和手段多种多样，除了必要的技术之外，还要有丰富的经验和相应的技巧。

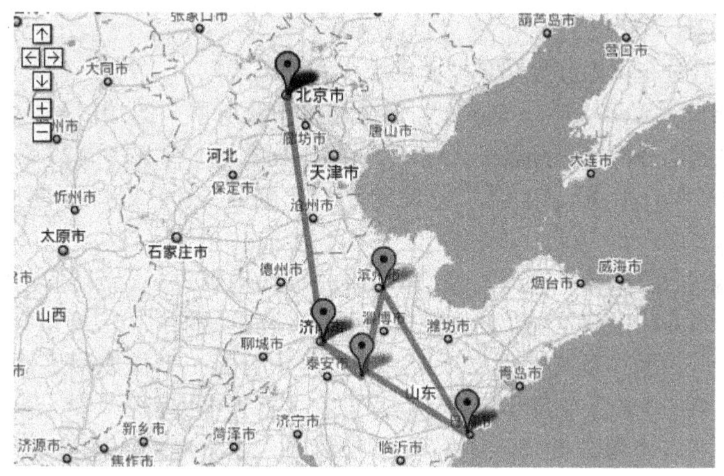

图 4-3 两个 IP 之间路由路径（用地图表示）

4.3 网络扫描

网络扫描就是对计算机系统或者其他网络设备进行与安全相关的检测，以找出安全隐患和可被黑客利用的漏洞。通过扫描，能对扫描对象（远程检测目标网络或本地主机）的安全脆弱点和系统漏洞进行深入了解，能对扫描时发现的问题提供一个良好的解决方案。因此，扫描是一种防范黑客攻击的主动防范措施。同样，网络扫描同样也可以被黑客利用，作为网络攻击的手段。

需要注意的是，扫描并不直接攻击网络漏洞，它仅仅能帮助网络攻击者发现目标计算机的某些内在的弱点。一次完整的网络扫描分为 3 个阶段：第 1 阶段，发现目标主机或网络；第 2 阶段：发现目标后进一步搜集目标信息，包括操作系统类型、运行的服务以及服务软件的版本等；第 3 阶段：根据搜集到的信息判断或者进一步测试系统是否存在安全漏洞。

扫描工具是对目标主机的安全性弱点进行扫描检测的软件。根据作用的环境不同，可以分为两种类型：网络漏洞扫描工具和主机漏洞扫描工具。主机漏洞扫描工具是指在本机运行的扫描工具，以期检测本地系统存在的安全漏洞。网络漏洞扫描工具是指通过网络检测远程目标网络和主机系统所存在漏洞的扫描工具。

4.3.1 端口与端口扫描

在网络扫描中，端口是一个比较明确的重要概念，下面进行具体介绍。“端口”是英文 Port 的意译，一般指计算机与外界通信交流的出口，硬件领域的端口又称为接口，如 USB 端口、串行端口等。软件领域的端口一般是指网络中面向连接服务和无连接服务的通信协议端口，是一种抽象的软件结构，包括一些数据结构和 I/O（基本输入/输出）缓冲区。逻辑意义上的计算机端口，一般是指 TCP/IP 中的端口，端口号的范围从 0 ~ 65535，比如用于浏览网页服务的 80 端口，用于 FTP 服务的 21 端口等。

1. 端口的种类

端口按端口号分布可划分为知名的固定端口和动态端口。

(1) 知名端口 (Well-Known Ports) 知名端口即众所周知的端口号，范围是0~1023，这些端口号一般固定分配给一些服务。比如21端口分配给FTP服务，25端口分配给简单邮件传输协议（SMTP）服务，80端口分配给HTTP服务，135端口分配给远程过程调用（RPC）服务等。

(2) 动态端口 (Dynamic Ports) 动态端口的范围从1024~65535，这些端口号一般不固定分配给某个服务。也就是说，许多服务都可以使用这些端口。只要运行的程序向系统提出访问网络的申请，那么系统就可以从这些端口号中分配一个供该程序使用。比如，1024端口就是分配给第一个向系统发出申请的程序。在关闭程序进程后，就会释放所占用的端口号。不过，动态端口也常常被病毒木马程序所利用，如冰河默认连接端口是7626、WAY 2.4端口是8011、Netspy 3.0端口是7306、YAI病毒端口是1024等。

端口按协议类型可划分为TCP端口和UDP端口。

(1) TCP端口 TCP端口即传输控制协议端口，需要在客户端和服务器之间建立连接，这样可以提供可靠的数据传输。常见的TCP端口有FTP服务的21端口，Telnet服务的23端口，SMTP服务的25端口，HTTP服务的80端口等。

(2) UDP端口 UDP端口即用户数据包协议端口，无须在客户端和服务器之间建立连接，安全性得不到保障。常见的UDP有DNS服务的53端口，简单网络管理协议（SNMP）服务的161端口。

2. 端口漏洞与防范

由于计算机端口作为与外界通信交流的出口，常常会被黑客利用，因此需要了解端口漏洞与预防的方法。

(1) 21端口漏洞 21端口主要用于文件传输协议（File Transfer Protocol，FTP）服务，FTP服务主要是为了在两台计算机之间实现文件的上传与下载，一台计算机作为FTP客户端，另一台计算机作为FTP服务器，可以采用匿名（Anonymous）登录和授权用户名与口令登录两种方式登录FTP服务器，攻击者可利用用户名和口令过于简单，甚至可以匿名登录的漏洞登录到目标主机上，并上传木马或者病毒而控制目标主机。因此，为安全起见，如果不架设FTP服务器，建议关闭21端口。

(2) 23端口漏洞 23端口主要用于远程登录（Telnet）服务，需要设置客户端和服务器端，开启Telnet服务的客户端就可以登录远程Telnet服务器，采用授权用户名和口令登录。登录之后，允许用户使用命令提示符窗口进行相应的操作。在Windows系统中可以在命令提示符窗口中输入“Telnet”命令来使用Telnet远程登录。

黑客可以利用Telnet服务搜索远程登录UNIX的服务，扫描操作系统的类型。而且在Windows 2000中Telnet服务存在多个严重的漏洞，比如提升权限、拒绝服务等，可以让远程服务器崩溃。Telnet服务的23端口也是TTS（Tiny Telnet Server）木马的默认端口。所以一般情况下，建议关闭23端口。

(3) 25端口漏洞 SMTP服务的25端口也可以被许多木马程序利用，如Antigen、Email Password Sender、Haebu Coceda、Shtrilitz Stealth、WinPC、WinSpy等木马都开放这个端口，通过开放端口，可以监视计算机正在运行的所有窗口和模块。

因此，出于安全考虑，除正常使用的计算机端口外（如访问网页需要的 HTTP 80 端口，QQ 的 5000 端口等不能关闭），可以将所有其他端口都关闭。因为对黑客而言，所有的端口都可能成为攻击的目标。

在以 Windows NT 为核心的操作系统（如 Windows 2000/XP/2003）中关闭掉一些闲置端口是比较方便的，可采用“定向关闭指定服务的端口”和“只开放允许端口的方式”。计算机的一些网络服务会由系统分配默认的端口，将一些闲置的服务关闭掉，其对应的端口也会被关闭。具体方法是，单击“控制面板”→“管理工具”→“服务”选项，关闭计算机中一些没有使用的服务（如 FTP 服务、DNS 服务、IIS Admin 服务等），它们对应的端口也就被停用了。至于“只开放允许端口的方式”可以利用系统的“TCP/IP 筛选”功能实现。设置时“只允许”系统中一些基本网络通信需要的端口即可。

如果想查看计算机中开放了哪些端口，可以用网络命令 Netstat，在 cmd 命令模式下输入“Netstat-a-n”命令就会以数字格式显示所有连接和侦听端口。

4.3.2　网络安全扫描工具应用

网络安全扫描器是针对于网络服务、应用程序、网络设备和网络协议等安全评估工具，一个网络扫描器至少应该具备如下 3 项功能：

1）发现一个主机和网络。

2）发现主机后，扫描它正在运行的操作系统和各项服务。

3）测试这些服务中是否存在漏洞。

目前，流行的扫描器有国内的流光、X-Scan、X-way 以及国外的 Shadow Security Scanner 和 SuperScan、Nmap 等，下面介绍 SuperScan 和 X-Scan 这两款网络安全扫描器。

1. SuperScan

SuperScan 是一款常用的端口扫描软件，其主界面中其有几个选项卡，“扫描”（Scan）选项卡是用来进行端口扫描的；“主机和服务扫描设置”（Host and Service Discovery）选项卡是用来设置主机和服务选项的，其中包括要扫描的端口类型和端口列表，“扫描选项”（Scan Options）选项卡是用来设置任务选项的，“工具”（Tools）选项卡是一些特殊的扫描工具，可以借助这些工具对特殊服务进行扫描。

（1）“扫描”选项卡　打开主界面，默认为（Scan）“扫描”选项卡，允许输入一个或多个主机名或 IP 范围。输入主机名或 IP 范围后开始扫描，如图 4-4 所示。

扫描进程结束后，SuperScan 将提供一个主机列表，关于每台扫描过的主机被发现的开放端口信息。

（2）“主机和服务扫描设置”选项卡　单击“主机和服务扫描设置”（Host and Service Discovery）选项卡，在选项卡顶部是“Host Discovery”复选框。发现主机的方法是选中“重复请求”（Echo Requests）复选框，通过选择和取消各种可选的扫描方式选项，也能够通过利用“时间戳请求”（Timestamp Request）复选框，“地址屏蔽请求”（Address Mask Requests）复选框和“消息请求”（Information Requests）复选框来发现主机。选择的选项越多，那么扫描用的时间就越长。如果试图尽量多地收集一个明确的主机的信息，建议首先执行一次常规的扫描以发现主机，然后再利用可选的请求选项来扫描。在菜单的底部，包括 UDP 端口扫描和 TCP 端口扫描选项。SuperScan 最初开始扫描的仅仅是几个最普通的常用端

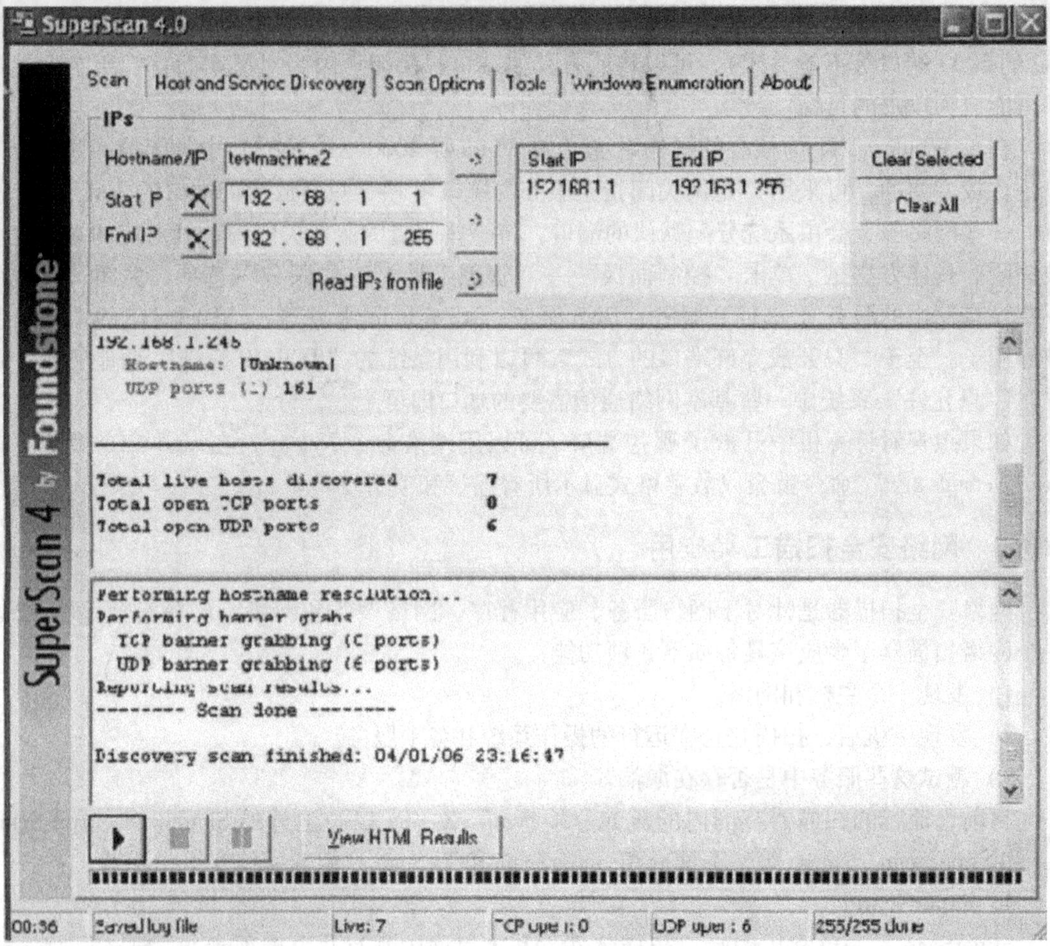

图 4-4 SuperScan 输入要扫描的 IP 范围进行扫描

口，可以选择其他需要扫描的端口，如图 4-5 所示。

（3）扫描选项设置 选中“Scan Options”选项卡，允许进一步控制扫描进程。选项卡中的首选项是定制扫描过程中主机和通过审查的服务数。1 是默认值，一般来说已经足够了。接下来的选项，能够设置主机名解析的数量，一般设置为 1。另一个选项是获取标志（Banner Grabbing）的设置，Banner Grabbing 是根据显示一些信息尝试得到远程主机的回应，默认的延迟是 8000ms，旁边的滚动条是扫描速度调节选项，能够利用它来调节 SuperScan 在发送每个包所要等待的时间。

2. X-Scan

X-Scan 是国内较有名的综合扫描器之一，是由“安全焦点”开发的完全免费软件，无需注册，安装方便（解压缩即可运行，自动检查并安装 WinPCap 驱动程序）。对于黑客来讲，X-Scan 是一款非常优秀的扫描器；对于网络管理员来讲，它也是一个非常得力的网络安全管理工具，因为从其中可以知道网络需要加强的地方。X-Scan 常用的版本为 v3.2，主界面如图 4-6 所示。

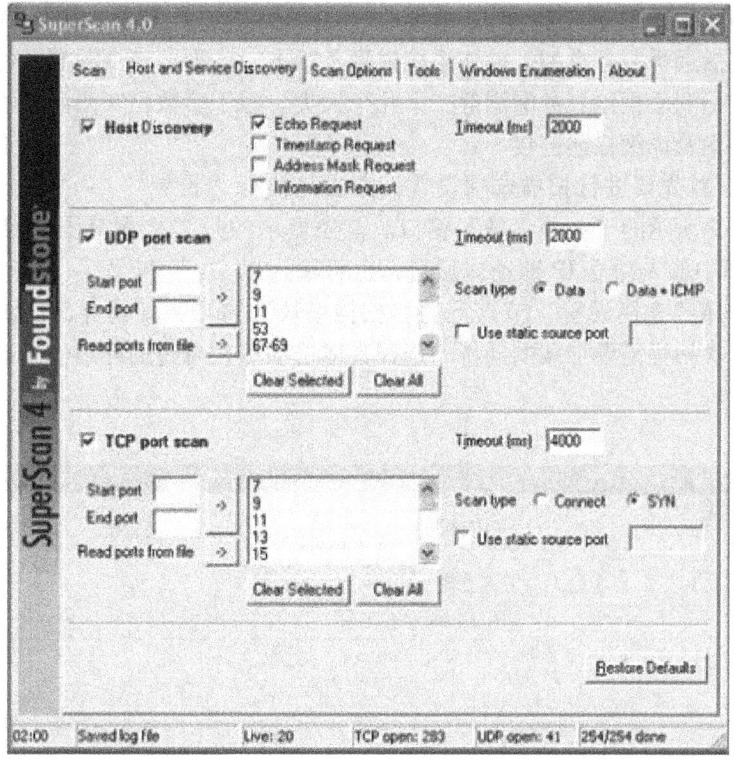

图 4-5　“Host and Service Discovery ”选项卡

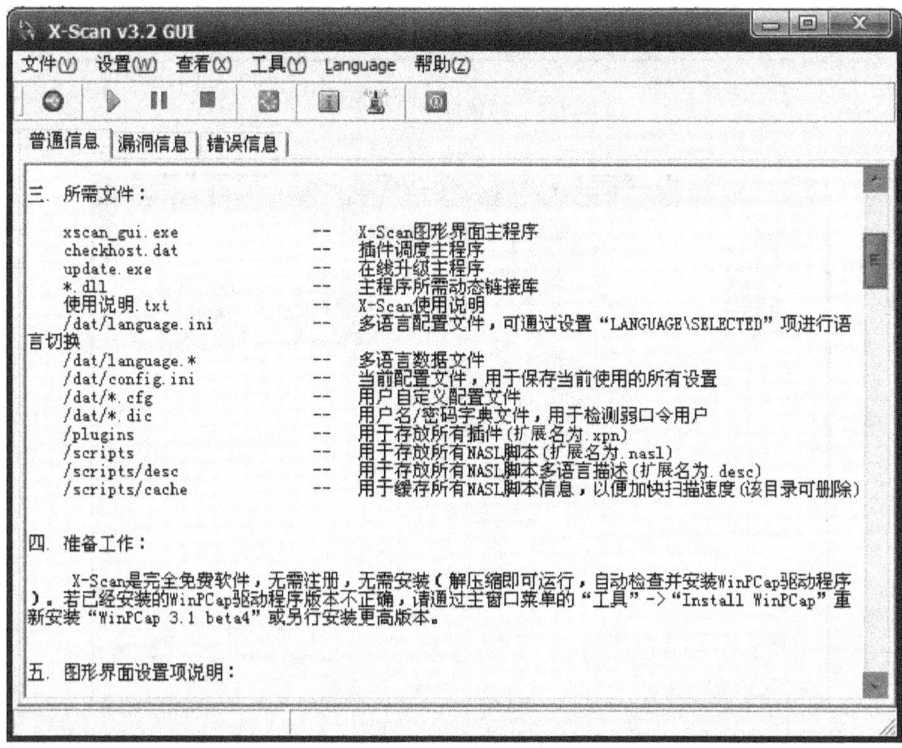

图 4-6　X-Scan 主界面

X-Scan采用多线程方式对指定IP地址段（或单机）进行安全漏洞检测，支持插件功能。扫描内容包括远程服务类型、操作系统类型及版本、各种弱口令漏洞、后门、应用服务漏洞、网络设备漏洞、拒绝服务漏洞等二十几个大类。对于多数已知漏洞，给出了相应的漏洞描述、解决方案及详细描述链接。

使用X-Scan首先要进行扫描选项设置，方法是执行“设置”→“扫描参数”菜单命令，打开如图4-7所示的“扫描参数”窗口。首先显示的是“检测范围”界面，在“指定IP范围”文本框中输入独立IP地址或域名，也可输入以“-”和“，”分隔的IP范围。在左边导航栏中选择“全局设置”节点下的“扫描模块”选项，配置界面如图4-8所示。在这里可以选择本次扫描需要加载的插件，选择具体选项后在右边的详细信息窗口中会有相应模块功能说明。

图4-7　设置检测范围参数

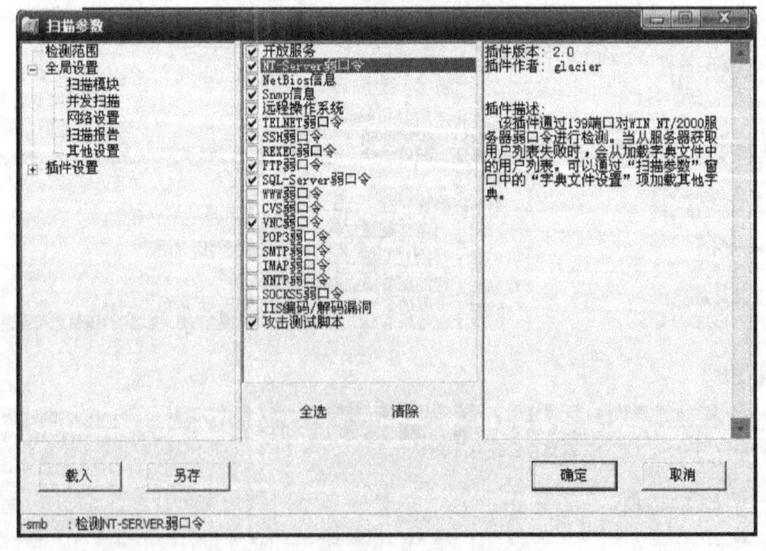

图4-8　设置扫描模块

“并发扫描”选项可以设置并发扫描的主机和并发线程数，也可以单独为每个主机的各个插件设置最大线程数。默认最大的主机数为 10，最大的并发线程数为 10，也可以根据自己计算机的性能配置高低进行修改。“扫描报告”选项可以设置扫描结束后生成的报告文件名，保存在 log 目录下。扫描报告目前支持 TXT、HTML 和 XML 这 3 种格式。“其他设置”选项可以设置一些其他设置选项。如果选择了“跳过没有响应的主机”单选按钮，则若目标主机不响应 ICMP echo 及 TCP SYN 报文，X-Scan 将跳过对该主机的检测；如果选择“无条件扫描”单选按钮，则即使对方主机没有响应，也要扫描。

在图 4-9 所示的左边导航栏中选择“插件设置”节点，可以对端口、SNMP、NETBIOS、攻击脚本、CGI、字典文件等进行相关设置。

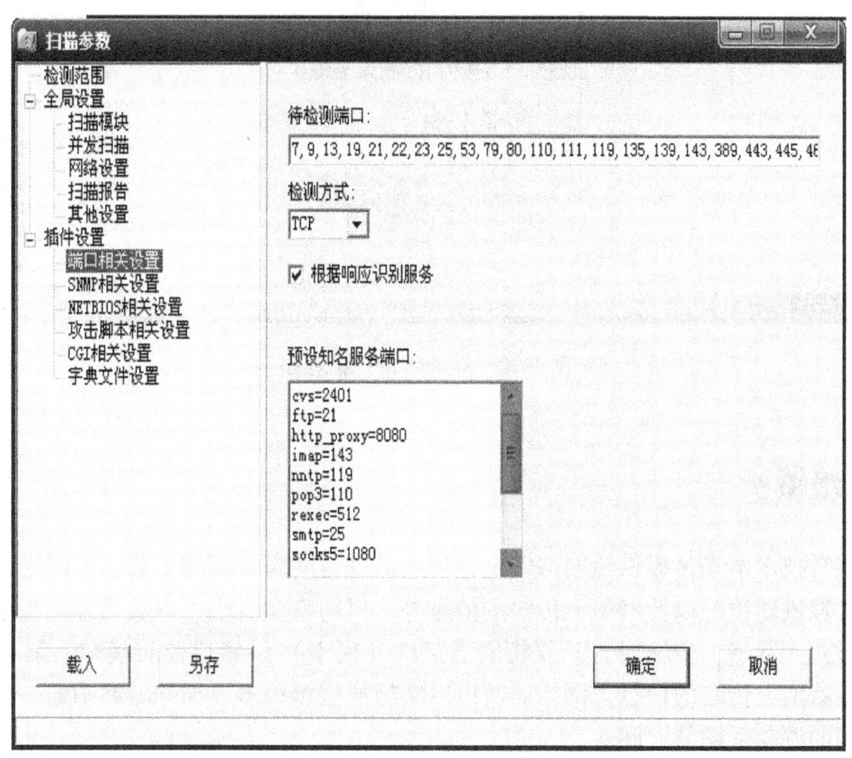

图 4-9　插件设置

设置完成后单击“确定”按钮进行保存，如果要另外保存一份设置文件，可以单击“另存”按钮，以另外一个设置文件名保存。如果要直接载入已有的设置文件，则单击“载入”按钮，在打开的对话框中查找即可。

设置完成后就可以开始扫描了，单击主界面中的 ▷ 按钮，或者执行“文件”→“开始扫描”命令，即开始按所作的设置进行扫描，进程如图 4-10 所示。完成后会自动以网页形式显示扫描报告。

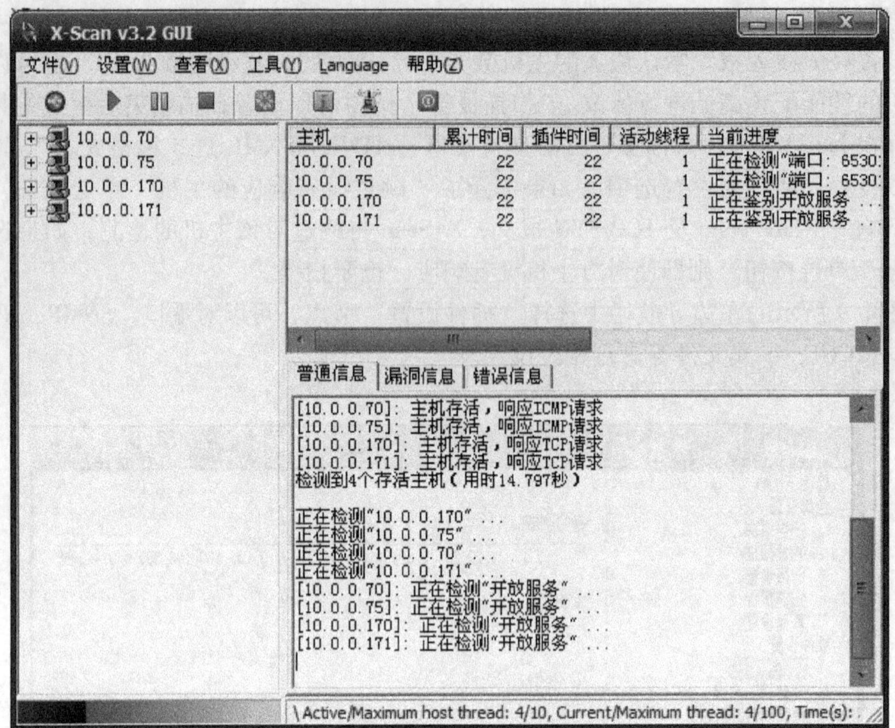

图 4-10 X-Scan 的扫描进程

4.4 网络监听

网络监听技术本来是提供给网络安全管理人员进行网络管理的工具，可以用来监视网络的状态、数据流动情况以及网络上传输的信息等，但网络监听也可以被黑客所利用。当信息以明文的形式在网络上传输时，只要将网络接口（网卡）设置成监听模式，黑客便可以源源不断地截获网上传输的信息。网络监听可以实施的位置很多，如局域网中的一台主机、网关或远程网的调制解调器之间。

4.4.1 网络监听的原理与防范

1. 网络监听的原理

目前流行的以太网（Ethernet）协议，其工作方式是将要发送的数据包发往连接在一起的所有主机，在数据包头中包含有目的主机的正确地址，因为只有与数据包中的目的地址一致的那台主机才能接收到数据包。但是，可以利用工具，将网络接口设置为监听的模式，当主机工作在监听模式下，无论数据包中的目标物理地址是什么，主机都将接收。

当数据包到达一台主机的网络接口时，在正常情况下，网络接口读入数据帧，进行检查，如果数据帧中携带的物理地址是对应自己的物理地址，或者物理地址是广播地址，则将数据帧交给上层协议软件（也就是 IP 层软件），否则就将这个帧丢弃。对于每一个到达网络接口的数据帧，都要进行这个过程。当主机工作在监听模式下，则所有的数据帧都将被交

给上层协议软件处理。

2. 网络监听的防范

常用的网络监听防范措施有以下几种：

（1）从逻辑或物理上对网络分段　网络分段将非法用户与敏感的网络资源相互隔离，从而防止可能的非法监听。

（2）以交换式集线器代替共享式集线器　以交换式集线器代替共享式集线器，使单播包仅在两个节点之间传送，从而防止非法监听。

（3）使用加密技术　数据经过加密后，虽然通过监听仍然可以得到传送的信息，但得到的是密文。

（4）划分虚拟局域网 VLAN　运用 VLAN 技术，将以太网通信变为点到点通信，可以防止大部分基于网络监听的入侵。

4.4.2 网络监听工具 Sniffer

1. 什么是 Sniffer

Sniffer 中文翻译为嗅探器，它是利用计算机网络接口截获数据报文的一种工具。它工作在网络的底层，理论上能把网络传输的全部数据记录下来。

它实际上是一种网络管理工具，主要功能有：分析网络协议、定位网络故障；帮助网络管理员查找网络漏洞和检测网络性能；分析网络的流量，以便找出所关心的网络中潜在的问题；用来收集有用数据，这些数据可能是用户的账号和口令，也可以是一些商用机密数据等。网络嗅探对信息安全的威胁来自它的被动性和非干扰性，使得网络嗅探具有很强的隐蔽性，往往让网络信息泄密变得不容易被发现。由于这种威胁来自内部，操作简单，因此通常都是致命的，其破坏性也远大于外部威胁。

2. Sniffer 的工作原理

嗅探器是通过将以太网卡设置成混杂模式，并置身于网络接口来达到截获网络报文的目的。

通常使用嗅探器的攻击者都必须拥有基点来放置嗅探器。对于外部攻击者来说，可以通过入侵外网服务器，向内部工作站发送木马以获得需要的信息，然后放置嗅探器。而内部破坏者就能够直接获得嗅探器的放置点。例如，他们可以将嗅探器接着网络的某个点上，而通常不容易发现。

3. Sniffer 的使用

Sniffer 可运行在局域网的任何一台机器上，如果是练习使用，网络连接最好用路由器且在一个子网，这样能抓到连到路由器上每台机器传输的包。

在 Sniffer Pro 安装好后，在“Settings”对话框中选择准备监听的那块网卡，单击“确定”按钮即可，如图4-11所示。选择完毕后我们就进入了网卡监听模式，这种模式下将监视本机网卡流量和错误数据包的情况。

Sniffer 功能强大，这里介绍它的一些基本功能。

（1）网络流量表（Dashboard）

在 Sniffer pro 主菜单中单击“Monitor”菜单命令，选择“Dashboard”选项，会出现3个仪表盘，第一个表显示的是网络的使用率（Utilization），第二个表显示的是网络的每秒钟

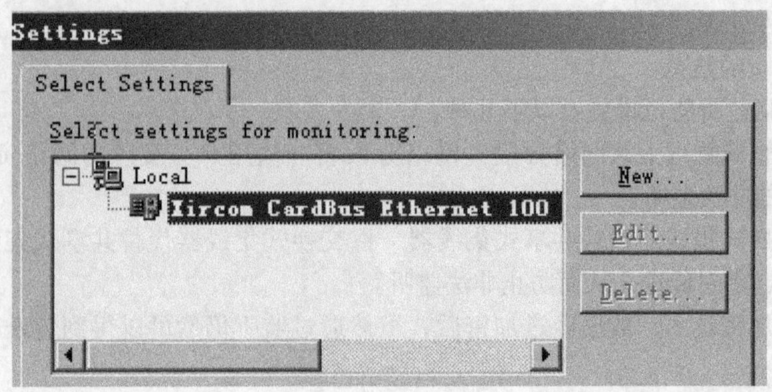

图 4-11 选择网卡

通过的包数量（Packets），第三个表显示的是网络的每秒错误率（Errors）。通过这 3 个表可以直观地观察到网络的使用情况，其中红色区域是警戒区域，如果发现有指针到了红色区域，就该引起一定的重视，说明网络线路不好或者网络使用压力负荷太大。一般浏览网页的情况和图 4-12 显示的类似，使用率不高，传输情况也是每秒钟 9 ~ 30 个数据包，错误数基本没有。

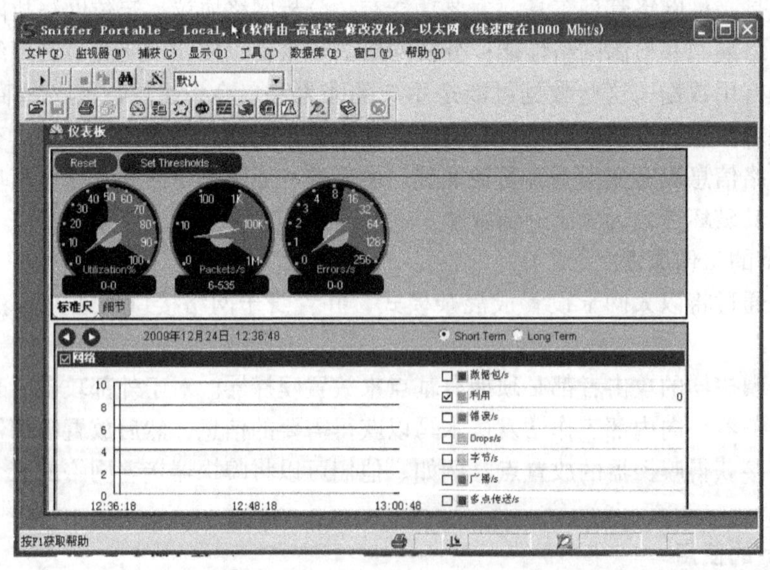

图 4-12 网络性能指标利用率、传输速度、错误率

在 3 个仪表盘下面是对网络流量，数据错误以及数据包大小情况的绘制图，我们可以通过选取右边一排参数来有选择地绘制相应的数据信息，可选网络使用状况包括数据包传输率，网络使用率、错误率、丢弃率、传输字节速度、广播包数量、组播包数量等，其他两个图表可以设置的参数更多，随着时间的推移图像也会自动绘制。

（2）主机列表（Host table） 单击图 4-13 中的图标，出现图中显示的 Host table 界面，选择图中的“IP”选项，界面中出现的是所有在线的本网主机地址及连到外网的外网服务器地址，可以看到本机和网络中其他地址的数据交换情况，包括进数据量、出数据量以

及基本速度等，此时看192.168.113.88这台机器的上网情况，只需单击“192.168.133.88”这个地址，如图4-13所示。

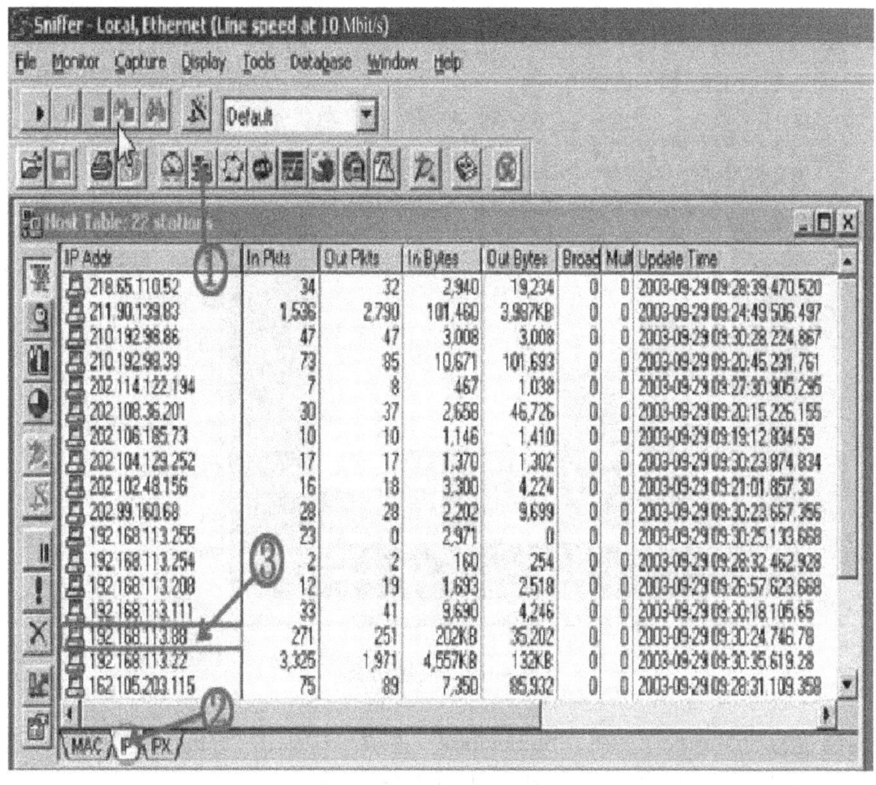

图4-13　主机列表

（3）协议列表（Detail）　在“Sniffer pro”主菜单中单击“Monitor”菜单，选择“Protocol Distribution”选项，并单击左侧的柱形按钮，从图中可以查看协议分布状态，可以看到不同的柱体代表不同的网络协议，如图4-14所示。

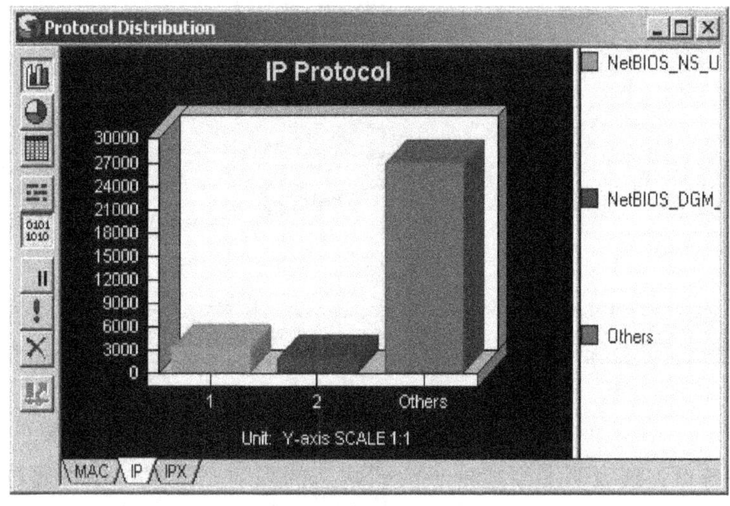

图4-14　不同的柱体代表不同的网络协议

（4）流量列表（Bar）　单击图4-15所示的左边的流量按钮，图中柱状图显示的是整个网络中机器所用带宽前十名的情况。

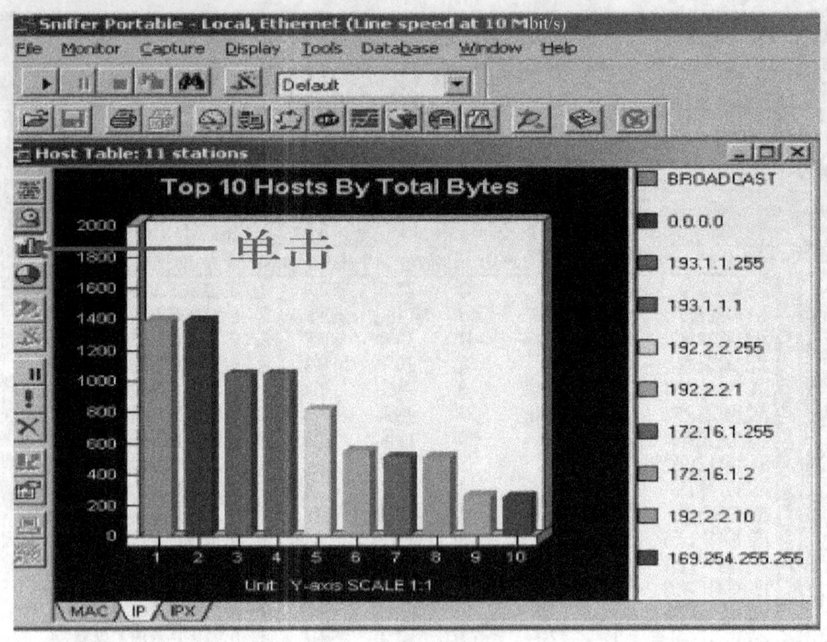

图4-15　流量列表

（5）网络连接（Matrix）　在“Sniffer pro”主菜单中单击“Monitor”菜单，选择“Matrix”选项，并单击左侧的“Map”按钮，如图4-16所示。

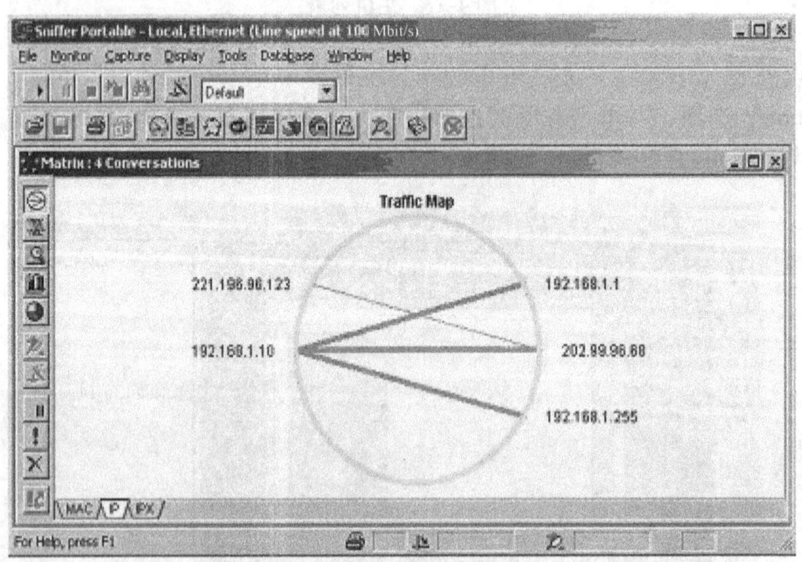

图4-16　点对点连接

该圆周中的各点连线表明了当前处于活跃状态的点对点连接，也可通过将鼠标放在IP地址上单击鼠标右键则显示“Show Select Nodes”选项，则显示的是特定的点对多点的网络

连接，图 4-17 表示与 192. 168. 1. 10 相连接的主机 IP 地址。

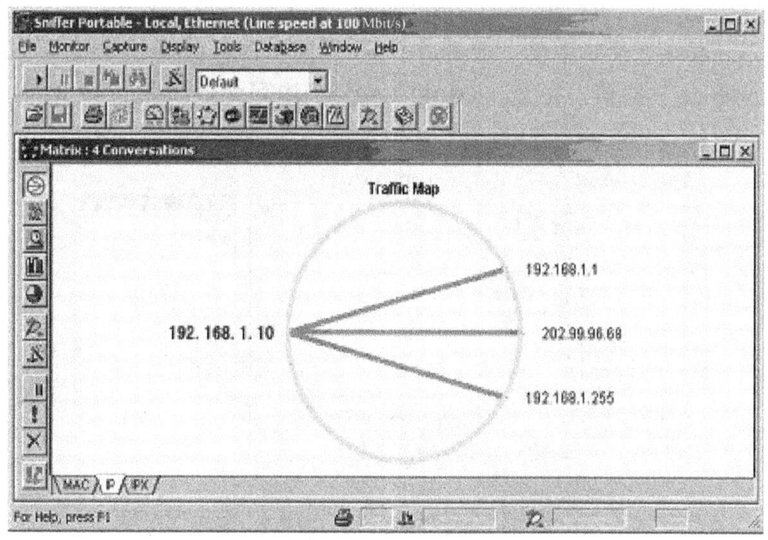

图 4-17　与 192. 168. 1. 10 相连接的主机 IP 地址

4. 嗅探器的危害与防范

由于 Sniffer 可以截获口令和其他机密信息，可通过获取更高级别的访问权限危害网络的安全，还可以分析网络结构，进行网络渗透，因此 Sniffer 具有危害性。

下面以两个实例说明 Sniffer 具有的危害性。比如要抓 192. 168. 113. 208 这台机器的所有数据包，选择如图 4-18 所示①所指的这台机器。单击②所指图标，等到望远镜图标变红时，表示已捕捉到数据，单击该图标出现图 4-19 界面，选择箭头所指的“Decode”选项即可看到捕捉到的所有包。

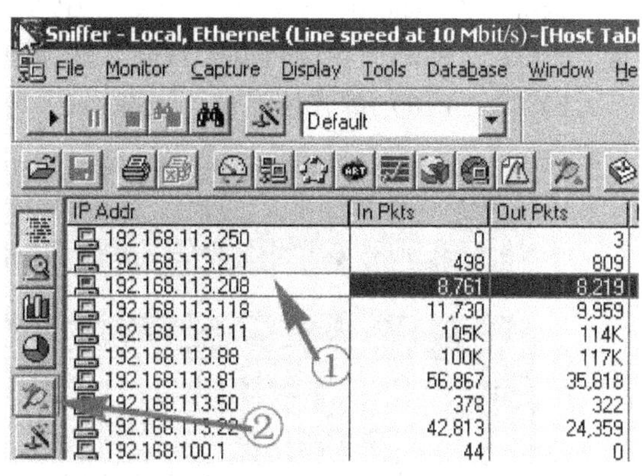

图 4-18　选择需要抓包的机器

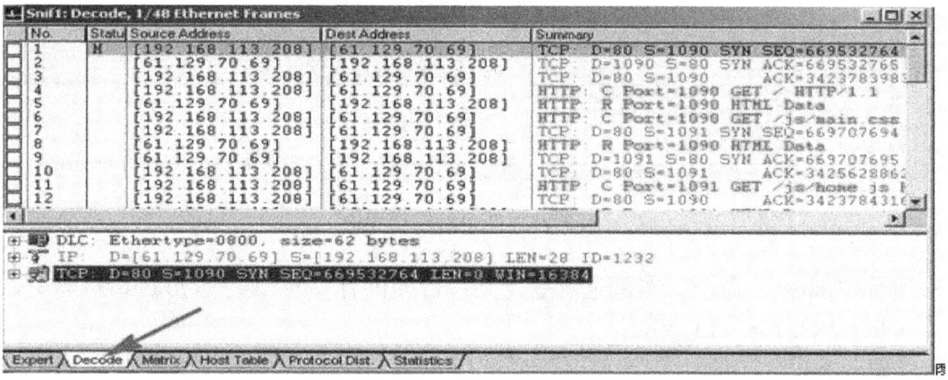

图 4-19　捕捉到的所有包

本例从 192. 168. 113. 208 这台机器远程登录（telnet）到 192. 168. 113. 50，用 Sniff Pro 抓到用户名和口令。

1）选择“Capture”菜单中的“Defind Filter”选项，系统弹出如图 4-20 所示的界面，选择图中的“Address”选项，在 Station1 和 2 中分别填写两台机器的 IP 地址。

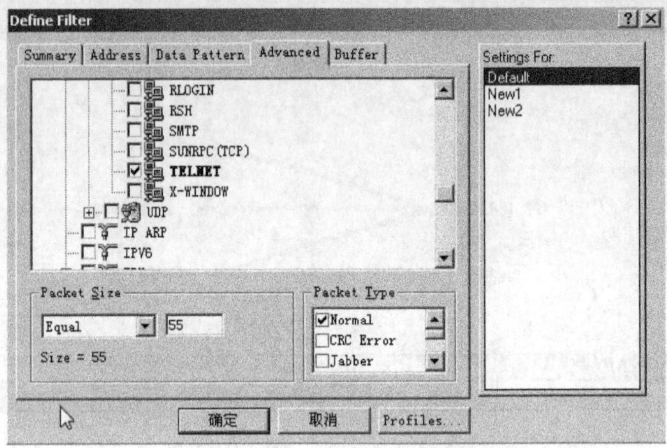

图 4-20　“Advanced”选项卡

选择“Advanced”选项卡，选择“IP/TCP/Telnet”选项，在“Packet Size”选项组中设置“Equal”为 55，在“Packet Type”选项组中选中“Normal”复选框。

2）按〈F10〉键开始抓包，如图 4-21 所示。

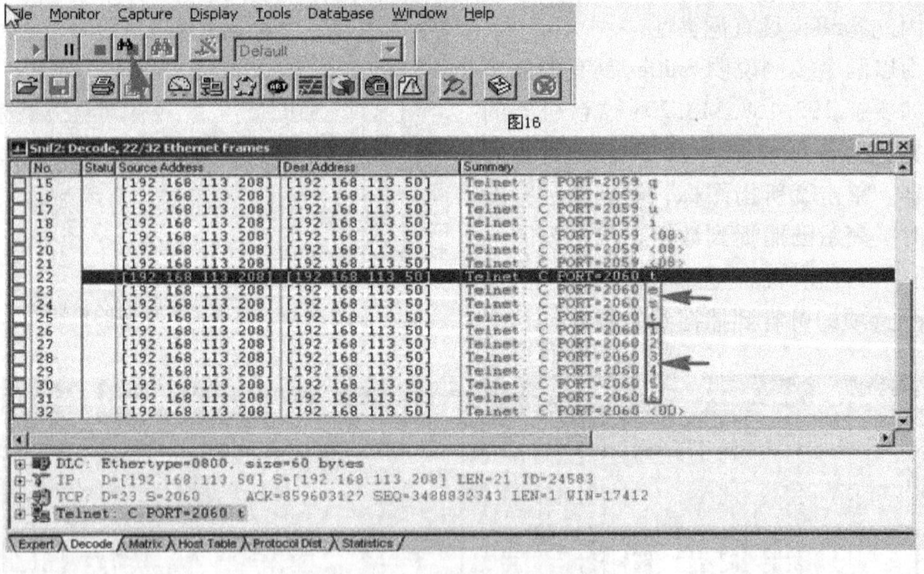

图 4-21　抓包的运行界面

3）运行“telnet”命令，本例远程登录到一台提供有 telnet 服务的 Linux 机器上。

telnet 192. 168. 113. 50

login：test

Password：

4）察看图4-22，图中箭头所指的望远镜图标变红时，表示已捕捉到数据，单击该图标出现运行结果界面，选择箭头所指的“Decode”选项即可看到捕捉到的所有包。可以看出用户名为test的口令为123456。

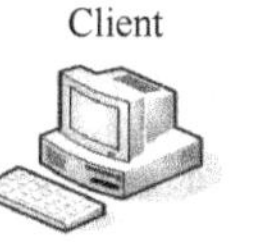

图4-22　TCP三次握手的过程

Sniffer最大的危害性就是它很难被发现，因为嗅探程序是一种被动的接收程序，属于被动触发的，它只会接收数据包，而不发送任何数据。尽管嗅探程序不会发送任何数据，当是当它安装在局域网内的一台计算机上时，也会产生一些数据流。所以，嗅探程序有时也能够被检测出来，具体方法有：

1）Ping方法。如果发送一个请求给装有嗅探程序的机器，它将作出应答。

例如，在局域网中，如果怀疑IP地址为10.0.0.1的机器装有嗅探程序，它的MAC地址确定为00-40-05-A4-79-32，修改MAC地址为00-40-05-A4-79-33，用Ping命令Ping这个IP地址，如果能收到应答，说明这个MAC包没有被丢弃，也说明很有可能有Sniffer存在。

2）在UNIX系统中可以使用ps-auxo命令。这个命令能列出当前的所有进程、启动这些进程的用户、它们占用CPU的时间以及占用多少内存等。

3）在Windows系统中，可以按下〈Ctrl + Alt + Del〉组合键，查看任务列表，在系统中搜索可疑的文件。

4）黑客主要用Sniffer来截获Telnet、FTP、POP3等数据包，因为这些协议是以明文形式在网上传输的。因此可以使用SSH（Secure Shell）、IPv6等协议，保证信息的安全传输。

5）使用安全的拓扑结构，因为Sniffer只对以太网、令牌环网等网络起作用，所以尽量使用交换设备（如交换机、路由器、网桥），这样也可以防范被Sniffer窃听。同时，还要考虑到在网段之间、计算机之间和数据之间建立信任关系。

6）使用Antisniff软件，该软件提供了简单易用的用户界面，是以多种方式测试远程系统是否正在截获和分析那些并不是发送给它的数据包。

7）如果通信丢包率非常高时就可能有人在监听，这是由于Sniffer拦截数据包导致的。通过宽带控制器，可以实时看到目前网络带宽的分布情况，如果某台机器长时间地占用了较大的带宽，这台机器就有可能在监听；攻击者为了让Sniffer发挥较大功效，通常会把Sniffer放置在数据交汇集中区域，比如网关、交换机、路由器等附近，以便能够获得更多的数据，对于这些区域就应该加强防范，防止在这些区域存在嗅探器。

4.5　DoS/DDoS攻击与防范

4.5.1　DoS攻击的原理

1. 什么是拒绝服务

拒绝服务（Denial of Service，DoS）是一种既简单又有效的网络攻击方式，其目的就是拒绝用户的服务访问，破坏系统的正常运行，最终使用户的部分 Internet 连接和网络系统失效，甚至系统完全瘫痪。从网络攻击的各种方法和所产生的破坏情况来看，DoS 简单易学，实用性和可操作性强，又有大量工具可以从网络上获得，给飞速增长的网络安全带来了严重的威胁。

下面介绍几种常见的 DoS 攻击原理与方法：

（1）洪水攻击（SYN-Flood） SYN-Flood 是当前最常见的一种 DoS 和 DDoS 攻击方式，它利用了 TCP 三次握手缺陷进行攻击。我们先简单回顾 TCP 三次握手的过程：

1）客户端发送一个包含 SYN 同步标志的 TCP 报文，请求与服务器连接。

2）服务器将返回一个 SYN + ACK 的报文，表示接受客户端的请求。

3）客户端随即返回一个确认报文 ACK 给服务器，至此，一个 TCP 连接完成，如图 4-22所示。

SYN-Flood 攻击的原理如下：攻击者攻击前伪造一个源 IP 非自身 IP 的 SYN 报文，发送给服务器，服务器将返回一个 SYN + ACK 的报文。由于是伪造的 IP，所以服务器无法收到客户端返回的确认报文（三次握手无法完成）。一般情况，服务器会再次发出一个 SYN + ACK 的报文，并等待一段时间，才丢弃这个没完成的连接。当攻击者发出大量这种伪造的 SYN 报文，服务器将产生大量这种“半开连接”，消耗非常多的 CPU 和内存资源，结果不能处理合法用户提出的合法请求。

（2）Land 攻击 Land 攻击也是 DoS 和 DDoS 攻击中常采用的一种攻击方式。在 Land 攻击中，发送给目标主机的 SYN 包中的源地址和目的地址都被设置成目标主机的 IP 地址，这将使目标主机向它自己的 IP 地址发送 SYN-ACK 消息，结果这个地址又发回 ACK 消息并创建一个空连接，每一个这样的连接都将保留直到超时。这样也会占用大量资源，严重时 UNIX 系统往往会崩溃，而 Windows 系统也会变得极其缓慢。预防 Land 攻击的一种办法是通过配置防火墙，过滤从外部发来的含有内部源 IP 地址的数据包。

（3）Smurf 攻击 Smurf 攻击是采用了放大效果的一种 DoS 攻击，这种攻击形式利用了 TCP/IP 中的定向广播特性。攻击者向网络中的广播设备发送源地址，假冒为被攻击者地址段 ICMP 响应请求数据包。由于广播原因，网络上所有收到这个数据包的计算机都会向被攻击者做出回应，从而导致被攻击者不堪重负而崩溃。为了防范这种攻击，最好关闭外部路由器或防火墙的地址广播功能。

（4）UDP-Flood 攻击 UDP-Flood 攻击也是利用 TCP/IP 服务来进行的，它利用了 Chargen 和 Echo 来回传送毫无用处的数据来占用所有的带宽。在攻击过程中，伪造与某一计算机的 Chargen 服务之间的一次 UDP 连接，而回复地址指向开着 Echo 服务的一台计算机，这样就生成在两台计算机之间大量的无用数据流，如果数据流足够多，就会导致带宽完全被占用而拒绝提供服务。防范 UPD-Flood 攻击的方法是关掉不必要的 TCP/IP 服务，或者配置防火墙以阻断来自 Internet 的 UDP 服务请求。

2. 攻击练习与检测

UDP Flooder 是一款采用 UDP Flood 攻击方式的 Dos 攻击软件，它可以向特定的 IP 地址和端口发送 UDP 包，运行界面如图 4-23 所示。

当入侵者发起 UDP Flood 攻击时，我们可以在被攻击的计算机进行检测，方法如下：

1）单击“控制面板”→“管理工具”→“性能”命令。

2）在系统监视器中选中“+”，系统弹出“添加计数器”对话框。

3）添加对 UDP 包的监视：在“性能对象”选项组中选中“UDP 协议”复选框。

4）选中“Datagram Received/Sec”即对接收到的 UDP 包计数。

5）当攻击者发起 UDP-Flood 攻击时，在系统的系统监视器可以检测。

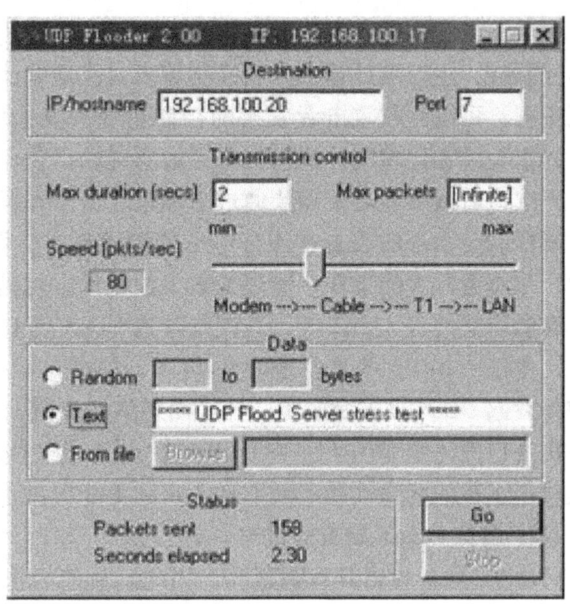

图 4-23　UDP Flooder 运行界面

4.5.2　DDos 攻击

1. 什么是分布式拒绝服务

分布式拒绝服务（Distributed Denial of Service，DDoS）是基于 DoS 攻击的一种特殊形式。攻击者将多台受控制的计算机联合起来向目标计算机发起 DoS 攻击，它是一种大规模的协作的攻击方式，主要瞄准比较大的商业站点，具有较大的破坏性。DDoS 攻击原理如图 4-24 所示。

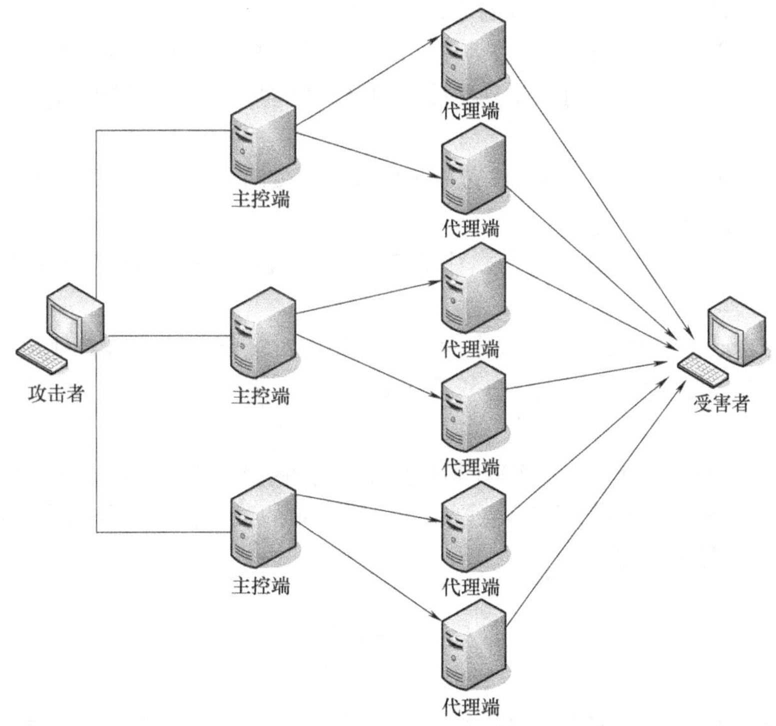

图 4-24　DDoS 攻击原理

从图 4-25 中可以看出，DDoS 攻击分为 3 层：攻击者、主控端和代理端。三者在攻击中

扮演着不同的角色。攻击者是整个 DDoS 攻击的源头，它事先已经取得了多台主控端计算机的控制权，主控端计算机分别控制着多台代理端计算机，在主控端计算机上运行着特殊的控制进程，可以接收攻击者发来的控制指令，操作代理端计算机对目标计算机发起 DDoS 攻击，主控端和代理端计算机就是一般所说的“傀儡机”或“肉鸡”。

攻击者或黑客之所以要通过主控端攻击受害者，其目的就是要隐藏自己，防止被追究法律责任。高水平的攻击者还会考虑到清理日志，而要清理众多的代理端日志是一项非常麻烦、工作量巨大的工作。清理少数主控端日志对黑客来讲就要轻松得多，这样从代理端找出黑客的可能性也大大降低，这就是导致 DDoS 攻击难以追查的原因之一。

由于一些 DDoS 攻击程序的出现，如 Trinoo、TFN2K、Stacheldraht 等 DDoS 攻击软件，使得发起 DDoS 攻击变成了一件轻而易举的事情。Trinoo 攻击方法就是向被攻击目标主机的随机端口发出全零的 4 字节 UDP 包，在处理这些超出其处理能力的垃圾数据包的过程中，被攻击主机的网络性能不断下降，直到不能提供正常服务，甚至崩溃为止。

2. 防范 DDoS 攻击的策略

由于 DDos 攻击具有隐蔽性，因此到目前为止还没有发现对 DDoS 攻击行之有效的解决方法。因此 DDoS 攻击只能被减弱，无法被彻底消除。所以要加强安全防范意识，提高网络系统的安全性。可采取的安全防御措施有以下几种：

1）及早发现系统存在的攻击漏洞，及时安装系统补丁程序。对一些重要的信息（如系统配置信息）建立和完善备份机制。对一些特权账号（如管理员账号）的口令设置要谨慎，通过这样一系列的举措可以把攻击者的可乘之机降到最低。

2）在网络管理方面，要经常检查系统的物理环境，禁止那些不必要的网络服务。建立边界安全界限，确保输出的包可以受到正确的限制，经常检测系统配置信息，并注意检查每天的安全日志。

3）利用网络安全设备（如防火墙）来加固网络的安全性，配置好它们的安全规则，过滤掉所有可能的伪造数据包。

4）与网络服务提供商协调工作，让他们帮助实现路由的访问控制和对带宽总量的限制。

5）当发现自己正在遭受 DDoS 攻击时，应启动应对策略，尽可能快地追踪攻击包，并且要及时联系 ISP 和有关应急组织，分析受影响的系统，确定涉及的其他节点，从而阻挡已知攻击节点的流量。

6）使用 DDoS 检测工具 Find-DDoS 和反病毒软件等，定期检查系统是否有 DDoS 攻击工具软件。如果出现网络的通信量突然急剧增长，或网站的某一特定服务总是失败等，应及时分析这些情况，防患于未然。

本章小结

本章学习的目的是在了解黑客攻击的方法、原理的基础上，掌握抵御各类攻击、确保网络安全的方法。首先介绍了黑客入侵的一般步骤，要维护网络的安全，熟练掌握常见的网络命令是必不可少的。因此，本章列举的一些常见的网络命令，希望读者能熟练掌握。然后逐一介绍了信息踩点、扫描、网络监听技术，这些技术以及相应的工具软件不仅是黑客攻击所

采用的方法，也同样是网络使用者和维护者维护网络安全应该掌握的，最后介绍了黑客攻击中比较典型的DoS/DDoS攻击对应的防范方法。

【关键概念】

ping、ipconfig、netstat、net、tracert、whois、黑客入侵、信息踩点、扫描、网络监听、DoS/DDoS。

【课堂讨论】

1. 可以用哪些方法知道本机的IP地址和物理地址？
2. 怎样知道自己的QQ软件使用的是什么端口？可以改变默认的QQ软件端口吗？
3. 什么是“肉鸡”？如何防止自己变成黑客的“肉鸡”？

复习思考题

一、填空题

1. ＿＿＿＿＿＿是一种破坏性的攻击方式，其目的旨在使目的主机陷入停顿或无意义的繁忙，造成网络效率降低甚至瘫痪，从而使合法用户无法正常使用资源。

2. 知名端口即众所周知的端口号，范围从0～1023，这些端口号一般固定分配给一些服务，如＿＿＿＿＿＿端口分配给FTP服务，＿＿＿＿＿＿端口分配给SMTP服务，＿＿＿＿＿＿端口分配给HTTP服务，出于安全的需要，应关闭不常使用的端口。

3. 网络嗅探器就是将网卡设置成＿＿＿＿＿＿模式，并置身于网络接口来达到截获真实网络报文的目的。

4. SYN风暴属于＿＿＿＿＿＿攻击。

二、简答题

1. 黑客攻击的一般步骤是怎样的？

2. 如何使用ping命令判断对方操作系统的类型？如何通过ping命令判断对方计算机到自己的计算机经过了几个路由器网段？如何用ipconfig命令显示自己计算机的IP地址？如何使用netstat命令查看自己计算机的连接情况？如何使用net命令查看自己计算机的共享？如何使用tracert命令查看网络连通性？

3. 什么是计算机端口？你知道哪些常用的端口？

4. 什么是端口漏洞？常见的系统端口漏洞有哪些？

实践与训练

实验目的：

1. 熟悉并掌握常见网络命令。
2. 学会使用网络信息踩点、扫描、网络监听工具。

3. 了解 DoS/DDoS 攻击基本原理以及对应的防范方法。

实验环境：

Pentium Ⅲ、600MHz 以上 CPU、128MB 以上内存、10GB 以上硬盘，安装 Windows 2000 以上操作系统，局域网或因特网环境，网络漏洞扫描工具 X-Scan-v3.2，SnifferPro x.x（注：建议使用最新版本）。

实验内容和步骤：

实验一 网络探测

1. 熟悉并使用网络命令，完成复习思考题 2 的内容。
2. 学会使用 VisualRoute 了解网络信息。

实验二 网络扫描

1. 练习手动关闭计算机不需要开启的端口。
2. 学会使用 SuperScan 的端口扫描、主机名解析、Ping 扫描功能。
3. 学会使用 X-Scan（或其他）工具，了解系统存在的典型漏洞。

实验三 Sniffer 的使用

1. 熟悉 Sniffer 用户界面。
2. 初步掌握 SnifferPro 捕获与监听网络数据的方法，了解嗅探对网络的危害。

实验四 DoS/DDoS 攻击与防范

1. 熟悉 DoS/DDoS 攻击原理。
2. 学会使用 UDP Flooder 攻击过程。
3. 下载 Find_DDoS，并学会使用方法。

实验说明：

本章实验内容较多，教师可以根据学生程度和学时进行增减，实验学时建议为 4 ~ 6 学时。

第5章
计算机病毒的原理与防御

学习目标：

计算机病毒是计算机用户面临的最头疼的事情之一。本章要求掌握计算机病毒的定义、特征和分类，了解计算机病毒的命名规则，掌握一些典型的计算机病毒（如蠕虫、木马）的原理、特征以及预防措施，了解流氓软件、网络钓鱼的原理以及预防，掌握常用杀毒软件的使用方法。

引例：

随着计算机网络的迅猛发展，计算机病毒的传播范围越来越广，扩散速度越来越快，其破坏性也越来越强。因此，广大计算机用户和管理人员应加深对计算机病毒的了解，掌握一些必要的计算机病毒知识和防毒杀毒方法。

5.1 计算机病毒简介

5.1.1 计算机病毒的定义

“计算机病毒”一词源于生物病毒，是指那些具有寄生性、传染性和破坏性的可执行程序代码。随着病毒制造技术的发展，现在的病毒已经不是传统意义上的病毒，出现了许多新的病毒种类，计算机病毒的概念变得更加广泛。

计算机病毒的来源多种多样：有的是计算机工作人员或计算机业余爱好者为了寻开心或炫技而编写出来的，有的则是软件公司出于不正当的竞争而编写，有的病毒还是用于研究或实验而设计的“有用”程序，由于某种原因失去控制从实验室或研究所扩散，从而成为危害四方的计算机病毒。

计算机病毒的定义有很多，至今尚无一个公认的概念。在20世纪90年代中期以前使用较多的是美国病毒专家科恩（Fred Cohen）博士所下的定义：“计算机病毒是一种能够通过修改程序，并把自己的复制品包括在内去感染其他程序的程序。”

经过多年的发展，传统的计算机病毒的定义已经不再符合当前Internet的实际情况，如网络蠕虫，它并不感染其他正常程序，而是通过持续不断地反复复制自己，增加自己的复制数量来消耗系统资源（如内存、磁盘存储空间、网络资源等），最终导致系统崩溃。再比如木马也不感染其他程序，它们可以独立存在，就像一般的应用程序一样，只是利用系统漏洞入侵，能够被远程的操纵者控制。

1994年2月18日，我国正式颁布的《中华人民共和国计算机信息系统安全保护条例》中对计算机病毒的定义为："计算机病毒是指编制或者在计算机程序中插入的破坏计算机功能或者毁坏数据，影响计算机使用，并能自我复制的一组计算机指令或者程序代码。"此定义具有法律性质和权威性。

5.1.2 计算机病毒历史

早在1949年，第一部商用计算机出现之前，计算机先驱者德国科学家冯·诺依曼（John Von Neumann）在他所提出的一篇论文《复杂自动装置的理论及组织的进行》中，就已把病毒程式的蓝图勾勒出来了。

十年后，也就是20世纪60年代初，在美国贝尔实验室里，3个年轻的程序员编写了一个名为"磁芯大战"（Core War）的游戏，游戏中通过复制自身来摆脱对方的控制，这就是所谓"病毒"的第一个雏形。

20世纪70年代，美国作家雷恩在其出版的《P1的青春》一书中构思了一种能够自我复制的计算机程序，并第一次称之为"计算机病毒"，作者在这本书中描写的病毒最后控制了7000台计算机，造成了一场灾难。

1983年11月3日，弗雷德·科恩（Fred Cohen）博士研制出一种在运行过程中可以复制自身的破坏性程序，伦·艾德勒曼（Len Adleman）将它命名为计算机病毒（Computer Viruses），并在每周一次的计算机安全讨论会上正式提出，随后专家们在VAX11/750计算机系统上运行，第一个病毒实验成功。

1983年，美国计算机专家科恩·汤普逊（Ken Thompson）在国际计算机安全学术研讨会作了一个演讲，不但公开地证实了计算机病毒的存在，而且还公开了自己的病毒程序。

1986年初，巴基斯坦两个以编软件为生的兄弟，他们为了打击那些盗版软件的使用者，设计出了一个名为"巴基斯坦智囊"的病毒，该病毒只传染软盘引导区，这是最早在世界范围内流行的计算机病毒。

1988年11月2日美国康奈尔大学一年级研究生罗伯特·莫里斯制作了一个蠕虫计算机病毒，并将其投入美国Internet计算机网络，许多联网机被迫停机。

1988年底，我国的统计部门发现的小球病毒是我国首次发现的病毒案例。

1998年，中国台湾大同工学院学生刘盈豪编制了CIH病毒，导致大量的PC停止工作，同时使用户数据遭到严重破坏。

2007年，25岁的湖北人李俊编写的熊猫烧香病毒肆虐网络，对计算机程序、系统破坏严重，中毒计算机上会出现"熊猫烧香"图案，如图5-1所示。中毒企业和政府机构超过千家，其中不乏金融、税务、能源等关系到国计民生的重要单位。

可以看到，随着信息时代进入21世纪，计算机病毒也同样进入了一个崭新的时代，后续的爱虫（Love Bug）、梅丽莎（Melissa）、红色代码（Red Code）、尼姆达（Nimda）、冲击

波（Blaster）、震荡波（Sasser）等诸多病毒似浪潮一般，一次猛于一次，给全球计算机用户和企业带来不可估量的损失。

5.1.3　计算机病毒的特点

病毒作为一种特殊的计算机程序，主要有传染性、隐蔽性、破坏性、可触发性等特征，具体特征如下：

图 5-1　熊猫烧香病毒中毒时的计算机桌面

1. 病毒的传染性

传染性是病毒的基本特征。计算机病毒会通过各种渠道从已被感染的计算机扩散到未被感染的计算机，在某些情况下造成被感染的计算机工作失常甚至瘫痪。计算机病毒是一段人为编制的计算机程序代码，这段程序代码一旦进入计算机并得以执行，它会搜寻其他符合其传染条件的程序或存储介质，确定目标后再将自身代码插入其中，达到自我繁殖的目的。只要一台计算机染毒，如不及时处理，那么病毒会在这台机子上迅速扩散，其中的大量文件（一般是可执行文件）会被感染。而被感染的文件又成了新的传染源，再与其他机器进行数据交换或通过网络接触，病毒会继续进行传染。

2. 病毒的隐蔽性

病毒一般是具有很高编程技巧、短小精悍的一段可执行代码，通常附在正常程序中或磁盘较隐蔽的地方，也有的以隐含文件形式出现，目的是不让用户发现它的存在。如果不经过仔细的代码分析，病毒程序与正常程序是不容易区别开来的。一般在没有防护措施的情况下，计算机病毒程序取得系统控制权后，可以在很短的时间里传染大量程序。而且当计算机受到传染后，计算机系统通常仍能正常运行，使用户不会感到任何异常。如果病毒在传染到计算机上之后，机器马上无法正常运行，那么它本身便无法继续进行传染了。正是由于隐蔽性，计算机病毒得以在用户没有察觉的情况下扩散到上百万台计算机中。大部分的病毒的代码之所以设计得非常短小，也是为了隐藏，病毒的大小一般只有几百或几千字节，所以病毒转瞬之间便可附着到正常程序之中，使人非常不易被察觉。

3. 病毒的破坏性

计算机中毒后，可能会导致正常的程序无法运行，计算机内的文件会被删除或受到其他不同程度的损坏，轻者会降低计算机工作效率，占用系统资源，重者可导致数据丢失、系统崩溃。

4. 病毒的可触发性

病毒因某个事件或数值的出现，诱使病毒实施感染或进行攻击的特性称为可触发性。为了隐蔽自己，病毒必须潜伏，少做动作。如果完全不动，一直潜伏，病毒既不能感染也不能进行破坏，便失去了杀伤力。病毒既要隐蔽又要维持杀伤力，它必须具有可触发性。病毒的触发机制就是用来控制感染和破坏动作的频率的。病毒具有预定的触发条件，这些条件可能是时间、日期、文件类型或某些特定数据等。病毒运行时，触发机制检查预定条件是否满足，如果满足，启动感染或破坏动作，使病毒进行感染或攻击；如果不满足，使病毒继续潜伏。

5.1.4 计算机病毒的分类

按照病毒的特点，计算机病毒的分类方式有许多种。

1. 按病毒攻击的操作系统分类

按病毒攻击的操作系统可以分为：攻击 Windows 病毒、攻击 UNIX 病毒等类型。

2. 按破坏性分类

病毒按破坏性可分为良性病毒和恶性病毒。良性病毒是指对系统的危害不太大的病毒，它一般只是和用户开个小小的玩笑（需要注意的是，即使某些病毒不对系统造成任何直接损害，但它总会影响系统性能，从而造成了一定的间接危害）；恶性病毒则是指那些能对系统进行恶意攻击的病毒，它往往会给用户造成较大危害。

3. 按入侵方式分类

病毒按入侵方式分为外壳型病毒、操作系统型病毒、嵌入型病毒、源码型病毒 4 种。

外壳病毒主要是将自身附在正常程序的开头或结尾，相当于给正常程序加了个外壳，大部分的文件型病毒都属于这一类；操作系统病毒则是用其自身部分加入或替代操作系统的部分功能，危害性较大；嵌入型病毒则是那些用自身代替正常程序中的部分模块或堆栈区的病毒，它只攻击某些特定程序，针对性强，一般情况下也难以被发现，清除起来也较困难；源码病毒主要攻击高级语言编写的源程序，它会将自己插入到系统的源程序中，并随源程序一起编译、连接，生成可执行文件，从而导致刚刚生成的可执行文件直接带病毒，但此类病毒难以编写，故该病毒较为少见。

5.1.5 计算机病毒的命名规则

掌握一些病毒的命名规则，能通过杀毒软件报告中出现的病毒名来判断该病毒的一些公有的特性，能更好地进行病毒防范。

1. 计算机病毒的命名规则

很多时候大家已经用杀毒软件查出了自己的机子中了如 Backdoor. RmtBomb. 12 、Trojan. Win32. SendIP. 15 等病毒，这些一串英文还带数字的病毒名，那么长一串的名字，如果不知道计算机病毒的命名规则，就常常不知道是什么病毒。

虽然每个反病毒软件公司的命名规则不太一样，但是大体还是采用一个统一的命名方式，一般格式是：<病毒前缀>. <病毒名>. <病毒后缀>。

病毒前缀是指一个病毒的种类，它是用来区别病毒的种族分类的。不同的种类的病毒，其前缀也是不同的。比如，我们常见的木马病毒的前缀 Trojan，黑客病毒前缀名一般为 Hack，蠕虫病毒的前缀是 Worm。

病毒名是指一个病毒的家族特征，是用来区别和标志病毒家族的，如 CIH 病毒的家族名都是统一的“ CIH ”，振荡波病毒的家族名是“Sasser ”。

病毒后缀是指一个病毒的变种特征，是用来区别具体某个家族病毒的某个变种的，一般都采用英文中的 26 个字母来表示，如 Worm. Sasser. b 就是指振荡波蠕虫病毒的变种 B，因此一般称为“振荡波 B 变种” 或者“振荡波变种 B”。如果该病毒变种非常多，可以采用数字与字母混合表示变种标识。

2. 常见的计算机病毒前缀

下面是一些常见的病毒前缀的解释（针对用户较多的Windows操作系统）。

（1）系统病毒　系统病毒的前缀为Win32、PE、Win95等。这些病毒的一般共有的特性是可以感染Windows操作系统的“.exe”和“*.dll”文件，并通过这些文件进行传播，如CIH病毒。

（2）蠕虫病毒

蠕虫病毒的前缀是Worm。这种病毒的共有特性是通过网络或者系统漏洞进行传播，很大部分的蠕虫病毒都有向外发送带病毒邮件，阻塞网络的特性，比如冲击波（阻塞网络）、小邮差（发带毒邮件）等。

（3）木马病毒　木马病毒其前缀是Trojan，如QQ消息尾巴木马Trojan.QQ3344，针对网络游戏的木马如Trojan.LMir.PSW.60等。这里补充一点，病毒名中有PSW或者PWD一般表示这个病毒有盗取密码的功能（“密码”的英文“Password”的缩写）。

（4）脚本病毒　脚本病毒的前缀是Script。脚本病毒的共有特性是使用脚本语言编写，通过网页进行的传播的病毒，如红色代码（Script.Redlof）。脚本病毒还会有如下前缀VBS、JS（表明是何种脚本编写的），如欢乐时光（VBS.Happytime）、十四日（Js.Fortnight.c.s）等。

（5）宏病毒　宏病毒是也是脚本病毒的一种，由于它的特殊性，因此在这里单独算成一类。宏病毒的前缀是Macro，第二前缀是Word、Word97、Excel、Excel97等。该类病毒的共有特性是能感染Office系列文档，然后通过Office通用模板进行传播，如美丽莎（Macro.Melissa）。

（6）后门病毒　后门病毒的前缀是Backdoor，该类病毒的共有特性是通过网络传播，给系统开后门，给用户计算机带来安全隐患。

（7）病毒种植程序病毒　这类病毒的共有特性是运行时会从释放出一个或几个新的病毒到系统目录下，由释放出来的新病毒产生破坏。例如，冰河播种者（Dropper.BingHe2.2C）、MSN射手（Dropper.Worm.Smibag）等。

（8）破坏性程序病毒　破坏性程序病毒的前缀是Harm。这类病毒的共有特性是本身具有好看的图标来诱惑用户查看，当用户单击这类病毒时，病毒便会直接对用户计算机产生破坏，例如，格式化C盘（Harm.formatC.f）、杀手命令（Harm.Command.Killer）等。

（9）捆绑机病毒　捆绑机病毒的前缀是Binder。这类病毒的共有特性是病毒作者会使用特定的捆绑程序将病毒与一些应用程序，如QQ、IE捆绑起来，表面上看是一个正常的文件，当用户运行这些捆绑病毒时，会表面上运行这些应用程序，然后隐藏运行捆绑在一起的病毒，从而给用户造成危害，例如，捆绑QQ（Binder.QQPass.QQBin）、系统杀手（Binder.killsys）等。

5.1.6 计算机病毒的表现现象

计算机病毒是客观存在的，客观存在的事物总有它的特性，计算机病毒也不例外。从实质上说，计算机病毒是一段程序代码，虽然它可能隐藏得很好，但也会留下许多痕迹，通过对这些蛛丝马迹的判别，就能发现计算机病毒的存在。

根据计算机病毒感染和发作的阶段，可以将计算机病毒的表现现象分为3大类：计算机病毒发作前、发作时和发作后的表现现象。

1. 计算机病毒发作前的表现现象

计算机病毒发作前，是指从计算机病毒感染计算机系统，潜伏在系统内开始，一直到激发条件满足，计算机病毒发作之前的一个阶段。在这个阶段，计算机病毒的行为主要是以潜伏、传播为主。计算机病毒会以各式各样的手法来隐藏自己，在不被发现的同时又自我复制，以各种手段进行传播。

以下是一些计算机病毒发作前常见的表现现象：

1）运行速度明显变慢。

2）以前能正常运行的软件经常发生内存不足的错误。

3）打印和通信发生异常。

4）无意中要求对软盘进行写操作。

5）以前能正常运行的应用程序经常发生死机或者非法错误。

6）系统文件的时间、日期、大小发生变化。

7）运行 Word 软件，打开 Word 文档后，该文件另存时只能以模板方式保存。

8）磁盘空间迅速减少。

9）网络驱动器卷或共享目录无法调用。

10）基本内存发生变化。

11）陌生人发来的电子函件。

12）自动链接到一些陌生的网站。

2. 计算机病毒发作时的表现现象

计算机病毒发作时是指满足计算机病毒发作的条件，计算机病毒程序开始破坏行为的阶段。计算机病毒发作时的表现大都各不相同，可以说一百个计算机病毒发作有一百种花样。这与编写计算机病毒者的心态、所采用的技术手段等都有密切的关系。

以下是一些计算机病毒发作时常见的表现现象：

1）提示一些不相干的信息。

2）发出一段音乐。

3）产生特定的图像。

4）硬盘灯不断闪烁。

5）进行游戏算法。

6）Windows 桌面图标发生变化。

7）计算机突然死机或重启。

8）自动发送电子邮件。

9）光标自己在动。

3. 计算机病毒发作后的表现现象

通常情况下，计算机病毒发作都会给计算机系统带来破坏性的后果，那种只是恶作剧式的“良性”计算机病毒只是计算机病毒家族中的很小一部分。大多数计算机病毒都是属于“恶性”计算机病毒。“恶性”计算机病毒发作后往往会带来很大的损失，以下列举了一些恶性计算机病毒发作后所造成的后果：

1）硬盘无法启动，数据丢失。

2）系统文件丢失或被破坏。

3）文件目录发生混乱。

4）部分文档丢失或被破坏。

5）部分文档自动加密码。

6）修改 Autoexec. bat 文件，增加“Format C”：选项，导致计算机重新启动时格式化硬盘。

7）使部分可软件升级主板的 BIOS 程序混乱，主板被破坏。

8）网络瘫痪，无法提供正常的服务。

由上所述，我们可以了解到防杀计算机病毒软件必须要实时化，在计算机病毒进入系统时要立即报警并清除，这样才能确保系统安全，待计算机病毒发作后再去杀毒，实际上已经为时已晚。

5.2　几种典型病毒的特征与防范

5.2.1　蠕虫病毒

1. 蠕虫病毒介绍

1982 年，Shock 和 Hupp 根据 The Shockwave Rider 一书中的概念提出了一种“蠕虫”（Worm）程序的思想。蠕虫程序可用作为 Ethernet（以太网）网络设备的一种诊断工具，它能快速有效地检测网络。

1988 年 11 月 2 日，美国康乃尔大学学生罗伯特·莫里斯（Robert Morris）利用 UNIX 操作系统寄发电子邮件公用程序中的一个缺陷，把他首创的“蠕虫”病毒放进 Internet 网络，一夜之间，这条“蠕虫”闪电般地自我复制，并向整个 Internet 网络迅速蔓延，使美国 6000 余台基于 UNIX 的小型计算机和工作站受到感染和攻击，网络上几乎所有的计算机都被迫停机，直接经济损失在 9000 万美元以上，莫里斯本人也因此受到了法律的制裁。

一般认为，蠕虫是一种通过网络传播的恶性病毒，它具有计算机病毒的一般共性，如传播性、隐蔽性和破坏性，同时蠕虫还具有自己特有的特征：自我复制，独立运行。在破坏程度上，蠕虫病毒也不是普通病毒所能比拟的，蠕虫病毒可以在短短的数小时内蔓延至整个因特网，并造成网络瘫痪。

比如尼姆达病毒就是一个新型蠕虫病毒，该病毒于 2001 年 9 月 18 日首先在美国出现，当天下午，有超过 130000 台服务器和个人计算机受到感染，经过 18 日一晚上的传播，病毒蔓延到亚洲和欧洲，19 日在欧洲超过 150000 个公司受到感染。

2. 蠕虫病毒与一般病毒的区别

蠕虫也是一种病毒，因此具有病毒的共同特征。一般的病毒是需要寄生的，而被感染的文件就被称为“宿主”。例如，Windows 下可执行文件的格式为 PE（Portable Executable）格式，当需要感染 PE 文件时，在宿主程序中，建立一个新节，将病毒代码写到新节中或修改的程序入口点等。这样，宿主程序执行时，就可以先执行病毒程序，病毒程序运行完之后，在把控制权交给宿主原来的程序指令。

蠕虫一般不采取利用 PE 格式插入文件的方法，而是复制自身在互联网环境下进行传播，一般病毒的传染目标主要是针对计算机内的文件系统而言，而蠕虫病毒的传染目标是互联网内的所有计算机，大量存在着漏洞的服务器都会成为蠕虫传播的良好途径。网络的发展也使得蠕虫病毒可以在几个小时内蔓延全球，而且蠕虫的主动攻击性和突然爆发性会使得人们手足无措。

5.2.2 木马

1. 木马的基本概念

特洛伊木马（以下简称木马），英文叫做“Trojan horse”，其名称取自希腊神话的特洛伊木马记，木马病毒是一种基于远程控制的黑客工具，具有隐蔽性和非授权性的特点：所谓隐蔽性，是指木马的设计者为了防止木马被发现，会采用多种手段隐藏木马，这样服务端即使发现感染了木马，由于不能确定其具体位置，往往只能望“马”兴叹；所谓非授权性，是指一旦控制端与服务端连接后，控制端将享有服务端的大部分操作权限，包括修改文件、修改注册表，控制鼠标、控制键盘等，而这些权力并不是服务端赋予的，而是通过木马程序窃取的。

一个完整的木马系统由硬件部分、软件部分和具体连接部分组成。

（1）硬件部分　硬件部分是建立木马连接所必需的硬件实体。其中的控制端是对服务端进行远程控制的一方；服务端是被控制端远程控制的一方，如图 5-2 所示。

（2）软件部分　软件部分是实现远程控制所必需的软件程序，包括控制端程序、木马程序以及木马配置程序。控制端程序是控制端用以远程控制服务端的程序。木马程序潜入服务端内部，获取其操作权限的程序。木马配置程序设置木马程序的端口号、触发条件等，使其在服务端藏得更隐蔽。

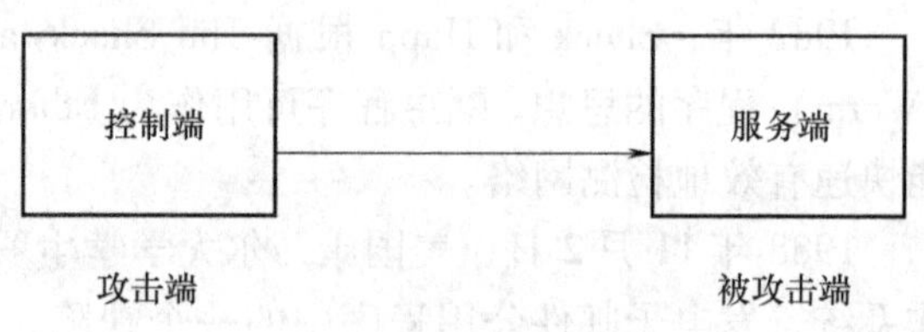

图 5-2　木马的控制端与服务端

（3）具体连接部分　具体连接部分是通过 Internet 在服务端和控制端之间建立一条木马通道所必需的元素。具体包括控制端 IP 和服务端 IP 以及控制端端口和木马端口，控制端 IP 和服务端 IP 是控制端和服务端的网络地址，也是木马进行数据传输的目的地。控制端端口和木马端口是控制端和服务端的数据入口，通过这个入口，数据可以直达控制端程序或木马程序。

2. 木马入侵过程

用木马这种黑客工具进行网络入侵，从过程上看大致可分为 6 步，下面我们就按这 6 步来详细阐述木马的攻击原理。

（1）配置木马　一般来说，一个设计成熟的木马都有木马配置程序，从具体的配置内容看，主要是为了实现以下木马伪装和信息反馈两方面功能。

1）木马伪装。木马配置程序为了在服务端尽可能地隐藏木马，会采用多种伪装手段，如修改图标、捆绑文件、定制端口、自我销毁等。

2）信息反馈。木马配置程序将就信息反馈的方式或地址进行设置，如设置信息反馈的邮件地址等。

（2）传播木马　木马的传播方式主要有两种：一种是通过 E-mail，控制端将木马程序以附件的形式夹在邮件中发送出去，收信人只要打开附件系统就会感染木马；另一种是软件

下载，一些非正规的网站以提供软件下载为名义，将木马捆绑在软件安装程序上，下载后，只要一运行这些程序，木马就会自动安装。

（3）运行木马　服务端用户运行木马或捆绑木马的程序后，木马就会自动进行安装。首先将自身复制到Windows的系统文件夹中（C：\windows或C：\windows\system目录下），然后在注册表、启动组、非启动组中设置好木马的触发条件，这样木马的安装就完成了，安装后就可以启动木马了。

（4）信息反馈　一般来说，设计成熟的木马都有一个信息反馈机制。所谓信息反馈机制是指木马成功安装后会收集一些服务端的软硬件信息，并通过E-mail或其他方式告知控制端用户。

（5）建立连接　一个木马建立连接首先必须满足两个条件：一是服务端已安装了木马程序；二是控制端和服务端都要在线，在此基础上控制端可以通过木马端口与服务端建立连接。

假设A机为控制端，B机为服务端，对于A机来说要与B机建立连接必须知道B机的木马端口和IP地址，由于木马端口（如7626）是A机事先设定的，为已知项，所以最重要的是如何获得B机的IP地址。获得B机的IP地址的方法主要有两种：信息反馈和IP扫描。因为B机装有木马程序，所以它的木马端口7626是处于开放状态的，所以现在A机只要扫描IP地址段中7626端口开放的主机就行了，假设B机的IP地址是202.102.47.56，当A机扫描到这个IP时发现它的7626端口是开放的，那么这个IP就会被添加到列表中，这时A机就可以通过木马的控制端程序向B机发出连接信号，B机中的木马程序收到信号后立即作出响应，当A机收到响应的信号后，开启一个端口1031与B机的木马端口7626建立连接，到这时一个木马连接才算真正建立。值得一提的是，要扫描整个IP地址段显然费时费力，一般来说控制端都是先通过信息反馈获得服务端的IP地址，由于拨号上网的IP是动态的，即用户每次上网的IP都是不同的，但是这个IP是在一定范围内变动的，B机的IP是202.102.47.56，那么B机上网IP的变动范围是在202.102.0.0~202.102.255.255，所以每次控制端只要搜索这个IP地址段就可以找到B机。

（6）远程控制　木马连接建立后，控制端端口和木马端口之间将会出现一条通道。

控制端上的控制端程序可借这条通道与服务端上的木马程序取得联系，并通过木马程序对服务端进行远程控制。下面我们就介绍一下控制端具体能享有哪些控制权限。

1）窃取密码：以明文的形式和以“*”形式或缓存在Cache中的密码都可能被木马侦测到，此外很多木马还提供有按键记录功能，它将会记录服务端每次敲击键盘的动作，所以一旦有木马入侵，密码将很容易被窃取。

2）修改注册表：控制端可任意修改服务端注册表，包括删除、新建或修改主键、子键键值。有了这项功能，控制端就可以禁止服务端软驱、光驱的使用，锁住服务端的注册表，将服务端上木马的触发条件设置得更隐蔽。

3）文件操作：控制端可由远程控制对服务端上的文件进行删除、新建、修改、上传、下载、运行、更改属性等一系列操作，基本涵盖了Windows平台上所有的文件操作功能。

4）系统操作：这项内容包括重启或关闭服务端操作系统，断开服务端网络连接，控制服务端的鼠标、键盘、监视服务端桌面操作、查看服务端进程等，控制端甚至可以随时给服务端发送信息。

值得一提的是针对网上交易系统编写的网银木马病毒，其目的是盗取用户的卡号、密码，甚至安全证书。此类木马种类数量虽然比不上网游木马，但它威胁我们真实财产的安全，危害更加直接，受害用户的损失更加惨重。

网银木马通常针对性较强，木马作者可能首先对某银行的网上交易系统进行仔细分析，然后针对安全薄弱环节编写病毒程序。它一般通过键盘记录的方式，监视用户操作。当用户使用个人网上银行进行交易时，该病毒会恶意记录用户所使用的账号和口令，记录成功后，病毒会将盗取的账号和口令发送给病毒作者，给用户造成经济损失，如2004年的“网银大盗”病毒，在用户进入网银登录页面时，会自动把页面换成安全性能较差，但依然能够运转的老版页面，然后记录用户在此页面上填写的卡号和口令；“网银大盗3”利用网银专业版的备份安全证书功能，可以盗取安全证书；2005年的“新网银大盗”，采用API Hook等技术干扰网银登录安全控件的运行。网银木马危害严重，金山公司发布数据称2010年被不法分子盯上的网购用户损失总额已达到150亿元。

3. 木马的端口

TCP/IP 规定计算机的端口有 $2^{16}=65536$ 个，从0~65535号端口，木马打开一个或者几个端口，黑客所使用的客户端程序就可以通过木马打开的端口和木马进行通信。

每种木马所打开的端口不同，根据端口号可以识别不同的木马，比如Netspy木马的端口是1033，冰河默认连接端口是7626。图5-3所示为Supercsan软件自带的一个叫trojans. lst的端口列表文件，提供了常见的木马端口，可以使用这个端口列表来检测目标计算机是否被种植木马。

需要注意的是，木马现在很多，没多久就出现一个，因此有必要时常注意最新出现的木马和它们使用的端口，随时更新这个木马端口列表。

大多数木马使用的端口号在1024以上，而且呈现出越来越大的趋势，1024以下端口是正常计算机系统的常用端口，如果木马占用这些端口可能会造成系统不正常，这样一来木马就会很容易暴露。

4. 木马的隐藏

木马为了更好地隐藏自己，通常会将自己的位置放在C：\windows和C：\windows\system32等系统目录中。木马的服务程序命名也很狡猾，通常使用和系统文件相似的文件名，了解这些木马隐藏的方法对于查杀木马是有帮助的，木马的隐藏方法如下：

（1）集成到程序中　其实木马是一个服务器/客户端程序，它为了不让用户能轻易地删除，就常常集成到程序里，一旦用户激活木马程序，那么木马文件和某一应用程序捆绑在一起，然后上传到服务端覆盖原文件，这样即使木马被删除了，只要运行捆绑了木马的应用程序，木马又会被安装上去了，如木马绑定到系统文件，那么每一次Windows启动均会启动木马。

（2）隐藏在配置文件中　现在这种方式不是很隐蔽，容易被发现，所以在Autoexec. bat和Config. sys中加载木马程序的并不多见，但也不能因此而掉以轻心。

（3）内置到注册表中　一些木马会内置在注册表中，因此时常检查注册表也是预防木马或其他病毒所必需的。

（4）在System. ini中藏身　System. ini是包含Windows初始配置信息的重要文件，System. ini包含整个系统的信息（如显卡驱动程序等），是存放Windows启动时所需要的重要配

trojans.lst - 记事本

文件(F)　编辑(E)　格式(O)　查看(V)　帮助(H)

```
+,31,Master Paradise,,,
+,121,BO jammerkillahV,,,
+,456,HackersParadise,,,
+,555,Phase Zero,,,
+,666,Attack FTP,,,
+,1001,Silencer,,,
+,1001,Silencer,,,
+,1001,WebEx,,,
+,1010,Doly Trojan 1.30 (Subm.Cronco),,,
+,1011,Doly Trojan 1.1+1.2,,,
+,1015,Doly Trojan 1.5 (Subm.Cronco),,,
+,1033,Netspy,,,
+,1042,Bla1.1,,,
+,1170,Streaming Audio Trojan,,,
+,1207,SoftWar,,,
+,1243,SubSeven,,,
+,1245,Vodoo,,,
+,1269,Maverick's Matrix,,,
+,1492,FTP99CMP,,,
+,1509,PsyberStreamingServer Nikhil G.,,,
+,1600,Shiva Burka,,,
+,1807,SpySender,,,
+,1981,ShockRave,,,
+,1999,Backdoor,,,
+,1999,Transcout 1.1 + 1.2,,,
+,2001,DerSpaeher 3,,,
+,2001,TrojanCow,,,
+,2023,Pass Ripper,,,
```

图 5-3　trojans. lst 文件显示木马端口列表

置信息的文件，而 System. ini 也是木马喜欢隐蔽的地方，应该注意检查它与正常文件有什么不同，如在该文件的［boot］字段中显示：shell = Explorer. exefile. exe，那么这里的 file. exe 有可能就是木马服务端程序。另外，在 System. ini 中的［386Enh］字段，要注意检查在此段内的“driver = 路径程序名”，这里也有可能被木马所利用。此外，在 System. ini 中的［mic］、［drivers］、［drivers32］这 3 个字段也是起到加载驱动程序的作用，但也是增添木马程序的好场所，因此也需要重点关注。

（5）隐形于启动组中　启动组也是木马可以藏身的好地方，因为这里的确是自动加载运行的好场所。

启动组对应的文件夹为：C:\Windows\start menu\programs\startup。

在注册表中的位置为：HKEY_ CURRENT_ USERSoftwareMicrosoftWindows CurrentVersionExplorerShell，要注意经常检查启动组。

（6）隐蔽在 Winstart. bat　Winstart. bat 也是一个能自动被 Windows 加载运行的文件，它多数情况下为应用程序及 Windows 自动生成，在执行了 Win. com 并加载了多数驱动程序之后开始执行（这一点可通过启动时按〈F8〉键再选择逐步跟踪启动过程的启动方式可得知）。由于 Autoexec. bat 的功能可以由 Winstart. bat 代替完成，因此木马完全可以像在 Autoexec. bat 中那样被加载运行。

（7）设置在超链接中 木马可以设置在超链接中，通过浏览网页启动，因此不要随便单击网页上的链接是非常必要的。

5.2.3 病毒的一般预防方法

病毒往往会利用网络的弱点进行传播，提高系统的安全性与个人的防范意识是防病毒的一个重要方面，防范计算机病毒需要注意以下几点：

（1）选购合适的杀毒软件并经常升级病毒库 网络蠕虫病毒的发展已经使传统的杀毒软件“文件级实时监控系统”落伍，杀毒软件必须向内存实时监控和邮件实时监控发展。另外，面对防不胜防的网页病毒，也使得用户对杀毒软件的要求越来越高。杀毒软件对病毒的查杀是以病毒的特征码为依据的，而病毒每天都层出不穷，尤其是在网络时代，蠕虫病毒的传播速度快、变种多，所以必须随时更新病毒库，以便能够查杀最新的病毒。

（2）提高防杀毒意识 不要轻易去打开陌生的站点，有可能里面就含有恶意代码。建议浏览网页时，将浏览器的安全设置提高，方法是：当运行 IE 浏览器时，单击“工具”→“Internet 选项”→“安全”→“Internet 区域的安全级别”选项，把安全级别由“中”改为“高”，如图 5-4 所示。

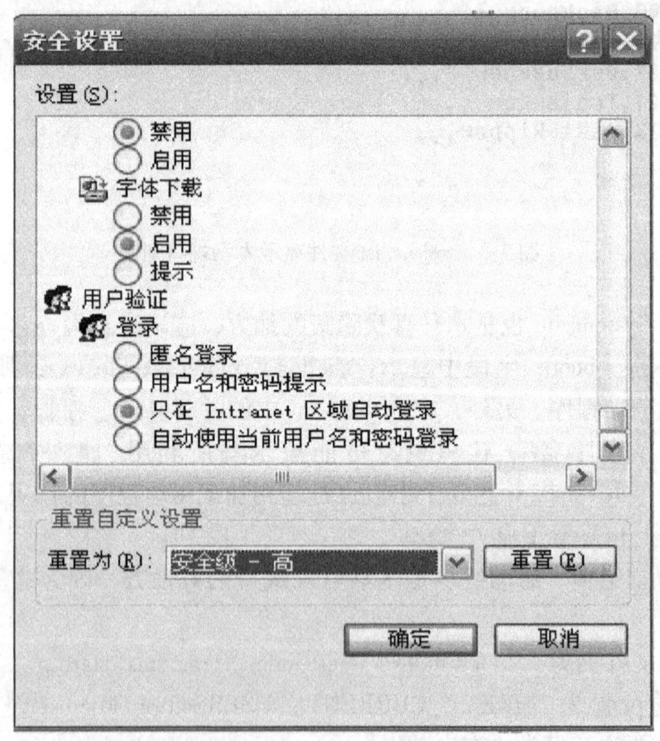

图 5-4 提高“Internet 区域的安全级别”

因为网页病毒主要是含有恶意代码的 ActiveX 或 Applet、JavaScript 的网页文件，所以在 IE 浏览器设置中将 ActiveX 插件和控件、Java 脚本等全部禁止，也可以减少被网页恶意代码感染的几率。具体方案是：在 IE 浏览器窗口中单击“工具”→“Internet 选项”命令，在弹出的对话框中选择“安全”选项卡，再单击“自定义级别”按钮，系统弹出“安全设置”对话框，把其中所有 ActiveX 插件和控件以及与 Java 相关全部选择“禁用”选项。不过，这样做在以后的网页浏览过程中有可能会使一些正常应用 ActiveX 的网站无法浏览。

（3）不随意查看陌生邮件，尤其是带有附件的邮件　由于有的病毒邮件能够利用 IE 浏览器和 Outlook 的漏洞自动执行，所以计算机用户需要升级 IE 浏览器和 Outlook 程序以及常用的其他应用程序。

（4）删除 Windows Script Host　一些蠕虫病毒是用 VBScript 脚本语言编写的，而 VBScript 代码是通过 Windows Script Host 来解释执行的。将 Windows Script Host 删除，可以避免用 VBS 和 JS 编写的蠕虫病毒，具体方法如下：

1）卸载 Windows Scripting Host。在 Windows 2000/XP 中禁用 WSH 的方法是：双击“我的电脑”图标，然后单击“工具”选项，选择“文件夹选项”命令，选择“文件类型”选项卡，找到“VBS VBScript 脚本文件”选项，并单击“删除”按钮删除其关联程序，最后单击“确定”即可，如图 5-5 所示。

图 5-5　卸载 Windows Scripting Host

2）删除 VBS、VBE、JS、JSE 文件扩展名与应用程序的映射。单击“我的电脑”→“工具”→“文件夹选项”→“文件类型”选项，然后删除 VBS、VBE、JS、JSE 文件扩展名与应用程序的映射。

3）在 Windows 目录中，找到 WScript. exe 和 JScript. exe，更改名称或者删除。

（5）及时更新操作系统　操作系统和网络协议等自身的不完善性和缺陷，使得计算机病毒有机可乘，所以定期修补系统漏洞，给操作系统打“补丁”，就会避免很多病毒的攻击，减少病毒的破坏。

5.3 “流氓”软件与网络钓鱼

5.3.1 “流氓”软件

什么是“流氓”软件呢？2006年11月中国互联网协会反恶意软件协调小组确定了“流氓软件”的定义：流氓软件是指在未明确指示或未经用户许可的情况下，在用户计算机或其他终端上安装运行，侵害用户合法权益的软件，但不包括我国法律法规规定的计算机病毒。

“流氓”软件具有以下特征：

（1）强制安装　指未明确提示用户或未经用户许可，在用户计算机或其他终端上安装软件的行为。

（2）难以卸载　指未提供通用的卸载方式，或在不受其他软件影响、人为破坏的情况下，卸载后仍然有活动程序的行为。

（3）浏览器劫持　指未经用户许可，修改用户浏览器或其他相关设置，迫使用户访问特定网站或导致用户无法正常上网的行为。

（4）广告弹出　指未明确提示用户或未经用户许可，利用安装在用户计算机或其他终端上的软件弹出广告的行为。

（5）恶意收集用户信息　指未明确提示用户或未经用户许可，恶意收集用户信息的行为。

（6）恶意卸载　指未明确提示用户、未经用户许可，或误导、欺骗用户卸载其他软件的行为。

（7）恶意捆绑　指在软件中捆绑已被认定为恶意软件的行为。

根据不同的特征和危害，困扰广大计算机用户的流氓软件主要有如下几类：

（1）广告软件　广告软件是指未经用户允许，下载并安装在用户计算机上，或与其他软件捆绑，通过弹出式广告等形式牟取商业利益的程序。此类软件往往会强制安装并无法卸载；在后台收集用户信息牟利，危及用户隐私；频繁弹出广告，消耗系统资源，使其运行变慢等。

（2）间谍软件　间谍软件是一种能够在用户不知情的情况下，在其计算机上安装后门、收集用户信息的软件。安装了间谍软件的用户隐私数据和重要信息会被“后门程序”捕获，并被发送给黑客、商业公司等。这些“后门程序”甚至能使用户的计算机被远程操纵，组成庞大的“僵尸网络”，这是目前网络安全的重要隐患之一。某些软件会获取用户的软硬件配置，并发送出去用于商业目的。

（3）浏览器劫持　浏览器劫持是一种恶意程序，通过浏览器插件、浏览器辅助对象（BHO）、Winsock LSP等形式对用户的浏览器进行篡改，使用户的浏览器配置不正常，被强行引导到商业网站。用户在浏览网站时会被强行安装此类插件，普通用户根本无法将其卸

载，被劫持后，用户只要上网就会被强行引导到其指定的网站，严重影响正常上网浏览。

一些不良站点会频繁弹出安装窗口，迫使用户安装某浏览器插件，甚至根本不征求用户意见，利用系统漏洞在后台强制安装到用户计算机中。这种插件还采用了不规范的软件编写技术（此技术通常被病毒使用）来逃避用户卸载，往往会造成浏览器错误、系统异常重启等。

（4）行为记录软件　行为记录软件是指未经用户许可，窃取并分析用户隐私数据，记录用户计算机使用习惯、网络浏览习惯等个人行为的软件。行为记录软件危及用户隐私，可能被黑客利用来进行网络诈骗。一些软件会在后台记录用户访问过的网站并加以分析，有的甚至会发送给专门的商业公司或机构，此类机构会据此窥测用户的爱好，并进行相应的广告推广或商业活动。

（5）恶意共享软件　恶意共享软件是指某些共享软件为了获取利益，采用诱骗手段、试用陷阱等方式强迫用户注册，或在软件体内捆绑各类恶意插件，未经允许即将其安装到用户机器里。恶意共享软件使用“试用陷阱”强迫用户进行注册，否则可能会丢失个人资料等数据。软件集成的插件可能会造成用户浏览器被劫持、隐私被窃取等。

（6）其他　随着网络的发展，“流氓软件”的分类也越来越细，一些新种类的“流氓软件”不断出现，分类标准必然会随之调整。

图5-6所示的是一款清除流氓软件的“恶意软件清理助手”，该软件可以检测、清理已知的大多数广告软件、工具栏和流氓软件。

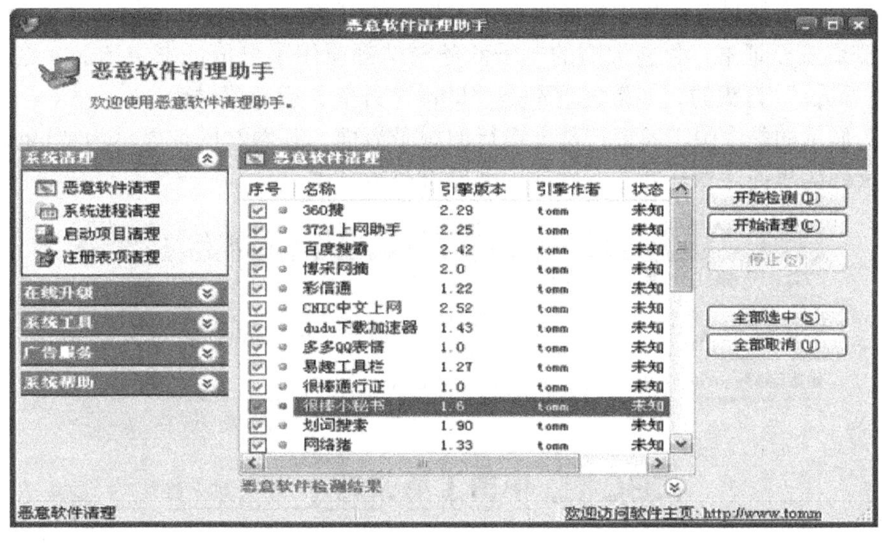

图5-6 “恶意软件清理助手”运行界面

5.3.2 钓鱼网站

“钓鱼网站”是指不法分子利用各种手段，仿冒真实网站的URL地址以及页面内容，或者利用真实网站服务器程序上的漏洞在站点的某些网页中插入危险的HTML代码，以此来骗取用户银行或信用卡账号、口令等私人资料。

网络钓鱼是通过大量发送声称来自于银行或其他知名机构的欺骗性垃圾邮件，意图引诱收信人给出敏感信息（如用户名、口令、账号 ID、ATM PIN 码或信用卡详细信息）的一种攻击方式。

最典型的网络钓鱼攻击将收信人引诱到一个通过精心设计与目标组织的网站非常相似的钓鱼网站上，并获取收信人在此网站上输入的个人敏感信息，通常这个攻击过程不会让受害者警觉。这些个人信息对黑客们具有非常大的吸引力，因为这些信息使得他们可以假冒受害者进行欺诈性金融交易，从而获得经济利益。预防网络钓鱼的方法如下：

（1）查验“可信网站”通过第三方网站的身份诚信认证辨别网站真实性。目前不少网站已在网站首页安装了第三方网站身份诚信认证——“可信网站”，可帮助网民判断网站的真实性。“可信网站”验证服务可通过对企业域名注册信息、网站信息和企业工商登记信息进行严格交互审核来验证网站真实身份，通过认证后，企业网站就进入中国互联网络信息中心（CNNIC）运行的国家最高目录数据库中的“可信网站”子数据库中，从而全面提升企业网站的诚信级别，网民可通过单击网站页面底部的“可信网站”标识确认网站的真实身份。网民在网络交易时应养成查看网站身份信息的使用习惯，企业也要安装第三方身份诚信标识，加强对消费者的保护。

（2）核对网站域名　假冒网站一般和真实网站有细微区别，有疑问时要仔细辨别其不同之处，比如在域名方面，假冒网站通常将英文字母 I 被替换为数字 1，如中国工商银行 icbc 被改成 1cbc，或者 CCTV 被换成 CCYV 或者 CCTV - VIP 这样的仿造域名。

（3）比较网站内容　假冒网站上的字体样式不一致，并且模糊不清。仿冒网站上没有链接，用户可单击栏目或图片中的各个链接看是否能打开。

（4）查看安全证书　目前大型的电子商务网站都应用了可信证书类产品，这类的网站网址都是“https”打头的，如果发现不是“https”开头，应谨慎对待。

图 5-7 显示的是中国工商银行网上银行的登录界面，其网站网址显示为“https”开头，登录类似这样的界面注意仔细核对网站域名后再开始操作。

图 5-7　网上银行的登录界面

5.4　常用杀毒软件

5.4.1　360 杀毒软件

360 杀毒软件出现于2006年，是为帮助网民清除恶意软件的骚扰而诞生，它能有效地帮助网民解决计算机安全问题，从成立时就声称要打造永久免费、性能超强的杀毒软件。它采用病毒查杀引擎及云安全技术，不但能查杀数百万种已知病毒，还能有效防御新病毒的入侵。360 杀毒病毒库每小时升级，能及时拥有较好的病毒清除能力。360 杀毒有优化的系统设计，对系统运行速度的影响极小。360 杀毒和 360 安全卫士配合使用，是用户安全上网的常用组合。

要安装 360 杀毒，首先通过 360 杀毒官方网站下载最新版本的 360 杀毒安装程序。下载完成后，运行安装程序。

单击“下一步”按钮，会出现最终用户使用协议窗口，单击“我接受”按钮后，选择安装目录，安装完成后运行程序，主界面如图 5-8 所示。

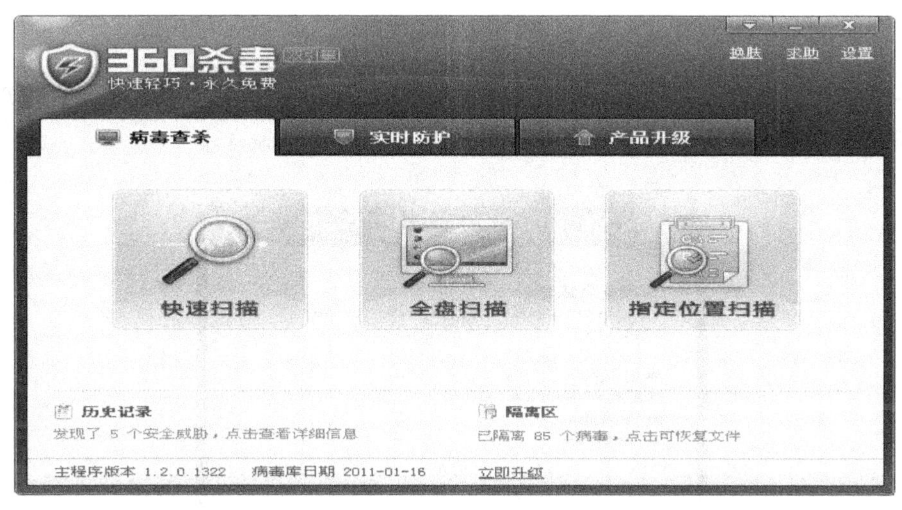

图 5-8　360 杀毒主界面

360 杀毒提供了 4 种手动病毒扫描方式：快速扫描、全盘扫描、指定位置扫描和鼠标右键扫描。其中，前 3 种扫描都已经在 360 杀毒主界面中作为快捷任务列出，快速扫描仅扫描计算机的关键目录和极易有隐藏的目录；全盘扫描对计算机的所有分区进行扫描；指定位置扫描对指定的目录和文件进行病毒扫描。鼠标右键扫描集成到右键菜单中，当在文件或文件夹上单击鼠标右键时，可以选择“使用 360 杀毒扫描”选项对选中文件或文件夹进行扫描，如图 5-9 所示。

360 杀毒扫描到病毒后，会首先尝试清除文件所感染的病毒，如果无法清除，则会提示删除感染病毒的文件。木马和间谍软件由于并不采用感染其他文件的形式，而是其自身即为恶意软件，因此会被直接删除。另外，360 杀毒具有实时病毒防护，为系统提供全面的安全

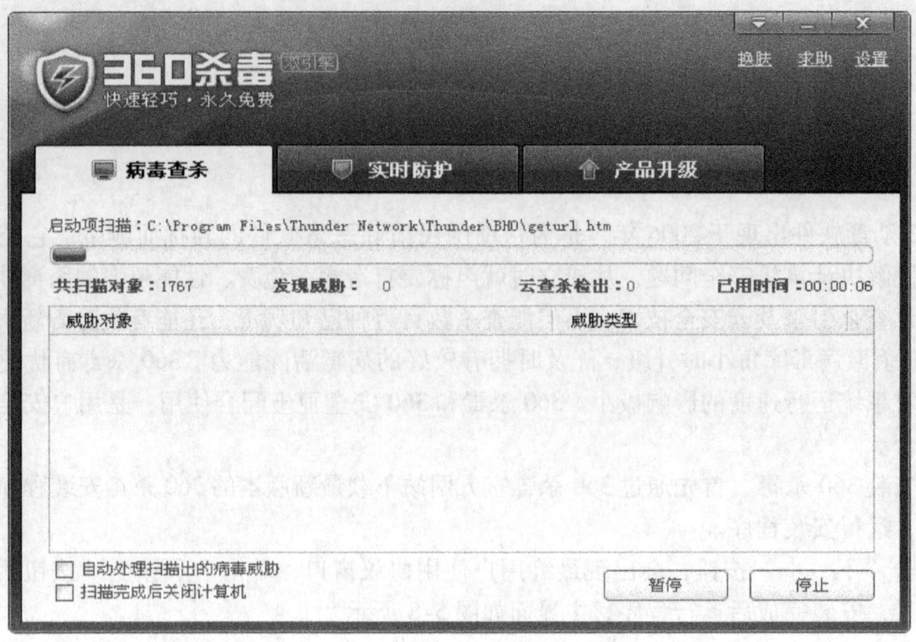

图 5-9　扫描界面

防护。实时防护功能在文件被访问时对文件进行扫描，及时拦截活动的病毒。在发现病毒时会通过提示窗口发出警告。警告界面如图 5-10 所示。

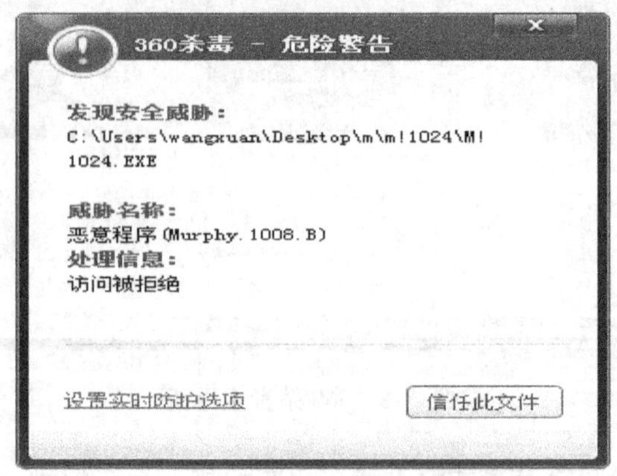

图 5-10　360 杀毒病毒警告界面

5.4.2　瑞星

瑞星杀毒软件是北京瑞星电脑科技开发有限责任公司自主研制开发的反病毒安全工具，该产品也是一款一般计算机用户常用的杀毒软件。“瑞星杀毒软件”安装运行后，主界面如图 5-11 所示。瑞星病毒库升级界面如图 5-12 所示。

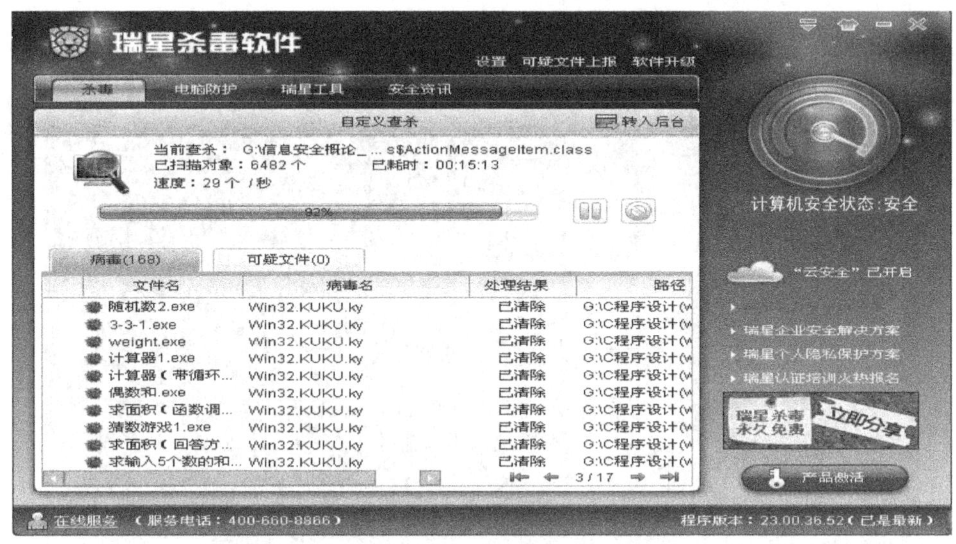

图 5-11　瑞星杀毒主界面

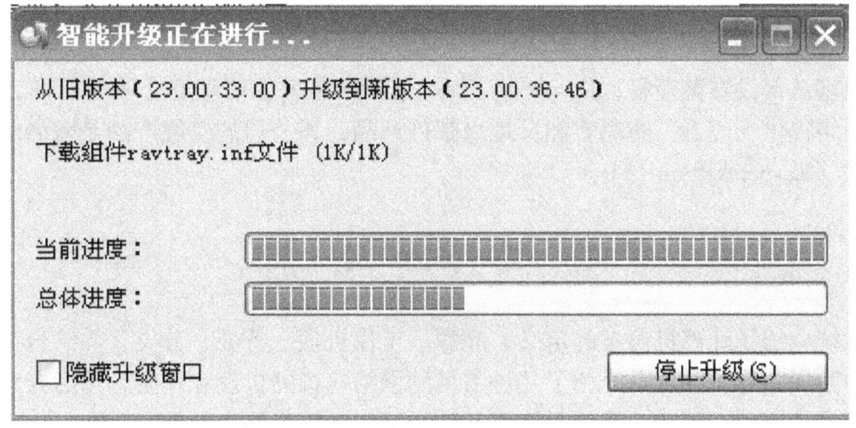

图 5-12　瑞星病毒库升级界面

5.4.3　其他杀毒软件

1. 诺顿（Norton AntiVirus）系列

诺顿杀毒软件由赛门铁克（Symantec）公司研发，赛门铁克公司是目前世界上技术领先的 Internet 网络安全软件公司，也是著名的工具软件公司。诺顿提供多层次的网络防病毒解决方案，在整个网络结构中从第一层工作站、第二层服务器、第三层电子邮件服务器到第四层防火墙都有专门的防毒软件提供完善的、全面的防病毒保护。在系统平台支持方面，Symantec对各种操作系统提供全面的支持。Norton AntiVirus 反病毒软件功能强大，杀毒种类多，但操作起来非常简便，主界面如图 5-13 所示。

2. KV 系列

KV 江民杀毒软件是国内反病毒企业北京江民公司汇聚反病毒专家，针对用户的实际需求的计算机安全防护产品。该产品采用动态启发式杀毒引擎，融入指纹加速功能，杀毒功能更强、速度更快。KV2010 也是国内兼容微软 Windows 7 操作系统的 2011 版杀毒软件。

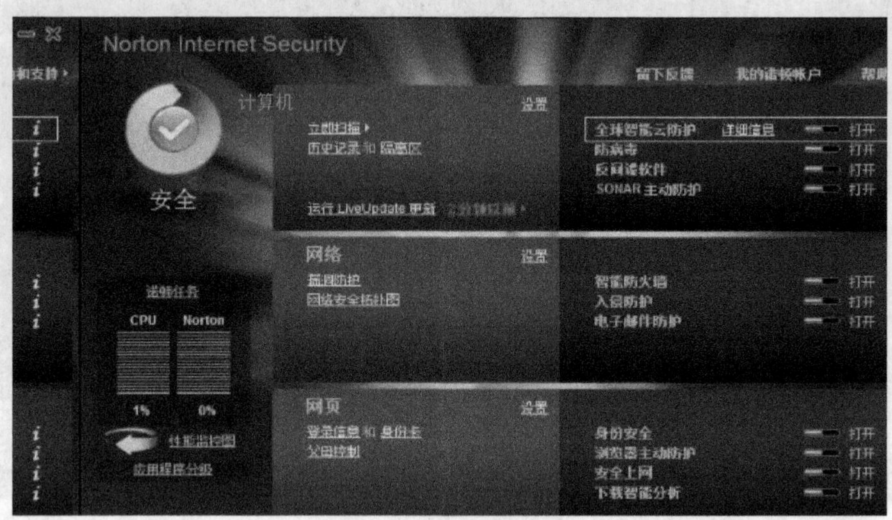

图 5-13　诺顿杀毒主界面

3. 卡巴斯基反病毒软件

卡巴斯基总部设在莫斯科，Kaspersky Labs 是国际著名的信息安全领导厂商，为个人用户、企业网络提供反病毒、防黑客和反垃圾邮件产品，该公司的旗舰产品是著名的卡巴斯基反病毒软件（Kaspersky Anti-Virus）。

本章小结

本章系统介绍了计算机病毒的定义、起源、工作机理、特征、分类，并结合当前计算机网络病毒的发展趋势，并重点介绍了几种常见的网络病毒的机理和预防，然后介绍了流氓软件与钓鱼网络的原理与预防，最后介绍了几款常见的计算机杀毒软件。

【关键概念】

计算机病毒、蠕虫、木马、流氓软件、网络钓鱼。

【课堂讨论】

1. 你的计算机中过计算机病毒吗？谈谈你的计算机中毒后的症状。
2. 计算机蠕虫病毒与一般计算机病毒有什么区别？蠕虫与木马的区别是什么？
3. 为什么会有这么多病毒？谈谈你的理解。
4. 为什么给操作系统安装补丁程序对于防护病毒是十分重要的？如何给操作系统“打补丁”？

复习思考题

一、填空题

1. 我国正式颁布的《中华人民共和国计算机信息系统安全保护条例》中对计算机病毒的定义为："计算机病毒是指编制或者在计算机程序中插入的破坏＿＿＿＿＿或者＿＿＿＿＿，影响计算机使用，并能自我复制的一组计算机指令或者程序代码。"

2. 计算机病毒的特征包括＿＿＿＿＿、＿＿＿＿＿、＿＿＿＿＿、＿＿＿＿＿。

3. 木马入侵的过程可以分为配置木马、＿＿＿＿＿、＿＿＿＿＿、＿＿＿＿＿、＿＿＿＿＿、＿＿＿＿＿。

4. 木马的控制端是指＿＿＿＿＿，服务端是指＿＿＿＿＿的一方。

二、简答题

1. 计算机病毒有哪些特点？
2. 病毒名为 Trojan、Win32、Undef、ktc 是什么类型的病毒？
3. 一个木马连接的建立首先必须满足哪些条件？
4. 你平时遇到过流氓软件吗？它们有什么特点？怎样去清除流氓软件？
5. 如何预防网络钓鱼？

实践与训练

1. 请用杀毒软件对自己的计算机进行病毒查杀，如系统提示有病毒，通过病毒名分析其类型。

2. 如果计算机中了木马病毒，请用所学过的知识进行手工清除（不用杀毒软件）。

第 6 章
防火墙技术及应用

学习目标：

防火墙是网络安全中一道必不可少的安全措施。通过本章的学习，要求能理解防火墙的工作原理、防火墙的技术类型，掌握软件和硬件防火墙的基本应用。

引例：

在古代，防火墙是阻隔火灾由一个区域蔓延到另一个区域的一堵墙或一道防御工事。在计算机网络中，防火墙是一个防范来自其他网络发起攻击的屏障。

6.1　防火墙简介

在现代网络安全技术中，防火墙指两个（或多个）网络域（通常是指信任网络域和非信任网络域）之间一系列部件的组合，它是一个或一组实施访问控制策略的系统，在内部网络与外部网络之间形成一道安全保护屏障，能根据访问控制策略对出入网络的信息流进行安全控制。防火墙可以有不同的结构和规模，既可以是一台路由器、一台主机，也可以是由多台主机构成的体系，此外防火墙还可以由软件组建。

防火墙的使用场景如图 6-1 所示，当非信任网络域中有人想将“火”（不安全的访问）烧到信任网络域中时，防火墙将其阻断，保护信任网络域的安全。

图 6-1　防火墙的示意图

所以说，防火墙是一个分离器——分割了信任网络域与非信任网络域，是一个限制器——限制了非信任网络域对信任网络域的访问，也是一个分析器——分析哪些访问是安全的，哪些访问是不安全的。它监控内部网和 Internet 之间的活动，保障内部网络的安全，并且不妨碍内部网用户对风险区域的访问。

6.2　防火墙的技术类型

防火墙是怎么实现防护某一个网络域的安全的呢？这需要从防火墙中所使用的技术说起。防火墙技术虽然有许多，但总体来讲可分为“包过滤型”和“应用代理型”两大类。

6.2.1　包过滤技术

“包过滤（Packet filtering）”是防火墙技术中最早也是最常用的一种技术，它与网络协议紧密相关。那么，什么是“包”呢？“包”是指用网络协议封装起来的数据包，即在原始的数据的头或尾添加与协议相关的一些参数，以控制数据通过网络传输的整个过程。而“包过滤”即对这些数据包的头或尾部进行检查，以决定哪些包可以通过防火墙，而哪些包具有危险，应该阻断。包过滤技术一般又分为静态包过滤和动态包过滤（状态包过滤）两种。

1. 静态包过滤型防火墙

静态包过滤型防火墙工作在网络层，它对数据包实施有选择地通过，依据系统事先设定好的过滤规则集检查数据流中的每个数据包，包过滤通常基于 IP 数据包的源或目标 IP 地址、封装协议、TCP/UDP 目标端口等信息事先定义规则集，在规则集中定义了各种规则来判断是否同意或拒绝包的通过，包过滤防火墙检查每一条规则直至发现包中的信息与某规则相符。

下面给出了一些包过滤规则集，在每个规则集中，从上到下逐一使用每条规则。字段“*”是通配符，可以与任何参数匹配。

1）来自某个特别站点（192.0.0.1）的数据包必须被阻断，这是因为它是一个不安全的站点。

2）允许入站邮件（使用 SMTP，端口 25），可以到达的 IP 是 112.2.2.1。

3）禁止内部网络的某台计算机（IP 为 112.2.2.2）向互联网中的某台计算机（IP 为 12.1.1.119）发送数据。实施了这样一个规则集之后，过滤规则集见表 6-1。

表 6-1　过滤规则集举例

规则	方向	源地址	目标地址	协议	源端口	目标端口	动作	说　明
1	入	192.0.0.1	*	*	*	*	阻止	不信任客户
2	入	*	112.2.2.1	SMTP	*	25	通过	接收邮件
3	出	112.2.2.2	12.1.1.119	*	*	*	阻止	—

图 6-2 所示为瑞星防火墙的 IP 数据包过滤规则集的实例。

图 6-3 所示为天网防火墙的数据包过滤规则集。

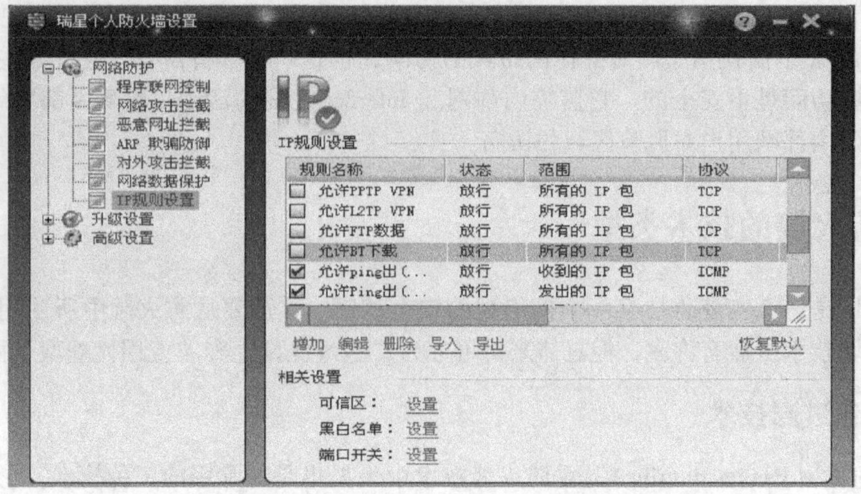

图 6-2　瑞星防火墙 IP 数据包过滤规则的设置

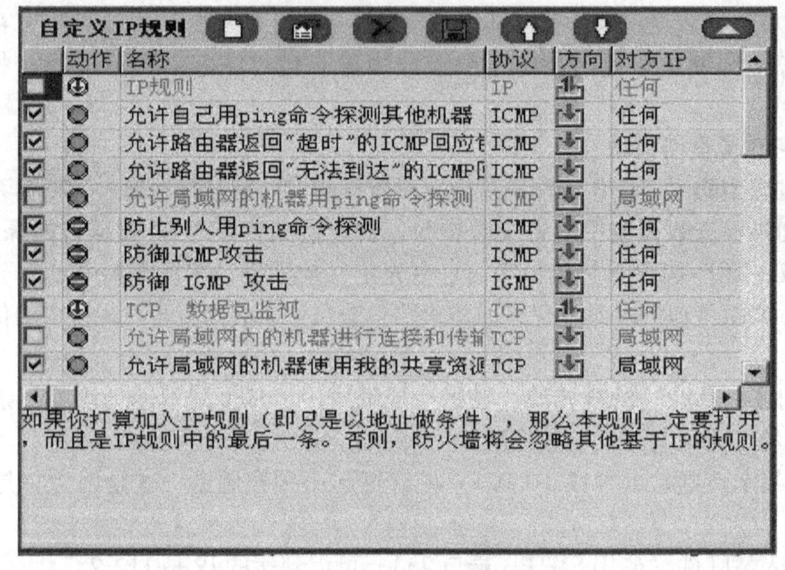

图 6-3　天网防火墙 IP 规则的设置

2. 动态包过滤型防火墙

动态包过滤（Dynamic Packet Filter）是在传统静态包过滤技术基础之上发展起来的一种过滤技术，动态包过滤在静态包过滤技术的基础上采用基于上下文的动态包过滤模块的检查，增强了安全性。

与传统静态包过滤技术只检查单个、孤立的数据包不同，动态包过滤试图将数据包的上下文联系起来，建立一种基于状态的包过滤机制。对于新建的应用连接，防火墙检查预先设置的安全规则，允许符合规则的连接通过，并在内存中记录下该连接的相关信息，这些相关信息构成一个状态表。这样，当一个新的数据包到达，如果属于已经建立的连接，则检查状态表，参考数据流上下文决定当前数据包通过与否；如果是新建连接，

则检查静态规则表。

动态包过滤技术克服了传统包过滤仅仅孤立地检查单个数据包和安全规则静态不可变的缺陷，使得防火墙的安全控制力度更为细致。

包过滤方式的优点是不用改动客户端和主机上的应用程序，因为它工作在网络层和传输层，与应用层无关。但其弱点也是明显的，过滤判别的依据只是网络层和传输层的有限信息，因而各种安全要求不可能充分满足；在许多过滤器中，过滤规则的数目是有限制的，且随着规则数目的增加，性能会受到很大的影响；另外，大多数过滤器中缺少审计和报警机制，它只能依据包头信息，而不能对用户身份进行验证，很容易受到“地址欺骗型”攻击。此外，对安全管理人员素质要求高，建立安全规则时，必须对协议本身及其在不同应用程序中的应用有非常清楚的了解。

6.2.2 应用代理技术

应用代理（Application Proxy）服务型防火墙工作在应用层，它的功能就是代理网络用户去取得网络信息，又被称为代理服务器（Proxy Server），形象地说它是网络信息的中转站。在一般情况下，我们使用网络浏览器直接去连接 Internet 站点取得网络信息时，是直接连到目的站点服务器，然后由目的站点服务器把信息传送回来。而代理服务器是介于浏览器和 Web 服务器之间的另一台服务器，有了它之后，浏览器不是直接到 Web 服务器去取回网页而是向代理服务器发出请求，该请求会先送到代理服务器，由代理服务器来取回浏览器所需要的信息并传送到浏览器。

图6-4 应用代理技术示意图

应用代理服务并不是用一张简单的访问控制列表来说明哪些报文或会话可以通过，哪些不允许通过，而是运行一个接收连接的程序。在确认之前，一般先要求用户输入口令，以进行用户认证，并必须为每个应用，如 Telnet、文件传输协议（FTP）等，配上代理程序，如图6-5所示。因为应用代理服务型防火墙能够理解应用层上的协议，能够做一些复杂的访问控制和注册等，所以安全性比包过滤型防火墙要高。

在应用代理服务型防火墙技术的发展过程中，它也经历了两个不同的版本，即第一代应用网关型代理防火墙和第二代自适应代理防火墙。

（1）应用网关型代理防火墙　应用网关型代理防火墙是通过一种代理（Proxy）技术参与到一个 TCP 连接的全过程。从内部发出的数据包经过这样的防火墙处理后，就好像是源于防火墙外部网卡一样，从而可以达到隐藏内部网结构的作用。

（2）自适应代理（Adaptive Proxy）型防火墙　它可以结合代理型防火墙的安全性和包过滤防火墙的高速度等优点，在不损失安全性的基础之上将代理型防火墙的性能提高10倍以上。组成这种类型防火墙的基本要素有两个：自适应代理服务器（Adaptive Proxy Server）和动态包过滤器（Dynamic Packet Filter）。

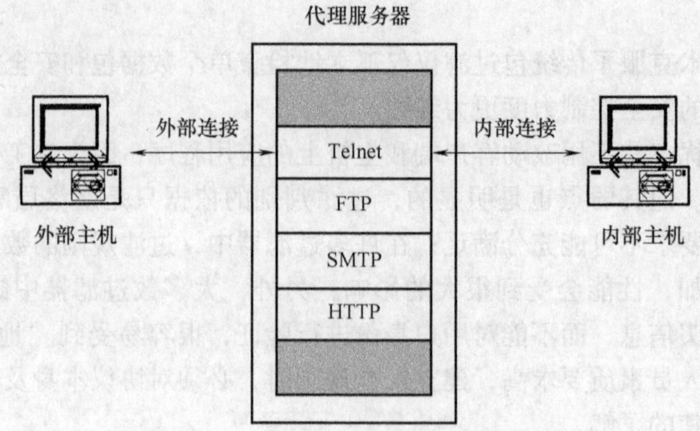

图 6-5 应用代理服务型防火墙

在“自适应代理服务器”与“动态包过滤器”之间存在一个控制通道。在对防火墙进行配置时，用户仅仅将所需要的服务类型、安全级别等信息通过相应代理（Proxy）的管理界面进行设置就可以了。然后，自适应代理就可以根据用户的配置信息，决定是使用代理服务从应用层代理请求还是从网络层转发包。如果是后者，它将动态地通知包过滤器增减过滤规则，满足用户对速度和安全性的双重要求。

总的来说，代理服务器型防火墙的特点如下：

1）代理服务器能够理解应用层上的协议，做一些复杂的访问控制，限制了命令集并决定哪些内部主机可以被该服务访问，详细地记录了所有访问状态信息以及相应的安全审核，具有较强的访问控制能力。

2）网络管理员可以对服务进行全面的控制，因为没有特定服务的代理就表示该服务不被提供。

3）代理服务器有能力支持可靠的用户认证并提供详细的注册信息。

其缺点为：

1）比较包过滤型防火墙，代理服务器缺乏透明性，不允许用户直接访问网络。在实际的应用中，用户在受信任的网络上通过防火墙访问 Internet 时，经常会发现访问速度变慢并且必须进行多次登录（Login）才能访问 Internet 或 Intranet，因此效率也不及包过滤型防火墙。

2）对于每一种协议或服务，都需要在代理服务器上安装相应的代理服务软件进行安全控制，用户不能使用未被服务器支持的服务，每一类服务都需安装对应的客户端软件，开发代价较高，而且并不是每一类互联网服务都可以使用代理服务器。

通过前面的介绍，我们知道利用代理服务器可以实现网络防火墙（Firewall）的功能，此外还可以实现多用户网络缓冲库，使用重复数据，可以节约网络带宽，提高访问速度，可以利用某些代理服务器拥有付费使用数据库权限。这里给出常用的浏览器 Internet Explorer 设置网上代理服务器的方法，对于局域网用户方法如下：

1）在 IE 浏览器的菜单栏选择“工具”命令，单击“Internet 选项”按钮然后在“连接”选项卡中单击“局域网设置”按钮，如图 6-6 所示。

2）选中“为 LAN 使用代理服务器”复选框，并在“地址”文本框中输入代理服务器的 IP 地址和代理端口，然后单击“确定”按钮退出，如图 6-7 所示。

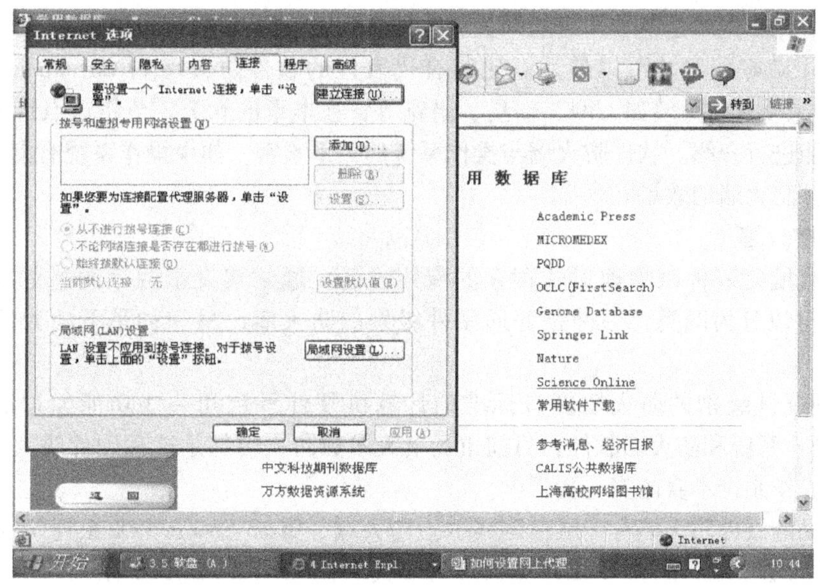

图 6-6　网上代理服务器的设置第一步

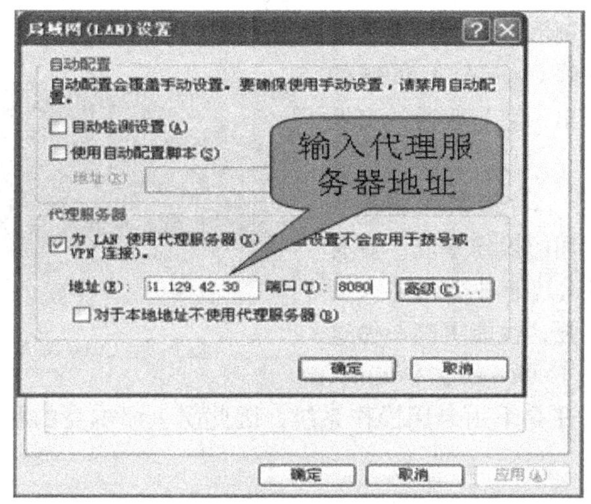

图 6-7　网上代理服务器的设置第二步

通过以上设置后，本地计算机就可以利用代理服务器接入互联网了。

6.3　防火墙的分类

根据前面的介绍，防火墙可以根据所采用的主要技术分为包过滤防火墙和应用代理防火墙。此外，防火墙还可以有以下分类方式。

6.3.1　从防火墙的实现形式来分

1. 软件防火墙

软件防火墙运行于特定的计算机上，它需要客户预先安装好的计算机操作系统的支持，一般来说这台计算机就是整个网络的网关。软件防火墙就像其他的软件产品一样需要先在计算机上安装并做好配置才可以使用。比较有代表性的软件防火墙如 Checkpoint、Microsoft ISA，以及个人软件防火墙如天网、瑞星、诺顿等，在本章的 6.7.2 节将重点针对瑞星个人防火墙的功能进行介绍。软件防火墙与操作系统的关系紧密，如果操作系统有漏洞，则直接会影响到软件防火墙的效果。

2. 硬件防火墙

硬件防火墙是一种以物理形式存在的专用设备，通常架设于两个网络的连接处，硬件防火墙又可以分为两类：一种是普通硬件级别的防火墙；另一种是下面介绍的“芯片级防火墙”。

1）普通硬件级别的防火墙拥有标准的计算机硬件平台和一些功能经过简化处理的 UNIX 系列操作系统和防火墙软件，目前市场上大多数防火墙都是这种硬件防火墙，此类防火墙会受到操作系统本身的安全性影响。

目前常见的硬件防火墙有天融信网络卫士防火墙、Cisco Secure PIX 系列防火墙和 Cisco ASA 5500 系列防火墙、东软 NetEye 防火墙等。其中，Cisco ASA 5500 系列防火墙是思科专门设计的解决方案，将安全性和 VPN 服务与可扩展服务架构有机地结合在一起。作为思科自防御网络的核心组件，Cisco ASA 5500 系列能够提供主动威胁防御，在网络受到威胁之前就能及时阻挡攻击，控制网络行为和应用流量，并提供 VPN 连接。

图 6-8 是硬件防火墙 Cisco ASA 5505 的外观图。从外观可以看出，它与普通的交换机、路由器比较相似。

图 6-8　Cisco ASA 5505 的外观图

2）芯片级防火墙。芯片级防火墙基于专门的硬件平台，有专用的操作系统。专有的 ASIC 芯片促使它们比其他种类的防火墙速度更快，处理能力更强，性能更高。做这类防火墙的厂商有 NetScreen、Fortinet、Cisco等。这类防火墙由于是采用专用操作系统，因此防火墙本身的漏洞比较少，不过价格相对比较昂贵。

6.3.2　按防火墙的部署位置分

1. 边界防火墙

边界防火墙位于内、外部网络的边界，所起的作用是对内、外部网络实施隔离，保护内部网络。这类防火墙一般都是硬件类型的，价格较贵，性能较好。

2. 个人主机防火墙

个人主机防火墙安装于单台主机中，防护的也只是单台主机。这类防火墙应用于广大的个人用户，通常为软件防火墙，价格最便宜，安全性能有限。

3. 分布式防火墙

分布式防火墙是一整套防火墙系统，由若干个软、硬件组件组成，分布于内、外部网络边界和内部各主机之间，既对内、外部网络之间通信进行过滤，又对网络内部各主机间的通信进行过滤。

6.3.3　按防火墙的性能来分

因为防火墙通常位于网络边界，是两个网络域之间信息流的唯一出入口，所以它的性能对整个网络性能至关重要。

按性能可以分为百兆级防火墙和千兆级防火墙两类，百兆级兆级或千兆级主要是指防火墙的通道带宽（BandWidth）或者吞吐率。通道带宽越宽，性能越高，这样的防火墙因包过滤或应用代理所产生的延时也越小，对整个网络通信性能的影响也就越小。一般百兆级防火墙用于中小型企业的网络保护，而千兆级防火墙用于电信、金融等大型企业。

6.4　防火墙的体系结构

体系结构是指构造防火墙系统的结构形式，防火墙的体系结构可以分为屏蔽路由器结构、双目主机结构、屏蔽主机结构和屏蔽子网结构。

6.4.1　屏蔽路由器结构

屏蔽路由器（Screening Router）通常又称为包过滤功能的路由器，屏蔽路由器可以由厂家专门生产的路由器实现，也可以用主机来实现。屏蔽路由器作为内外连接的唯一通道，要求所有的报文都必须在此通过检查。路由器上可以安装基于 IP 层的报文过滤软件，实现报文过滤功能，如图 6-9 所示。许多路由器本身带有报文过滤配置选项，但一般比较简单。单纯由屏蔽路由器构成的防火墙的危险包括路由器本身及路由器允许访问的主机。屏蔽路由器的缺点是一旦被攻陷后很难发现，而且不能识别不同的用户。

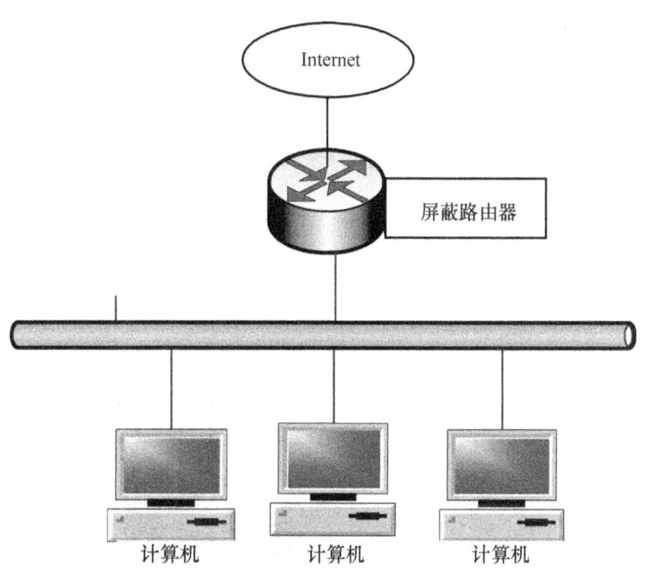

图 6-9　屏蔽路由器结构

6.4.2　双目主机结构

双目主机（也叫双宿主机，Dual Homed Host）结构防火墙系统主要由一台双目主机构成，双目主机安装有两个网卡，具有两个网络接口，分别连接到内部网和外部网，充当转发器，如图 6-10 所示。这样，主机可以充当与这些接口相连的路由器，能够把 IP 数据包从一个网络接口转发到另一个网络接口。但是，实现双目主机的防火墙结构禁止这种转发功能，即 IP 数据包并不是从一个网络（如因特网）发送到其他网络（如内部网）。防火墙内部的系统能与双目主机通信，同时防火墙外部的系统（如因特网）也能与双目主机通信，但两者之间不能直接通信。

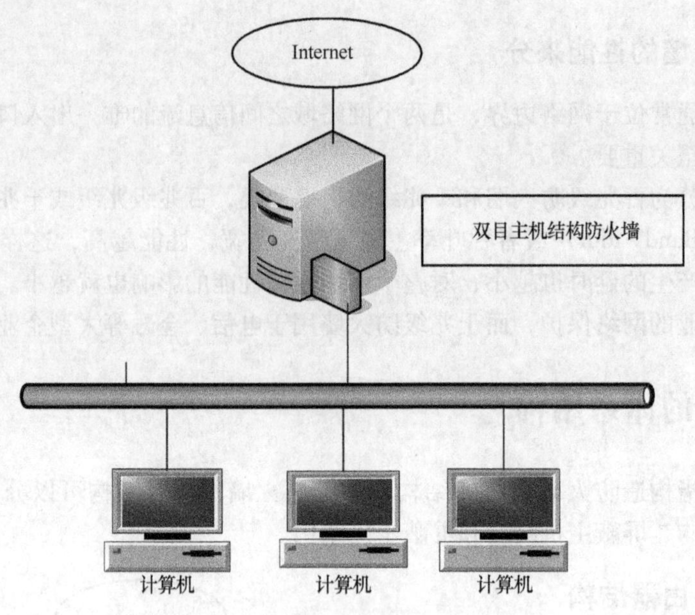

图 6-10 双目主机结构

6.4.3 屏蔽主机结构

屏蔽主机结构（Screened Host Gateway）使用一个单独的包过滤路由器连接外部网络，在内部网络配置一台堡垒主机（Bastion Host）作为应用网关，运行各种应用代理服务程序，如图 6-11 所示。

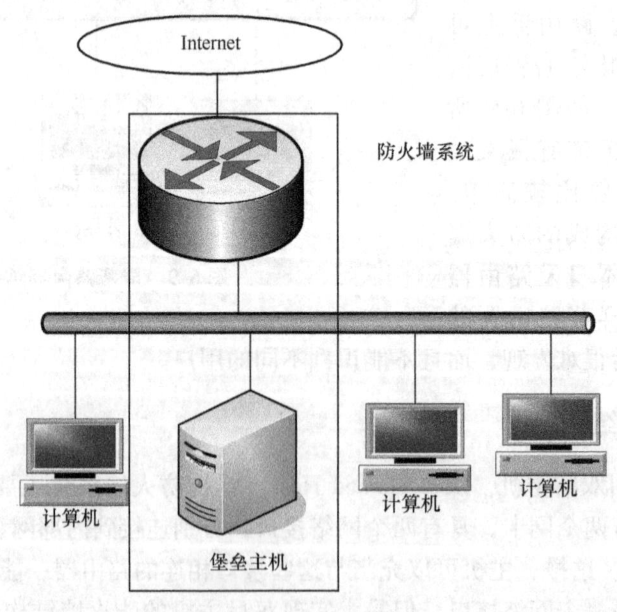

图 6-11 屏蔽主机结构

堡垒主机对外部是暴露的，同时又是内部网络用户的主要连接点，所以非常容易被入侵，就像战场上的碉堡一样，因此形象地称为堡垒主机。屏蔽主机结构中的堡垒主机只有一

个网卡，连接在内部网络上，通过设置，使其成为外部网络唯一的可访问点。屏蔽主机结构中的包过滤路由器的配置可以按下列某种方式执行：

1）允许其他的内部主机为了某些服务与因特网上的主机连接，即允许那些经过数据包过滤的服务。

2）不允许来自内部主机的所有连接，即强迫内部主机通过堡垒主机使用代理服务。

由于这种结构允许数据包通过因特网访问内部数据，因此它的设计比双目主机结构的风险性更大。

6.4.4　屏蔽子网结构

屏蔽子网（Screened Subnet）结构是在 Intranet 和 Internet 之间建立一个被隔离的子网，用两个包过滤路由器将这一子网分别与 Intranet 和 Internet 分开。两个包过滤路由器放在子网的两端，在子网内构成一个“缓冲地带”，两个路由器一个控制 Intranet 数据流，另一个控制 Internet 数据流，Intranet 和 Internet 均可访问屏蔽子网，但禁止它们穿过屏蔽子网通信。可根据需要在屏蔽子网中安装堡垒主机，为内部网络和外部网络的互相访问提供代理服务，但是来自两个网络的访问都必须通过两个包过滤路由器的检查。对于向 Internet 公开的服务器，像 WWW、FTP、Mail 等 Internet 服务器也可安装在屏蔽子网内，这样无论是外部用户，还是内部用户都可访问，这个子网就叫边界网络或非军事区（De-Militarized Zone，DMZ）。

最简单的屏蔽子网有两个屏蔽路由器：一个接外部网与边界网络，另一个连接边界网络与内部网，如图 6-12 所示。这样为了攻进内部网，入侵者必须通过两个屏蔽路由器。

这种结构的防火墙安全性能高，具有很强的抗攻击能力，但需要的设备多，造价高。

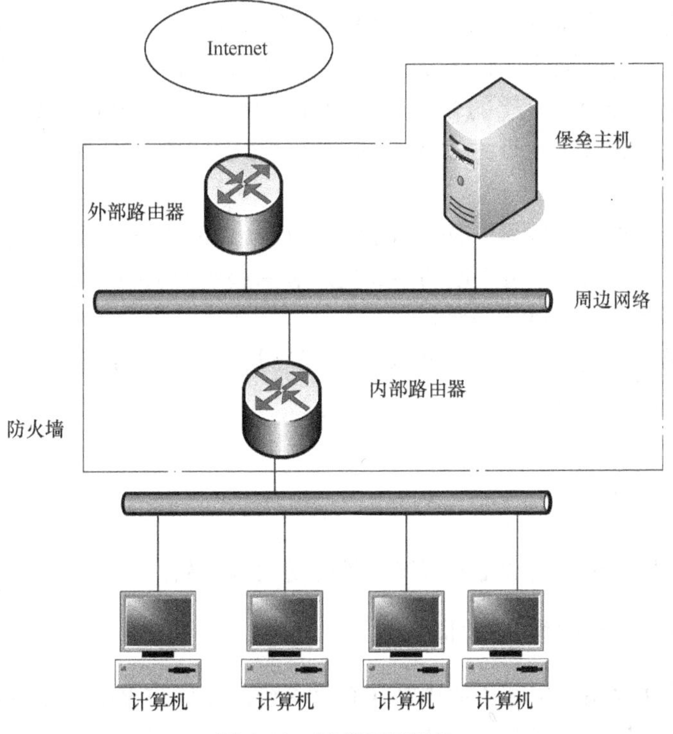

图 6-12　屏蔽子网结构

在实际构造防火墙系统时，一般很少采用单一的技术，通常是使用多种解决不同问题的技术组合。

6.5 防火墙的功能与缺陷

通过前面的介绍，我们知道防火墙一般部署于网络的边界上，能提高整个网络的安全性，这里将防火墙的功能总结如下：

（1）提高网络的安全性　防火墙是一个中心“扼制点”，防止非法用户进入信任网络。

（2）强化网络安全策略　将安全策略配置于防火墙上，与分散于各个主机相比，这种集中式安全管理更经济、有效。

（3）监控、统计内部存取和访问信息　能记录涉及外部网的访问请求，提供网络使用情况的统计数据。

（4）防止内部信息外泄　利用防火墙对内部网络的划分，可实现内部网重点网段的隔离，从而限制了局部重点或敏感安全问题对全局网络造成的影响。

（5）部署 NAT 机制　在防火墙上部署网络地址转换（Network Address Translation，NAT）技术，用来缓解地址空间短缺的问题，也可隐藏内部网络的结构，进一步提高安全性。

需要说明的是，目前商业的防火墙除了具备传统防火墙的功能外，还综合了其他一些网络安全技术，比如数据加密、防病毒以及后面介绍的 IDS 等。以联想网御硬件防火墙 Smart V-T80 的功能为例，它具有访问控制、VPN、入侵检测与防御、内容过滤、网络管理等功能。虽然防火墙是网络安全中极为重要的一个环节，但它也不是万能的，仍有很多问题它无法解决。

（1）不能防范来自内部网络的攻击　内部网络间的信息流根本不经过防火墙，所以防火墙也就无从防起。而据统计，大多数的攻击行为来自内部网，这是防火墙最大的缺陷。

（2）不能防范不经由防火墙的攻击　如果防火墙不是两个网络域之间唯一的出入口，如有的内网中某些机器通过拨号方式接入到互联网中，则防火墙不能防范来自拨号网络的攻击。

（3）不能防范新的安全问题　防火墙是一种被动式的防护手段，它只能对现在已知的网络威胁起作用。随着网络攻击手段的不断更新和一些新的网络应用的出现，不可能依靠防火墙设置来解决不断变化的网络安全问题。

（4）限制了有用的网络服务　防火墙为了提高被保护网络的安全性，限制或关闭了很多有用但存在安全缺陷的网络服务。

6.6 硬件防火墙

本节的内容有助于选择适合企业网络的硬件防火墙产品。

6.6.1 硬件防火墙的重要技术指标

这里说的硬件防火墙是指基于通用操作系统平台的硬件防火墙，而不是芯片级的硬件防火墙，目前市场上应用于企事业单位的大多数硬件防火墙属于这种类型。下面给出硬件防火

墙的主要技术指标。

1. 端口配置

一般的硬件防火墙标配 3 个端口，分别接内网、外网和非军事化区（DMZ），现在一些新的硬件防火墙往往扩展了端口，以便于可以接更多的网络。内网口的安全级别最高，DMZ 次之，外网口的安全级别最低。为了安全起见，硬件防火墙在默认情况下，信息流只能由高安全级别的数据口流向低安全级别的数据口。所以，要想使外网能访问内网或 DMZ，必须在防火墙上做专门的设置才行。

2. 吞吐量

网络中的数据是由一个个数据包组成，防火墙对每个数据包的处理要耗费资源。吞吐量是指在不丢包的情况下单位时间内通过防火墙的数据包数量，即每秒通过的数据包的数量。这是衡量防火墙性能的重要指标。

吞吐量的大小主要由防火墙内网卡以及程序算法的效率决定，尤其是程序算法，会使防火墙系统进行大量运算，通信量大打折扣。因此，大多数防火墙虽声称 100Mbit/s 防火墙，由于其算法依靠软件实现，通信量远远没有达到 100Mbit/s，实际只有 10～20Mbit/s。纯硬件防火墙，由于采用硬件进行运算，因此吞吐量可以达到 90～95Mbit/s，是真正的 100M 防火墙。

3. 延时

延时是指防火墙转发数据包的延迟时间，延时越低，防火墙数据处理速度越快。

4. 丢包率

丢包率是指在正常稳定网络状态下，应该被转发但由于缺少资源而没有被转发的数据包占全部数据包的百分比。较低的丢包率，意味着防火墙在强大的负载压力下，能够稳定地工作，能适应各种网络的复杂应用和较大数据流量对处理性能的高要求。

5. 并发连接数

并发连接数是指防火墙对其业务信息流的处理能力，是防火墙能够同时处理的点对点连接的最大数目，它反映出防火墙设备对多个连接的访问控制能力和连接状态跟踪能力。这个参数的大小直接影响到防火墙所能支持的最大信息点数。

6. 背对背（Back to Back）

背对背是用于衡量网络设备缓冲数据包能力的一个指标，指的是固定长度的数据帧以合法的最小帧间隔在传输媒介上突发一段较短的时间（以太网标准规定最小帧间隔为 96bit/s），一般以帧数多少来表示，背对背帧数越大，缓冲能力就越强。网络上经常有一些应用会产生大量的突发数据包（如 NFS、备份、路由更新等），防火墙强大的缓冲能力可以减小这种突发数据对网络造成拥塞等不良影响。

7. 平均无故障时间

平均无故障时间（Mean Time Between Failure，MTBF）是指防火墙连续无故障正常运行的平均时间。

以下是联想网御硬件防火墙 Power V-340 的产品规格，如图 6-13 所示。表 6-2 为联想网御硬件防火墙 Power V-340 的主

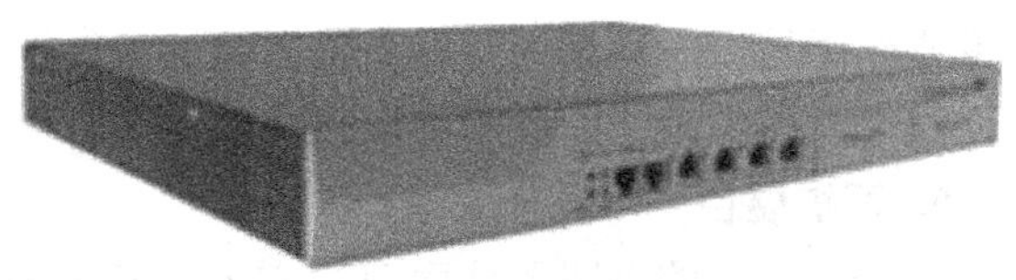

图 6-13　联想网御 Power V-340 外观图

要参数。

表 6-2　联想网御 Power V-340 主要参数

防火墙类型	百兆级防火墙
网络吞吐量	500Mbit/s
并发连接数	600000
VPN 支持	支持
主要功能	动态检测包过滤，支持双向 NAT，全面支持 VLAN，支持复杂动态协议，提供透明网关式应用代理，抗 DoS/DDoS 攻击，IPSec VPN 网关，与 IDS 联动，双机热备和多机集群，流量管理，远程安全管理，安全集中管理，日志管理
用户数限制	无用户数限制
入侵检测	IDS
网络管理	远程管理
端口	4 个 10/100BaseT 口

6.6.2　硬件防火墙的选型

作为一个企业的网络管理员，如何为企业的网络选择合适的防火墙？应该客观地认识到，没有一款防火墙的设计能够适用于所有的环境，因此应根据企业的实际情况来选择合适的防火墙。不过，在选购一款防火墙时大多应考虑以下几个因素。

1. 安全性

防火墙也是网络上的主机之一，也可能存在安全问题，防火墙如果不能确保自身安全，则防火墙的控制功能再强，也终究不能完全保护内部网络。

2. 高效性

一个好的防火墙不但应该具备包括检查、认证、警告、记录的功能，并且能够为使用者可能遇到的困境，事先提出解决方案，如 IP 不足。如何节省公网 IP 的问题，安全通信中信息的加密/解密问题，大企业要求能够通过 Internet 集中管理的问题等，这也是选择防火墙时必须考虑的问题。

3. 配置便利性

配置便利性即防火墙是否支持串口终端管理。如果防火墙没有终端管理方式，就不容易确定故障所在。对国内用户来说，防火墙最好是具有中文界面，既能支持命令行方式管理，又能支持图形用户界面（GUI）和集中式管理。现在很多新出的防火墙还提供了 Web 界面的配置方式，这极大地降低了对管理员的技术要求，并同时提高了配置的效率。

4. 可靠性

对防火墙来说，其可靠性直接影响受控网络的可用性，它在重要行业及关键业务系统中的重要作用是显而易见的。提高防火墙的可靠性通常是在设计中采取各种措施，如提高部件的强健性、增大设计阈值和增加冗余部件等。

5. 可扩展性

对一个好的防火墙系统而言，它的规模和功能应该能够适应网络规模和安全策略的变化，否则，当网络规模和安全策略变化时，可能需要完全抛弃旧的设备而购置全新的设备，

这必然会增加企业的投入成本，并且也造成资源浪费。理想的防火墙系统应该是一个具备较好伸缩能力的模块化解决方案，包括从最基本的包过滤器到带加密功能的 VPN 型包过滤器，直至一个独立的应用网关，使用户有充分的余地构建自己所需要的防火墙体系。目前的防火墙一般标配 3 个网络接口，分别连接外部网、内部网和非军事化区。用户在购买防火墙时必须弄清楚是否可以增加网络接口，因为有些防火墙无法扩展。

6. 合适的性能

防火墙一般部署在网络边界上，也就是说，网络中的所有流量都要经过防火墙的过滤。因此，防火墙极容易造成网络带宽的瓶颈。所以在选购时，一定要考虑吞吐量、安全过滤带宽、延时等相关参数。

7. 其他考虑要素

企业安全政策中往往有些特殊需求（如网络地址转换（NAT）、双重 DNS、病毒扫描、协议的优先级、VPN 等功能）不是每一个防火墙都会提供的，这方面常会成为选择防火墙的考虑因素之一。

此外，防火墙的维护费用也是一个要考虑的问题，一般安全性越高、实现越复杂，设备费用相应也越高，日后的维护费用相对来说也是越高。

6.7　防火墙应用实例

6.7.1　Windows 防火墙

1. Windows 防火墙简介

Windows 防火墙是 Windows 系统自带的一个小巧而有效的软件防火墙，Windows 防火墙将限制从其他计算机主动发送过来的信息，针对那些未经邀请而尝试连接到计算机的用户或程序（包括病毒和蠕虫）提供了一条防御线。

当 Internet 或网络上的某人尝试连接到计算机时，我们将这种尝试称为“未经请求的请求”。当计算机收到未经请求的请求时，Windows 防火墙会阻止该连接。如果运行的程序（如即时消息程序或多人网络游戏）需要从 Internet 或网络接收信息，那么防火墙会询问阻止连接还是取消阻止（允许）连接。如果选择取消阻止连接，Windows 防火墙将创建一个“例外”，这样当该程序日后需要接收信息时，防火墙就自动允许了。

2. Windows 防火墙的应用

Windows 防火墙的应用步骤如下：

1）打开“Windows 防火墙”，先依次单击“开始”菜单，再单击“控制面板”命令，然后双击“Windows 防火墙”，并单击“启用”按钮，如图 6-14 所示。

2）在“例外”选项卡中可以通过添加程序或添加端口的方法增加可以接受传入网络连接的程序或服务，如图 6-15 所示。

3）在“高级”选项卡中可以选择启用防火墙的网络连接、设置安全日志、是否拦截 Ping 探测等，如图 6-16 所示。图 6-17 是 Windows 防火墙生成的一份安全日志。

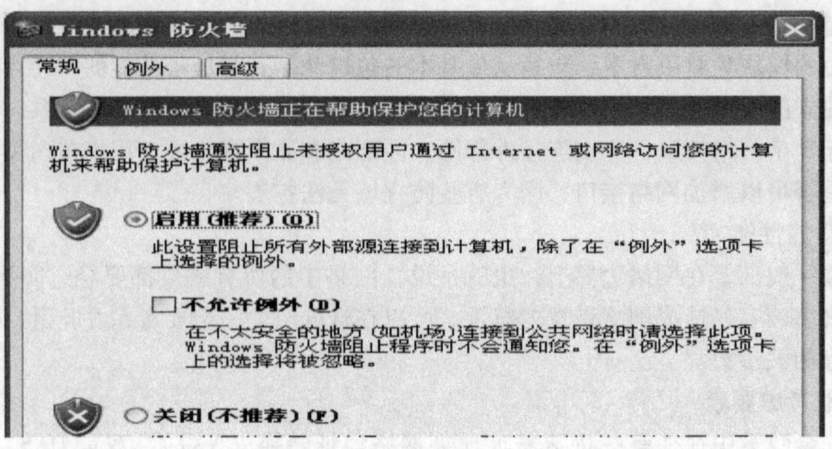

图6-14 启用Windows防火墙

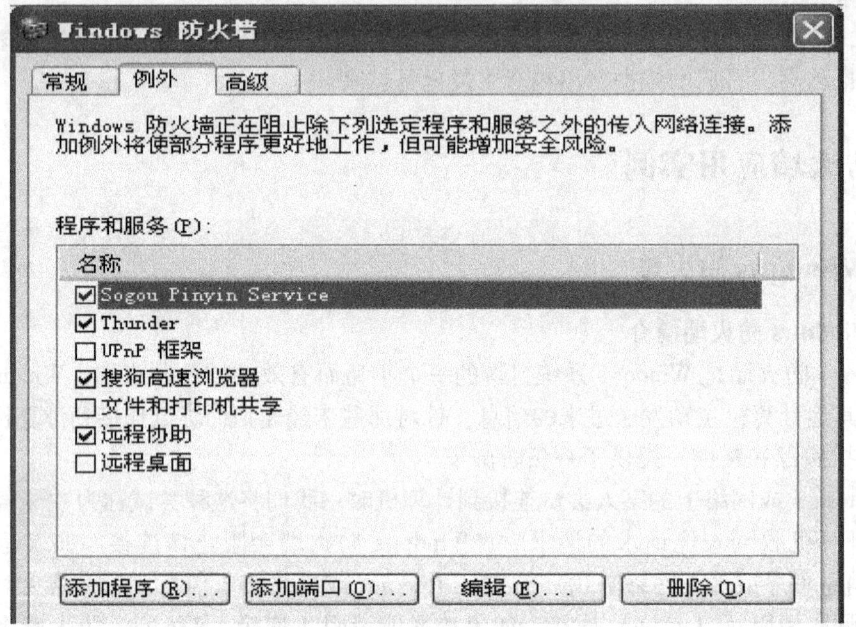

图6-15 “例外”选项卡的设置

3. 具体应用案例

利用Windows防火墙开放Telnet服务。试验过程如下：

1）启用计算机A的Windows防火墙。

2）启用计算机A的Telnet服务。

● 选择“我的电脑”图标按钮并单击鼠标右键，选择“管理”选项，打开“计算机管理”窗口。

● 在“服务和应用程序”对话框中找到“服务”选项。

● 在右部窗口中找到“Telnet”并双击，打开“Telnet属性”对话框，在“启动类型”下拉列表中选择“手动”选项，然后单击“启动”按钮，启动该服务，如图6-18所示。

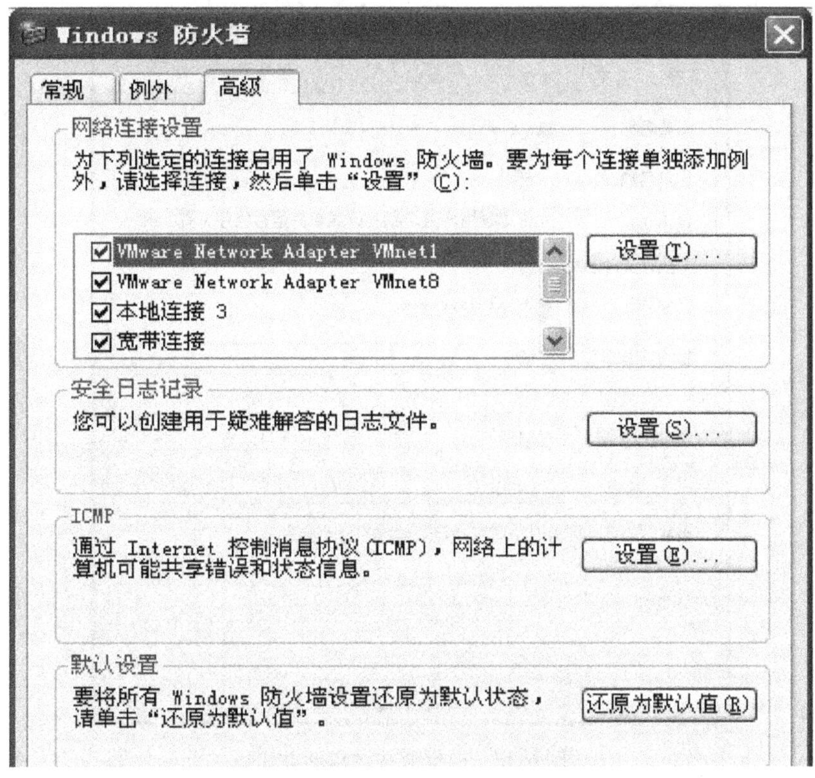

图 6-16　“高级”选项卡的设置

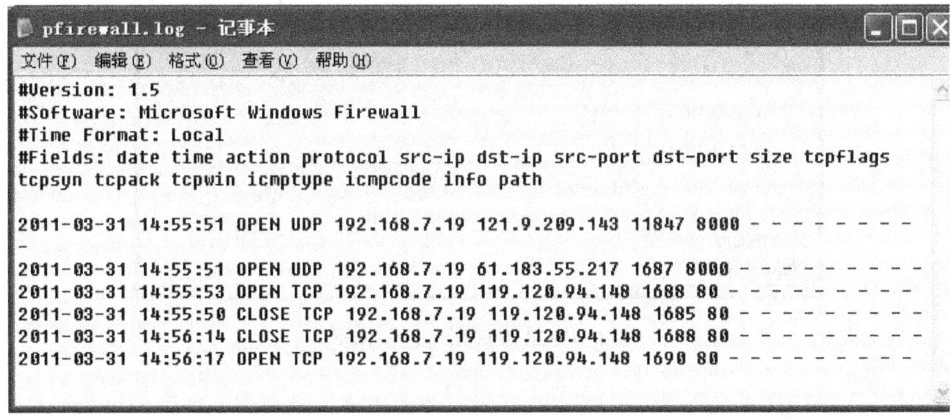

pfirewall.log - 记事本

文件(F)　编辑(E)　格式(O)　查看(V)　帮助(H)

```
#Version: 1.5
#Software: Microsoft Windows Firewall
#Time Format: Local
#Fields: date time action protocol src-ip dst-ip src-port dst-port size tcpflags
tcpsyn tcpack tcpwin icmptype icmpcode info path

2011-03-31 14:55:51 OPEN UDP 192.168.7.19 121.9.209.143 11847 8000 - - - - - - - -
-
2011-03-31 14:55:51 OPEN UDP 192.168.7.19 61.183.55.217 1687 8000 - - - - - - - - -
2011-03-31 14:55:53 OPEN TCP 192.168.7.19 119.120.94.148 1688 80 - - - - - - - - -
2011-03-31 14:55:50 CLOSE TCP 192.168.7.19 119.120.94.148 1685 80 - - - - - - - - -
2011-03-31 14:56:14 CLOSE TCP 192.168.7.19 119.120.94.148 1688 80 - - - - - - - - -
2011-03-31 14:56:17 OPEN TCP 192.168.7.19 119.120.94.148 1690 80 - - - - - - - - -
```

图 6-17　Windows 防火墙生成的安全日志

3）在计算机 B 上命令窗口中输入“telnet A 的 IP”，发现无法登录进去。

4）打开“Windows 防火墙”对话框，选择“例外”选项卡。

5）单击“添加端口”按钮，在其中输入端口名称，如“telnet”和端口号（23），然后单击“确定”按钮，如图 6-19 所示。

6）在计算机 B 中再次输入“telnet　A 的 IP”，提示输入账号和口令，便可成功登录进入计算机 A 了。

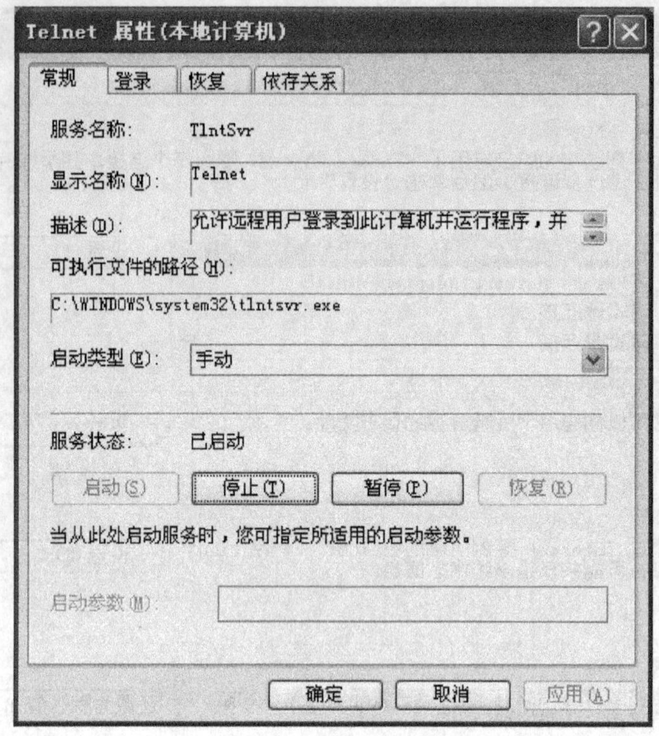

图 6-18 改变服务的启动方式

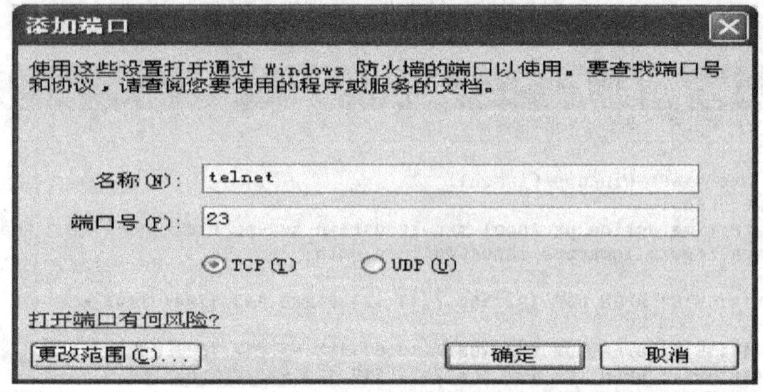

图 6-19 【添加端口】对话框

6.7.2 瑞星个人防火墙

瑞星个人防火墙是一款功能丰富而应用简单的软件防火墙，它可以根据用户的工作模式选择不同的安全级别，还可以参与到“云安全”计划中，与全球瑞星用户组成立体的监测防御体系。

1. 主界面

“瑞星个人防火墙”主界面包含了产品名称、菜单栏、操作按钮、选项卡，以及升级信息等，还显示了当前的安全级别、工作模式、收发的流量情况，以及与网络通信的程序等相关信息，如图 6-20 所示。在该界面上的安全设置主要包括以下内容。

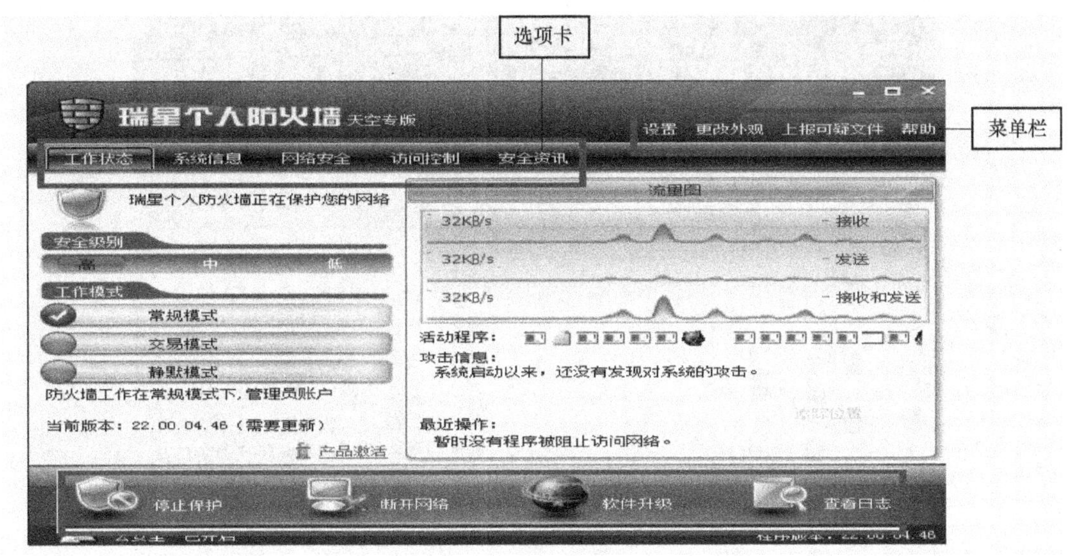

图 6-20　“瑞星个人防火墙”主界面

1）设置高、中、低 3 种系统预设的安全级别，其中高级表示系统直接连接 Internet，除非规则放行，否则全部拦截；中级表示系统在局域网中，默认允许共享，但是禁止一些较危险的端口，低级表示系统在信任的网络中，除非规则禁止的，否则全部放过。

2）切换工作模式，工作模式有 3 种，分别适用于不同的场合。

3）显示日志，此功能可以显示防火墙在发生事件时的日志，可以通过“显示日志”功能了解到相关事件的详细信息并可以对日志进行清除、备份等操作。

4）连接/断开网络，用于逻辑地打开网络连接或断开网络连接。

2. “系统信息”选项卡

“系统信息”选项卡上显示了系统当前运行的所有进程、进程的 ID 号、进程的安全评估结果以及进程对应的应用程序的位置和名称。当发现危险进程时，可以直接在该界面上鼠标右键单击该进程以强行关闭，如图 6-21 所示。

3. “网络安全”选项卡

在“网络安全”选项卡中可以进行计算机的网络安全监控设置，设置监控项目有应用程序、IP 包、特定的网络攻击、恶意网址的拦截等。其中，主要的是应用程序和 IP 包的设置如图 6-22 所示。

4. 具体应用案例

利用瑞星个人防火墙拦截特定主机的 Telnet 请求。

在 6.7.1 案例中，Windows 防火墙要么对所有主机开放 Telnet 服务，要么对所有主机禁止 Telnet 服务，缺乏个性，利用瑞星个人防火墙可能实现对某些主机开放 Telnet 服务，而对另外的一些主机禁止 Telnet 服务。实验过程如下：

1）开启本机的 Telnet 服务。

2）打开瑞星个人防火墙，选择“网络安全”选项卡，选择“IP 规则设置”选项，单击“设置”按钮，打开“IP 规则设置”对话框，单击“增加”按钮，打开规则设置向导，如图 6-23 所示。

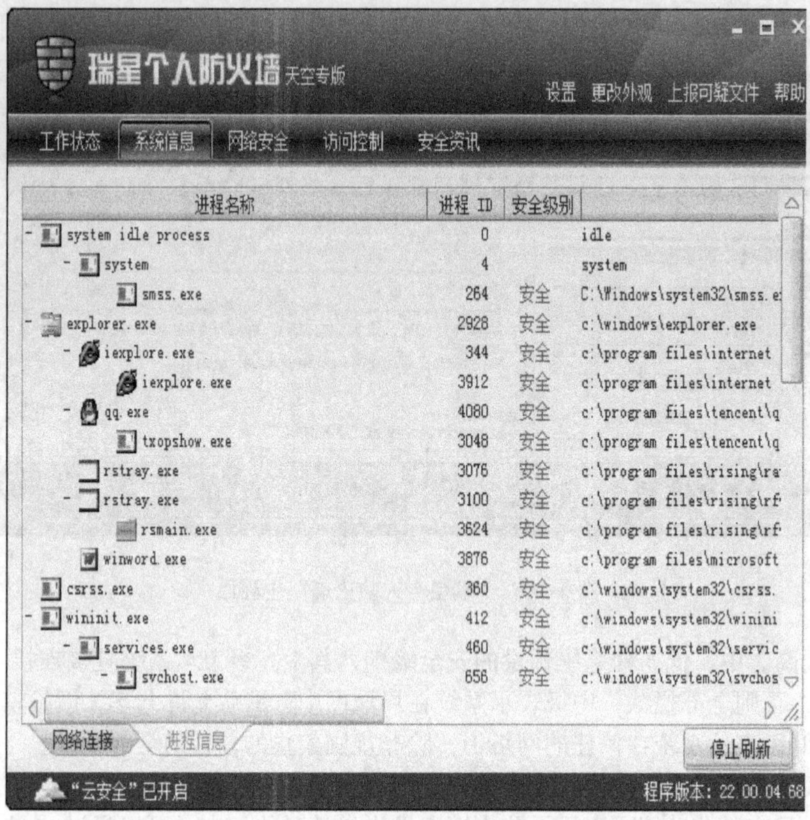

图 6-21 “系统信息”选项卡

图 6-22 “网络安全”选项卡

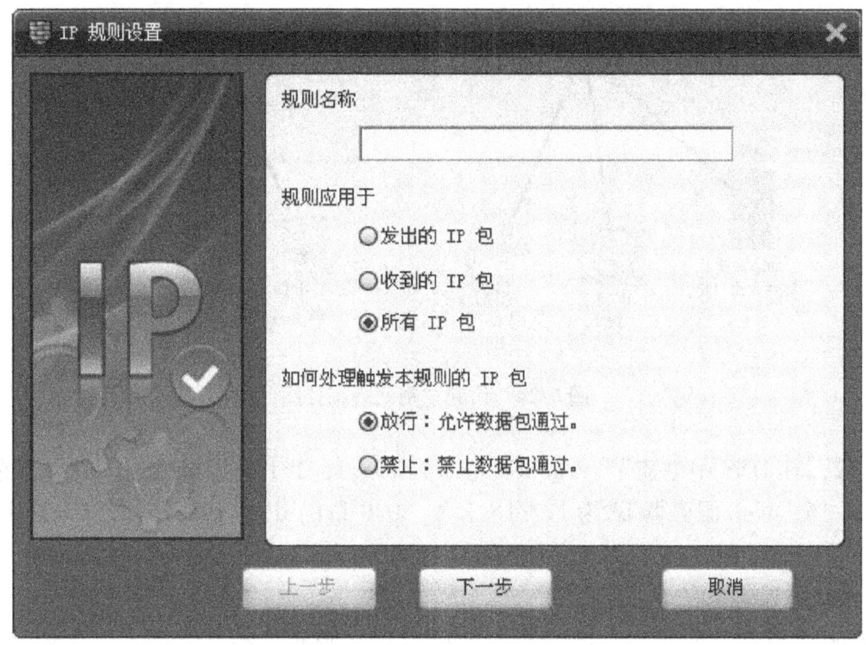

图 6-23　IP 规则界面

3）输入规则名称，如“禁止某些主机 Telnet”，规则应用于所有 IP 包，处理方式选择“禁止”单选按钮，单击“下一步”按钮。

4）设置通信的本地计算机地址为要保护主机的 IP 地址，设置通信的远程计算机地址“指定的地址范围”，并输入应的地址及掩码，单击“下一步”按钮。

5）协议选择“TCP”选项，对方端口选择“任意端口”选项，本地端口选择“指定端口”选项，并输入端口号“23”，单击“下一步”按钮。

6）选择成功匹配后的报警方式，完成操作。

7）将刚刚所产生的规则上移到规则表中的第一条。

8）验证。用 IP 在规则定义的地址范围内的主机 Telnet 本机，登录失败，并能听到报警声；用 IP 在规则定义的地址范围外的主机 Telnet 本机，登录成功。

6.7.3　利用 Packet Tracer 5.3 实现防火墙的包过滤技术

Cisco 的模拟器 Packet Tracer 5.3 是一款功能强大的硬件模拟器，利用其中的路由器可以实现防火墙的绝大多数功能，如访问控制列表、NAT、各种形式的 VPN 技术、认证技术等，在硬件设施不足的情况下，非常适合于学生实验。

实验过程如下。

1. 构造拓扑

在 Packet Tracer 5.3 中构造如图 6-24 所示的拓扑结构，路由器的 f0/0 口接内网区，f0/1 口接外网区。

2. 设备参数的配置

内网区的 IP 段为 192.168.1.0/24，Web 和 DNS 服务器的 IP 分别为 192.168.1.1 和

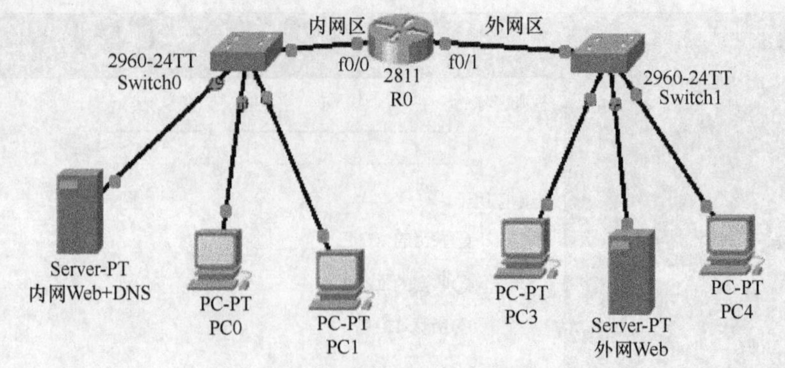

图 6-24 访问控制列表拓扑图

192.168.1.2，在 DNS 中创建了 www.abc.com 到 192.16.1.1 的主机映射。外网区的 IP 段为 172.16.1.0/16，Web 服务器 IP 为 172.16.1.2。f0/0 口的 IP 为 192.168.1.254，为内网的网关，f0/1 口的 IP 为 172.16.1.254，为外网区的网关。

3. 网络状态验证

在完成基本参数的配置后，内外网之间可以毫无限制地相互访问。以下面 4 种方式验证：内网以 IP 的方式访问外网的 Web 服务器，Ping 外网的任何主机，外网用域名的方法访问内网的 Web 服务器，Ping 内网的任何主机。

4. 用访问控制列表限制外网对内网的访问

进入路由器 R0 的配置模式，创建以下 4 个访问控制列表条目，并将访问控制列表 101 绑定到 f0/1 口的入口方向上。

```
access-list 101   permit tcp any host 192.168.1.1 eq www
access-list 101   permit udp any host 192.168.1.1 eq domain
access-list 101   permit tcp any 192.168.1.0 0.0.0.255 established
access-list 101   permit icmp any 192.168.1.0 0.0.0.255   echo-reply
```

第一个条目的作用允许外网访问内网 Web + DNS 服务器的 Web 服务，即 TCP 的 80 端口；第二个条目是允许外网访问内网 Web + DNS 服务器的 DNS 服务，即 UDP 的 53 端口；第三个条目是允许内网利用 TCP 发起的任何对外网的主动访问的应答包能正常返回；第四个条目是允许内网对外网的 Ping 包的应答能返回。

5. 绑定访问控制列表后的网络状态验证

仍然以 4 种方式验证：内网以 IP 的方式访问外网的 Web 服务器，成功；Ping 外网的任何主机，成功；外网用域名的方法访问内网的 Web 服务器，成功；Ping 内网的任何主机，失败。也就是说，内网可以不受限制地访问外网，而外网只能访问内网的 Web 服务和 DNS 服务，从而实现了安全控制。

本章小结

本章主要介绍了有关防火墙的基本内容，对防火墙的基本概念、分类、体系结构做了介绍，通过本章的学习，我们将了解到防火墙但并不能解决所有的安全问题，防火墙只是整个

安全策略的一部分。

【关键概念】

包过滤、应用代理、状态检测、堡垒主机、DMZ、吞吐量、并发连接数、访问控制列表

【课堂讨论】

1. 说说防火墙的功能与原理。

2. 在你的计算机系统中，你用到过防火墙软件吗？根据本章学习的内容谈谈你对防火墙的理解与认识。

复习思考题

一、填空题

1. 防火墙的主要技术有______________、____________、______________。

2. 硬件防火墙的基本参数有________、________、________、________等。

3. 防火墙的体系结构有____________、__________、____________、____________。

4. 包过滤型防火墙工作在网络参考模型（OSI）的第______和第________层。

5. 防火墙是一种__________设备，即对于新的未知的攻击或策略配置有误，防火墙就无能为力了。

6. 从防火墙的实现形式分，防火墙可以分为________防火墙和____________防火墙。

7. 第一代应用网关型防火墙的核心技术是______________。

二、简答题

1. 什么是防火墙？防火墙的功能有哪些？

2. 包过滤防火墙的工作原理是什么？包过滤防火墙的优缺点是什么？

3. 根据代理防火墙的优缺点分析代理服务器的适用性。

4. 说说防火墙系统在整个网络安全体系中的作用。

实践与训练

1. 练习 Windows 防火墙的应用，允许 Ping 命令的传入请求，即响应其他机器 Ping 命令。

2. 练习使用瑞星个人防火墙，实现以下功能：

1）通过 IP 规则进行设置，对特定主机开放 Telnet 服务。

2）设置网站黑名单，屏蔽掉一些有危险的网站。

3）查看瑞星对系统进程的评估，关闭可疑进程。

3. 在 Packet Tracer 5.3 模拟器中用访问控制列表实现包过滤技术。

第 7 章
入侵检测系统

学习目标：

入侵检测是网络安全中的第二道屏障，它弥补了防火墙技术的不足，通过本章的学习，理解入侵检测技术的工作原理及工作过程，掌握入侵检测设备的部署方式及应用。

引例：

有防火墙这道网络安全的大门，确实可以把很多的违法分子拒之门外，但并不表示我们对网络安全的问题就可以高枕无忧了。无论这道大门有多么坚固，总有少数人能想尽各种办法闯进来，同时还要预防监守自盗，这时入侵检测技术就是一个很好的补充。

7.1 入侵检测系统简介

7.1.1 什么是入侵检测系统

入侵检测系统（Intrusion Detection System，IDS）是一种主动保护自己免受攻击的一种网络安全技术，它从计算机网络系统中的若干关键点收集信息，并分析这些信息，从而发现网络系统中是否有违反安全策略的行为和被攻击的迹象，从而提供对内部攻击、外部攻击和误操作的实时保护。作为防火墙的合理补充，入侵检测系统扩展了系统管理员的安全管理能力（包括安全审计、监视、攻击识别和响应），提高了信息安全基础结构的完整性。

用一个非常形象的比喻来形容防火墙技术和入侵检测系统在保护网络安全方面的作用——假如防火墙是一幢大厦的门锁，那么 IDS 就是这幢大厦里的监视系统。一旦小偷进入了大厦，或内部人员有越界行为，实时监视系统能发现情况、发出警告并记录小偷的行为。也就是说，入侵检测系统是防火墙的一个有效的补充，两者互相配合，能有效保护网络系统的安全。

7.1.2 入侵检测系统的发展历史

1980 年，James P. Anderson 写的一份题为《计算机安全威胁监控与监视》的技术报告中指出，审计记录可以用于识别计算机误用，他给威胁进行了分类，第一次详细阐述了入侵

检测的概念，这份报告被公认为是入侵检测的开山之作。

1984 年到 1986 年乔治敦大学的 Dorothy Denning 和 SRI 公司计算机科学实验室的 Peter Neumann 研究出了一个实时入侵检测系统模型——入侵检测专家系统（Intrusion Detection Expert Systems，IDES）。

1990 年，美国加州大学戴维斯分校的 L. T. Heberlein 等人开发出了网络安全监控模块（Network Security Monitor，NSM），该系统第一次直接将网络流作为审计数据来源，因而可以在不将审计数据转换成统一格式的情况下监控各种主机，入侵检测系统发展史翻开了新的一页，两大阵营正式形成：基于网络的 IDS 和基于主机的 IDS。

7.1.3　入侵检测原理与作用

入侵是如何被检测出来的呢？入侵者进行攻击的时候总会留下痕迹，这些痕迹和系统正常运行时产生的数据混在一起。入侵检测系统就是从这些混合数据中找出是否有入侵的痕迹，如果有入侵的痕迹就报警提示有入侵事件发生。

从这个原理来看，入侵检测系统有两个重要部分：数据的取得和数据的检测。不论是用户还是研发者都要明确需要取得的数据是什么？用什么检测技术？可能不同的检测技术对不同的数据有不同的检测效果。入侵检测系统取得的数据一般是系统和网络运行时产生的数据，入侵检测系统研究者的主要工作是研究哪些数据最有可能反映入侵事件的发生和哪些检测技术最适应于这些数据。

从一组数据中检测出入侵事件的数据，实际上就是对一组数据进行分类。如果只是简单地检测出系统是否发生入侵，那么这个过程就是把数据分成两类：有入侵的数据和没有入侵的数据。如果更复杂一点，那就是不但能检测出入侵，还要能说明是什么入侵。这个过程就是把数据分成多个类，其中有一类是没有入侵的数据，其余是不同入侵类型的数据。

入侵检测作为防火墙之后的第二道安全闸门，可实现如下功能：

1）监控和分析用户以及系统的活动。

2）核查系统配置和漏洞。

3）统计分析异常活动。

4）评估关键系统和数据文件的完整性。

5）识别攻击的活动模式并向网管人员报警。

7.1.4　入侵检测系统的体系结构

入侵检测系统至少应该包括 3 个功能模块：提供事件记录流的信息源、发现入侵迹象的分析引擎和基于分析引擎的响应部件。以下介绍参照美国国防部高级计划局（DARPA）提出的公共入侵检测框架（CIDF）的一个入侵检测系统的通用模型，它将入侵检测系统分为 4 个组件：事件收集器、事件分析器、响应单元和事件数据库。它们在入侵检测系统中的位置和相互关系如图 7-1 所示。

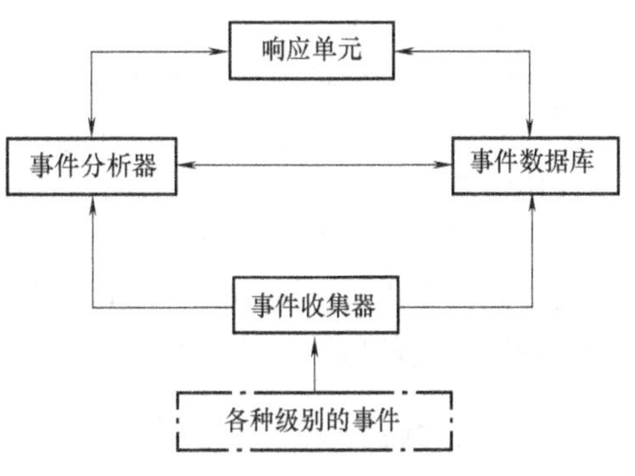

图 7-1　CIDF 入侵检测系统通用模型

CIDF 将需要分析的数据统称为事件，它可以是网络中的数据包，也可以是从系统日志等其他途径得到的信息。入侵检测系统的 4 个组件的作用是：

1）事件收集器用于收集事件的信息。收集的信息将被用来分析以确定是否发生入侵。信息收集器可以被划分成不同级别，通常分为网络级别、主机级别和应用程序级别。对于网络级别，它的处理对象是网络数据包；对于主机级别，它的处理对象一般是系统的审计记录；对于程序级别，它的处理对象一般是程序运行的日志文件。被收集的信息可以送到分析器处理，或者存放在数据库中待处理。

2）事件分析器对由信息源生成的事件作适时分析处理，确定哪些事件与正在发生或者已发生的入侵有关。两个最常用的分析方法是滥用检测和异常检测。事件分析器的结果可以被响应，或者保存在数据库作统计。

3）响应单元就是当入侵事件发生时，系统采取的一系列动作。这些动作常被分为主动响应和被动响应两类。主动响应能自动干涉系统，被动响应给管理员提供信息，再由管理员采取行动。

4）事件数据库保存事件信息，包括正常和入侵事件，数据库还可以用来存储临时处理数据，作为各个组件之间的数据交换中心。

7.2　入侵检测系统的分类

7.2.1　按入侵检测方法的分类

根据检测方法可划分为基于异常检测和基于误用检测两种入侵检测系统类型。

1. 异常检测

异常检测（Anomaly Detection）利用被监控系统正常行为的信息作为检测系统中入侵、异常活动的依据，它首先总结正常操作应该具有的特征（用户轮廓），当用户活动与正常行为有重大偏离时即被认为是入侵。

一般来说，这种检测模型漏报率低，误报率高。因为不需要对每种入侵行为进行定义，所以能有效检测未知的入侵。

2. 误用检测

误用检测（Misuse Detection）是根据已知入侵攻击的信息（知识、模式等）来检测系统中的入侵和攻击，它收集非正常操作的行为特征，建立相关的特征库，当监测的用户或系统行为与库中的记录相匹配时，系统就认为这种行为是入侵。

这种检测模型误报率低、漏报率高。对于已知的攻击，它可以详细、准确地报告出攻击类型，但是对未知攻击效果有限，而且特征库必须不断更新。

误用检测模式的核心是维护一个入侵模式库，对于已知的攻击，它可以详细、准确地报告出攻击类型，但是对未知攻击却效果有限，而且入侵模式库必须不断更新。异常检测模式则无法准确判别出攻击的手法，但它可以判别更广泛、甚至未发觉的攻击。理想情况下，两者相应的结合会使检测达到更好的效果。

7.2.2　按照数据来源划分类

根据数据来源的不同可分为：基于主机的入侵检测系统和基于网络的入侵检测系统。前

者适用于主机环境，而后者适用于网络环境，此外还可以将两者结合使用。

1. 基于主机的入侵检测系统

基于主机的入侵检测系统（Host-Based IDS）的检测范围小，只限于一台主机，主要用于保护运行关键应用的服务器。它一般通过监视与分析主机的审计记录和日志文件来检测入侵，日志中将包含发生在系统上的不寻常和不期望活动的证据，所以通过查看日志文件，能够发现成功的入侵或入侵企图，检测系统就将向管理员发出入侵报警并且启动相应的应急响应程序。

2. 基于网络的入侵检测系统

基于网络的入侵检测系统（Network-Based IDS）主要用于实时监控网络关键路径的信息，一般利用一个网络适配器来实时监视和分析所有通过的数据包，一旦检测到攻击，应答模块通过通知、报警以及中断连接等方式来对攻击作出反应。

基于主机的入侵检测系统使用系统日志作为检测依据，因此它们在确定攻击是否已经取得成功时与基于网络的入侵检测系统相比具有更大的准确性，它可以精确地判断入侵事件，并可对入侵事件立即进行反应，还可针对不同操作系统的特点判断应用层的入侵事件，并且不需要额外的硬件。其缺点是会占用主机资源，在服务器上产生额外的负载，而且缺乏跨平台支持，可移植性差，因而应用范围受到限制。

基于网络的入侵检测系统的主要优点有：可移植性强，不依赖主机的操作系统作为检测资源，能实时检测和应答，一旦发生恶意访问或攻击，基于网络的IDS检测可以随时发现它们，因此能够更快地作出反应，监视力度更细致；攻击者转移证据很困难，能够检测未成功的攻击企图。但是，与基于主机的入侵检测系统相比，它只能监视经过本网段的活动，精确度不高；在高层信息的获取上更为困难，在实现技术上更为复杂等。

综上所述，基于主机的模型与基于网络的模型具有互补性。基于主机的模型能够更加精确地监视系统中的各种活动；而基于网络的模型能够客观地反映网络活动，特别是能够监视到系统审计，人们完全可以使用基于网络的IDS提供早期报警，而使用基于主机的IDS来验证攻击是否取得成功，一个真正有效的入侵检测系统应该是基于主机和基于网络的混合。

7.3 商业入侵检测系统介绍

7.3.1 入侵检测系统的性能指标

硬件网络入侵检测系统的指标主要包括准确性指标、效率指标和系统指标。

1. 准确性指标

准确性指标主要包括3个指标，即检测率、误报率和漏报率。

1）检测率是指被监视网络在受到入侵攻击时，系统能够正确报警的概率。通常利用已知入侵攻击的实验数据集合来测试系统的检测率。检测率=入侵报警的数量/入侵攻击的数量。

2）误报率是指系统把正常行为作为入侵攻击而进行报警的概率和把一种众所周知的攻击错误报告为另一种攻击的概率。误报率=错误报警数量/（总体正常行为样本数量+总体攻击样本数量）。

3）漏报率是指被检测网络受到入侵攻击时，系统不能正确报警的概率。通常利用已知入侵攻击的实验数据集合来测试系统的漏报率。漏报率＝不能报警的数量/入侵攻击的数量。

2. 效率指标

效率指标根据用户系统的实际需求，以保证检测质量为准；同时取决于不同的设备级别，如百兆网络入侵检测系统和千兆网络入侵检测系统的效率指标一定有很大差别。效率指标主要包括最大处理能力、每秒并发 TCP 会话数、最大并发 TCP 会话数等。

1）最大处理能力是指网络入侵检测系统在检测率下系统没有漏警的最大处理能力，目的是验证系统在检测率下能够正常报警的最大流量。

2）每秒并发 TCP 会话数是指网络入侵检测系统每秒最大可增加的 TCP 连接数。

3）最大并发 TCP 会话数是指网络入侵检测系统最大可同时支持的 TCP 连接数。

3. 系统指标

系统指标主要表征系统本身运行的稳定性和使用的方便性，系统指标主要包括最大规则数和平均无故障间隔等。

1）最大规则数。系统允许配置的入侵检测规则条目的最大数目。

2）平均无故障间隔。系统无故障连续工作的时间。

其他系统指标还有如每秒数据流量（Mbit/s 或 Gbit/s）、每秒抓包数（p/s）、每秒能监控的网络连接数、每秒能够处理的事件数等。

由于网络入侵检测系统是软件与硬件的组合，故性能指标同样取决于软硬件两方面的因素。软件因素主要包括数据重组效率、入侵分析算法、行为特征库等；硬件因素主要包括 CPU 处理能力、内存大小、网卡质量等。因此，在考虑性能指标时一定要结合网络入侵检测系统的软件和硬件情况。另外，由于网络安全的要求在提高，黑客攻击技术、漏洞发现技术和入侵检测技术在发展，网络入侵检测系统的升级管理功能也是重要的指标之一。用户应当可以及时获得升级的入侵特征库或升级的软件版本，保证网络入侵检测系统的有效性。

7.3.2　几款商业入侵检测系统

1. 联想网御 IDS

联想网御 IDS 是基于分布式入侵检测系统架构，采用联想网御统一安全引擎（Uniform Security Engine，USE），综合使用会话状态检测、应用层协议完全解析、误用检测、异常检测、内容恢复、网络审计等入侵分析与检测技术，全面监视和分析网络的通信状况。在入侵监控的基础上，遵循计算机安全控制（CSC）关联安全标准，可主动发包或与多种第三方安全设备联动来自动切断入侵会话，实现实时有效防护，为网络创建了全面纵深的安全防御体系。

其核心技术是统一安全引擎和统一管理模式。图 7-2 是联想网御 IDS N5200 的外观图。

2. 天融信网络卫士入侵检测系统 TopSentry

它采用多重检测、多层加速、安全套接层（SSL）加密访问检测等多项安全技术，致力于降低 IDS 的误报率、漏报率，提高 IDS 的分析能力，达到线速的包捕获率，并加强 IDS 对蠕虫攻击以及隐含在加密数据流中攻击的检测能力。其中，多重检测技术包括误用检测、异常检测、智能协议分析、会话状态分析、实时关联检测等多种检测技术；多层加速技术包括专用的高速硬件平台、底层抓包加速引擎、双网卡分流技术、多线程分散式重组引擎、流定

位及状态型的协议分析技术、智能模式匹配算法等。图7-3是天融信网络卫士入侵检测系统TopSentry的外观图。

图7-2 联想网御 IDS N5200

图7-3 天融信网络卫士入侵检测系统 TopSentry

3. 中联绿盟冰之眼入侵检测系统

绿盟科技的冰之眼网络入侵检测系统NIDS100-P由网络探测器、内网探测器、SSL加密传输通道、中央控制台、日志分析系统、SQL日志数据库系统及绿盟科技中央升级站点几部分组成。能够准确地对入侵行为进行识别，并采取有效措施进行防护和干预。冰之眼网络入侵检测系统加强了对内网行为（内网拨号、IP-MAC对应关系改变、主机是否在线等发生在企业内网中的特定事件）的有效监控和跟踪，能够很好地帮助网络管理者发现和跟踪内网异常，确保对内网安全事件进行有效的监控管理。图7-4是冰之眼网络入侵检测系统NIDS100-P的外观图。

4. 东软 NetEye IDS

东软NetEye IDS 2100-FE2利用数据包截取技术对网络进行不间断的监控，扩大网络防御的纵深，同时采用基于网络数据流实时智能分析技术判断来自网络内部和外部的入侵企图，进行报警、响应和防范。它是防火墙之后的第二道安全闸门，同时具备网络信息审计功能，可对网络的运行、使用情况进行全面的监控、记录、审计和重放，使用户对网络的运行状况一目了然。并且它提供网络嗅探器和扫描器用于分析网络的问题，定位网络的故障。不但保障网络的安全，同时保障网络的健康运行。NetEye入侵检测系统可对自身的数据库进行自动维护，不需要用户的干预。学习和使用极其简易，不对网络的正常运行造成任何干扰，是完整的网络审计、监测、分析和管理系统。NetEye入侵检测系统可与防火墙联动，自动配置防火墙策略，配合防火墙系统使用，可以全面保障网络的安全，组成完整的网络安全解决方案。图7-5是东软NetEye IDS 2100-FE2的外观。

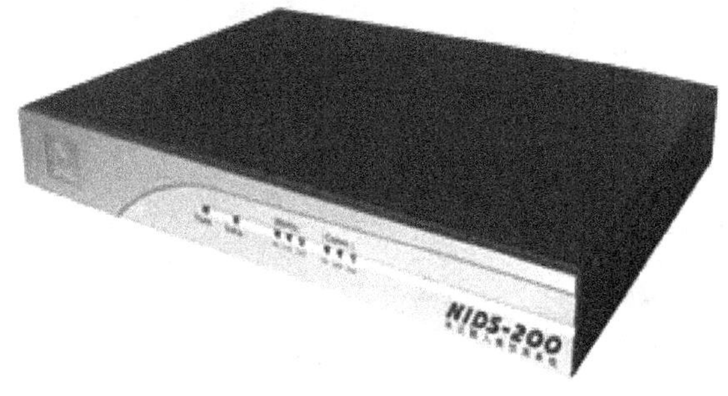

图7-4 中联绿盟冰之眼入侵检测系统 NIDS100-P

图7-5 东软 NetEye IDS 2100-FE2

5. Snort

Snort 是一个基于 GPL 的软件入侵检测系统。它具有实时数据流量分析和日志 IP 网络数据包的能力，能够进行协议分析，对内容进行搜索和匹配。可以完成实时流量分析和对网络上的 IP 包登录进行测试等功能，能完成协议分析，内容查找/匹配，能用来探测多种攻击和嗅探（如缓冲区溢出、秘密断口扫描、CGI 攻击、SMB 嗅探、指纹采集尝试等）。此外，Snort 具有很好的扩展性和可移植性，是受资金困扰的小型企业部署入侵检测系统的不错选择。

7.4 入侵检测系统的部署

软件入侵检测系统一般是直接安装于要保护的主机上，对具体的主机进行保护，这里所说的入侵检测系统的部署主要是指硬件网络入侵检测系统的部署。

在学习具体的部署之前我们先要来了解一下硬件网络入侵检测系统的构成。一个硬件网络入侵检测系统主要由两部分构成：一是入侵检测引擎，也叫传感器；二是管理控制台。

防火墙一般是串接在所有流量经过的链路上，对所有流量进行监测、过滤。与防火墙不同的是，IDS 入侵检测系统是一个旁路监听设备，没有也不需要跨接在任何链路上，无需网络流量流经它便可以工作。因此，对 IDS 的部署的唯一要求是：IDS 应当并联挂接在所关注的流量必须流经的链路上，将这些被关注流量复制一个副本，送入入侵检测系统即可，它对网络流量没有任何影响，不会占用带宽或造成拥塞，对入侵者甚至是透明的。在这里，“所关注流量”指的是来自高危网络区域的访问流量和需要进行统计、监视的网络报文。

IDS 在交换式网络中的位置一般选择为：尽可能靠近攻击源、尽可能靠近受保护资源。这些位置通常是：

1）服务器区域的交换机。如图 7-6 所示部署四的位置，用于统计、监视进出服务器区域的流量，对服务器区进行保护。

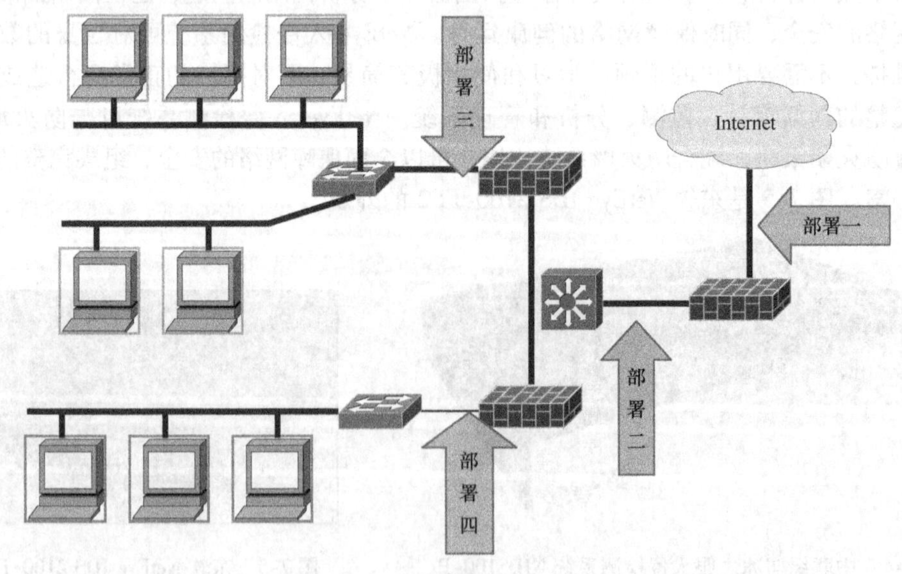

图 7-6 入侵检测部署位置图

2）Internet 接入路由器之后的第一台交换机。如图 7-6 所示的部署一的位置和部署二的位置，用于统计、监视进出整个内网区域的流量，对内网区域进行保护；部署一和部署二的区别在于是否对防火墙的入侵行为进行监控。

3）重点保护网段的局域网交换机。如图 7-6 所示的部署三的位置，用于统计、监视进出重点网段的流量，对重点网段进行保护。

现在有一个问题就是，在交换式网络中，交换机并不会自动将一个端口的流量复制到另一个端口中去，这就导致入侵检测系统的传感器无法获得要被保护区域流量的副本。解决这一问题的方法有以下两个。

第一种方法是在交换机与被保护区域和入侵检测的传感器间接一台集线器，如图 7-7 所示。

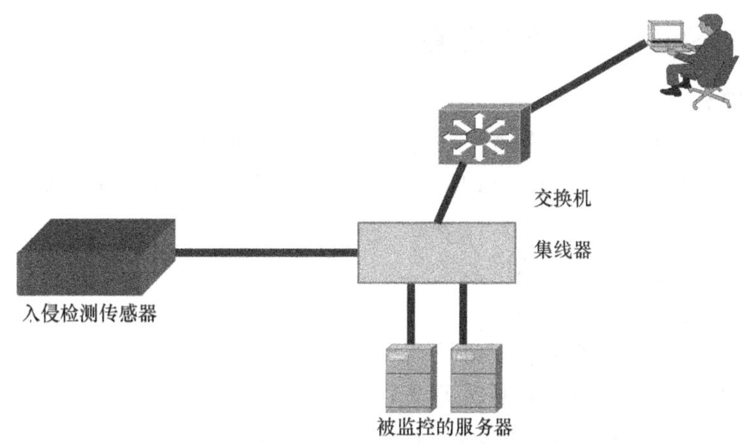

图 7-7　用集线器解决数据流共享

在图 7-7 中，因为用集线器连接的网络是一个共享式网络，发往一个端口的流量会自动地复制到其他端口，从而实现流量监控。

这种方式的部署连接简单，不需要额外的设置，对管理员的要求降低了，缺点是共享式集线器的加入使得网络效率下降了，并且因为是共享式网络，导致网络的安全性降低了。

第二种方法是在交换机设置端口镜像功能，将接被保护区域的端口流量镜像到入侵检测的传感器所接端口上，如图 7-8 所示。

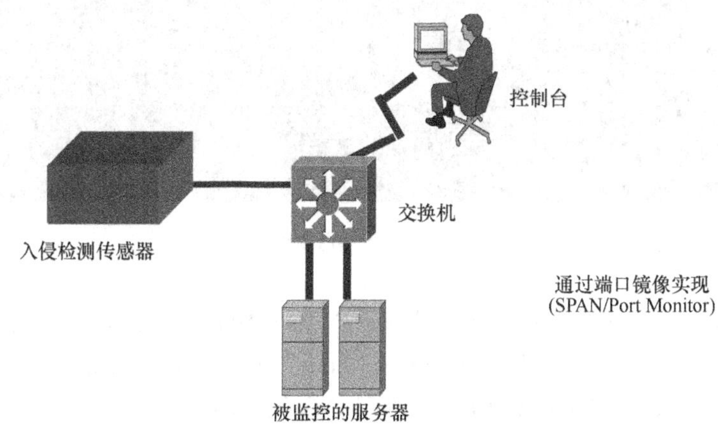

图 7-8　用交换机端口镜像解决数据流共享

在图 7-8 中，将被监控的服务器端口的流量镜像到 IDS Sensor（即入侵检测系统的传感器部分）所在的端口，在该端口便获得了被监控端口的流量副本。不同的交换机产品作端口镜像的命令可能不一样，但基本原理是一样，具体交换机端口镜像的方法可以查询相应的用户手册获得。

这种方式的优点是网络的效率不受任何影响，并且网络的安全性较高，但要求管理员能配置交换机的端口镜像功能。

7.5 入侵检测系统应用实例

7.5.1 利用 Netstat 命令揪出幕后黑手

1. Netstat 简介

Netstat 可以说是操作系统自带的一个简洁而功能强大的入侵检测工具，它的基本作用是显示当前系统所开放的端口，而端口是黑客入侵所必须经过的通道。该命令的几个常用参数。

- -a：显示所有连接和监听端口。
- -b：显示打开端口的进程名。
- -n：以数字形式显示地址和端口号。
- -o：显示与每个连接相关的所属进程 ID。
- -p proto：显示 proto 指定的协议的连接，如 TCP、UDP 等。

2. 实验过程

1）运行“netstat -an”命令，命令的执行结果如图 7-9 所示，显示的是当前系统所有开入的端口及端口状态。

Proto	Local Address	Foreign Address	State
TCP	0.0.0.0:135	0.0.0.0:0	LISTENING
TCP	0.0.0.0:445	0.0.0.0:0	LISTENING
TCP	0.0.0.0:1483	0.0.0.0:0	LISTENING
TCP	127.0.0.1:1025	0.0.0.0:0	LISTENING
TCP	127.0.0.1:1051	127.0.0.1:1483	CLOSE_WAIT
TCP	127.0.0.1:3297	127.0.0.1:3342	CLOSE_WAIT
TCP	192.168.7.19:2549	210.51.4.212:80	FIN_WAIT_2
TCP	192.168.48.1:139	0.0.0.0:0	LISTENING
TCP	192.168.127.1:139	0.0.0.0:0	LISTENING
UDP	0.0.0.0:445	*:*	
UDP	0.0.0.0:500	*:*	
UDP	0.0.0.0:1053	*:*	
UDP	0.0.0.0:1190	*:*	
UDP	0.0.0.0:1191	*:*	
UDP	0.0.0.0:1194	*:*	

图 7-9 正常的端口开放情况

其中，“Proto”列代表连接所使用的协议；“Local Address”列代表本地地址及端口号；“Foreign Address”列代表远程地址及端口号；“State”列代表端口目前的状态，比较常见的状态值有 LISTENING 和 ESTABLISHED。LISTENING 代表端口正在监听远程的连接，ESTABLISHED 代表端口已与远程连接，处于数据传输状态。

2）当系统被冰河木马入侵时，用“netstat -an”命令的显示结果如图 7-10 所示。注意图中标出的部分，说明本机的 7626 端口被打开，目前处于监听状态，而 7626 正是冰河木马与远程连接所用的端口号。

```
:\Documents and Settings\Administrator>netstat -an

ctive Connections

  Proto  Local Address          Foreign Address        State
  TCP    0.0.0.0:135            0.0.0.0:0              LISTENING
  TCP    0.0.0.0:445            0.0.0.0:0              LISTENING
  TCP    0.0.0.0:1483           0.0.0.0:0              LISTENING
  TCP    0.0.0.0:7626           0.0.0.0:0              LISTENING
  TCP    127.0.0.1:1025         0.0.0.0:0              LISTENING
  TCP    127.0.0.1:3297         127.0.0.1:3342         CLOSE_WAIT
  TCP    192.168.7.19:2549      210.51.4.212:80        FIN_WAIT_2
```

图 7-10　中木马后的端口开放情况

3）如想看到打开 7626 端口的具体进程名，还可用“netstat -ab”命令实现，如图 7-11 所示。注意图中标出的部分，可以看到打开 7626 端口的进程名为 Kernel32. exe，这正是冰河木马的服务器主程序。

```
TCP    PC-201010281516:microsoft-ds  PC-201010281516:0      LISTENING
[System]

TCP    PC-201010281516:1483    PC-201010281516:0      LISTENING       2856
[RavMonD.exe]

TCP    PC-201010281516:7626    PC-201010281516:0      LISTENING       3944
[Kernel32.exe]

TCP    PC-201010281516:1025    PC-201010281516:0      LISTENING       1380
[alg.exe]
```

图 7-11　木马进程的显示

4）下面的工作便是断开网络，查杀木马了。

7.5.2　入侵检测软件 BlackIce 的应用

1. BlackIce 简介

BlackIce 是一个小型的入侵检测工具，可以识别黑客常用的入侵技巧，提供网络检测以及系统防护功能。它能及时监测网络端口和协议，拦截所有可疑的网络入侵，还可以查明那些试图入侵者的详细信息并记录下来。该软件占用系统资源少，同时简单易用，非常适合应用于中小企业以及学校的服务器安全防护。BlackIce 在计算机上安全完毕后，会在操作系统的状态栏显示一个图标，当有异常网络情况时，图标就会跳动。主界面如图 7-12 所示。

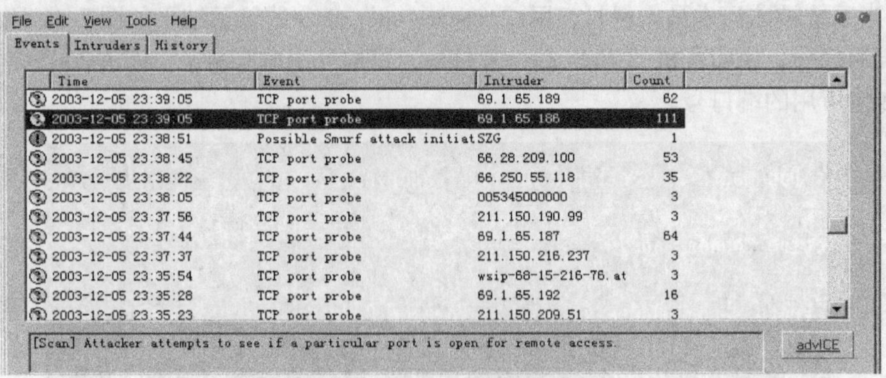

图 7-12 入侵检测主界面

2. BlackIce 的应用

下面主要介绍 BlackIce 中各个选项卡的作用。

1）图 7-12 主界面的“Events”选项卡记录着近期防火墙的访问情况及所发生的事件。每个事件按严重程度分为绿、黄、橙、红四级，分别代表着安全、可疑、很可疑和危急。

2）根据“Events”选项卡记录判断，如果确信某人对服务器图谋不轨，则可以双击事件名称，进入“Intruders”选项卡，如图 7-13 所示。此处记录了攻击者的 NetBIOS 名、DNS 名、目前所使用的 IP 地址、计算机名甚至网卡 MAC 地址。可以在入侵者名单上单击鼠标右键，选择“Block Intruder”和“Forever”选项卡，永久性拦截此入侵者对服务器的访问。

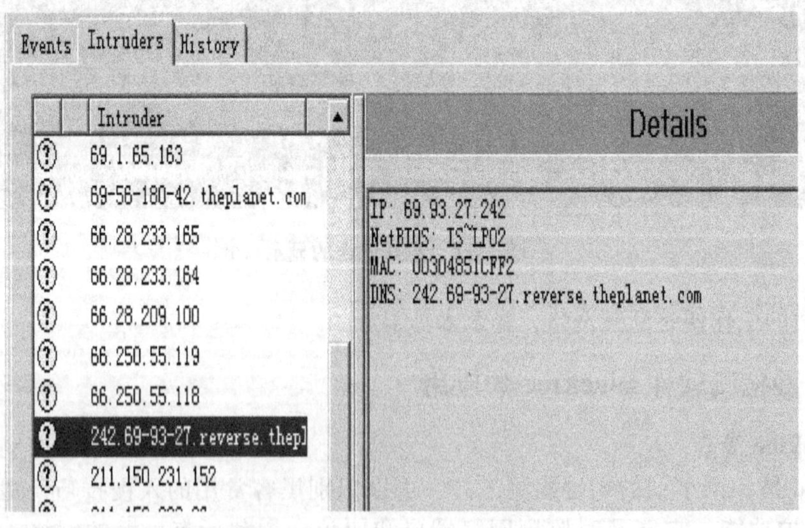

图 7-13 “Intruders”选项卡

3）“History”选项卡用记录图的方式直观地表现一段时间内服务器接收数据的情况，特别是对有疑点的流量的展示可以让用户对服务器近期的安全状况了然于胸，如图 7-14 所示。

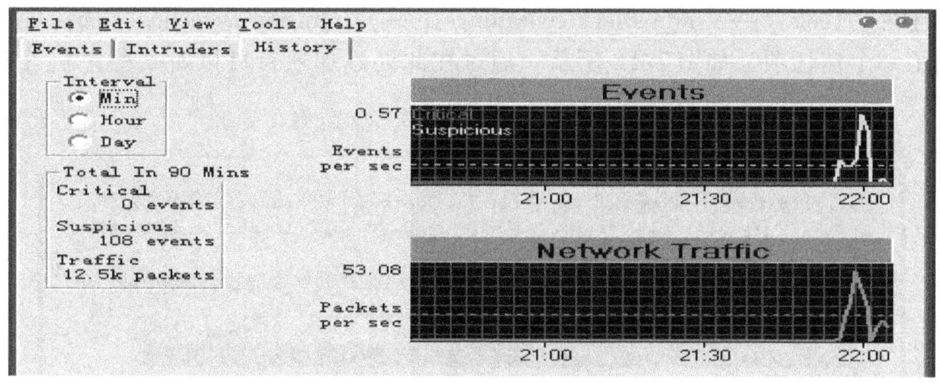

图7-14　“History”选项卡

3. BlackIce 的设置

通过对 BlackIce 的设置实现对特定主机的 Telnet 访问的准入。

1）默认设置下，当用另一台计算机企图远程登录到本机时，BlackIce 任务栏中的图标不断闪烁，并出现如图 7-15 所示的提示。并且登录主机出现如图 7-16 所示情况，无法登录。

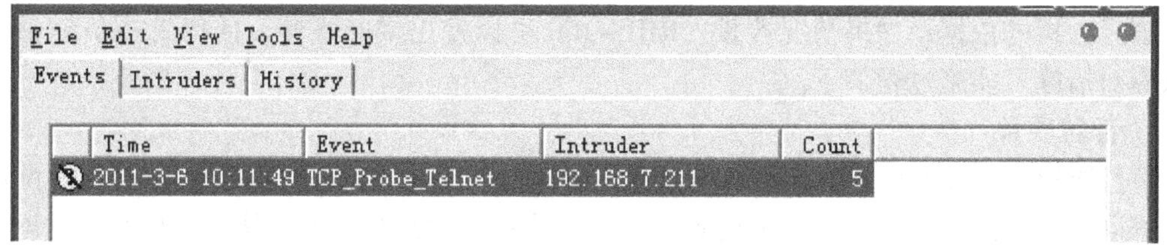

图7-15　发现来自 192.168.7.211 对 Telnet 服务的 TCP 探测

```
[root@chen root]# telnet 192.168.7.19
Trying 192.168.7.19...


telnet: connect to address 192.168.7.19: Connection timed out
[root@chen root]#
```

图7-16　无法远程登录

2）选择上一步产生的入侵者，单击鼠标右键，选择“Trust Intruder”→“Trust and Accept”选项，再用另一台计算机 Telnet，则能登录进入本机，如图 7-17 所示。

```
[root@chen root]# telnet 192.168.7.19
Trying 192.168.7.19...
Connected to 192.168.7.19.
Escape character is '^]'.
Welcome to Microsoft Telnet Service

login: administrator
password:

*===============================================================
Welcome to Microsoft Telnet Server.
*===============================================================
C:\Documents and Settings\Administrator>
```

图7-17　成功远程登录

并且在“Tools”→“Edit BlackIce Settings”→“Intrusion Detection”选项中可以看到增加了一个信任项，如图7-18所示。通过在此处添加项目可以对某些主机开放某些服务。

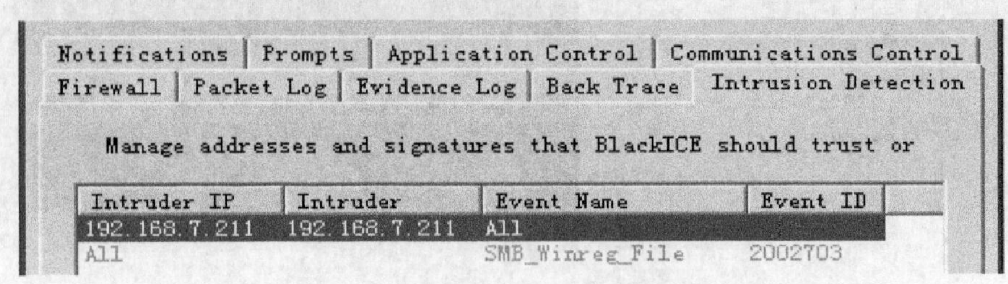

图7-18 对192.168.7.211表示信任

7.5.3 瑞星RIDS-100硬件入侵检测系统的部署

瑞星RIDS-100入侵检测系统集入侵检测、网络管理和网络监视功能于一身，它能实时捕获内外网之间传输的所有数据，利用内置的攻击特征库，通过使用模式匹配和统计分析的方法，可以检测出网络上发生的入侵行为和异常现象，并在数据库中记录有关事件，作为管理员事后分析的依据；如果情况严重，RIDS-100可以发出实时报警，使得管理员能够及时采取应对措施。实施过程如下。

1. 部署硬件

将监听口用以太网线通过集线器并连到防火墙上，这样所有外网发往DMZ和内网的数据包都同时通过共享式的集线器发送到了入侵检测引擎的监听口上，从而实现对保护网络的数据监听功能，这种部署方式保护的是整个内网和DMZ。将管理口用以太网线连接到内网，以使内网用户可以运行“主控台管理软件”访问入侵检测引擎，实现各种配置和管理功能。

这种部署方式即前面7.4节中讲到的第一种部署方式，用集线器来解决数据流的共享，如图7-19所示。

2. 主控台管理软件的安装

主控台管理软件安装在内网的管理员主机（Windows 2000/NT操作系统）上，用于对网络检测引擎进行配置管理和查看检测到的信息，软件位于RIDS-100为用户提供一张光盘中。

3. 系统启动与登录

将入侵检测引擎正确地接入到网络中以后，打开电源，检测引擎即开始工作。用户随后可以通过“管理控制台主程序”登录到入侵检测引擎（登录时要插入相应的电子钥匙到USB口上，并输入管理口IP地址、用户名和口令3个参数。管理口的IP地址标识在检测引擎的外壳上，第一次登录引擎时，可以使用默认的用户名admin1和admin2，口令分别为admin1和admin2，分别对应两把电子钥匙）。

4. 基本配置

登录完成后在管理控制台主程序中对入侵检测进行必要的设置。

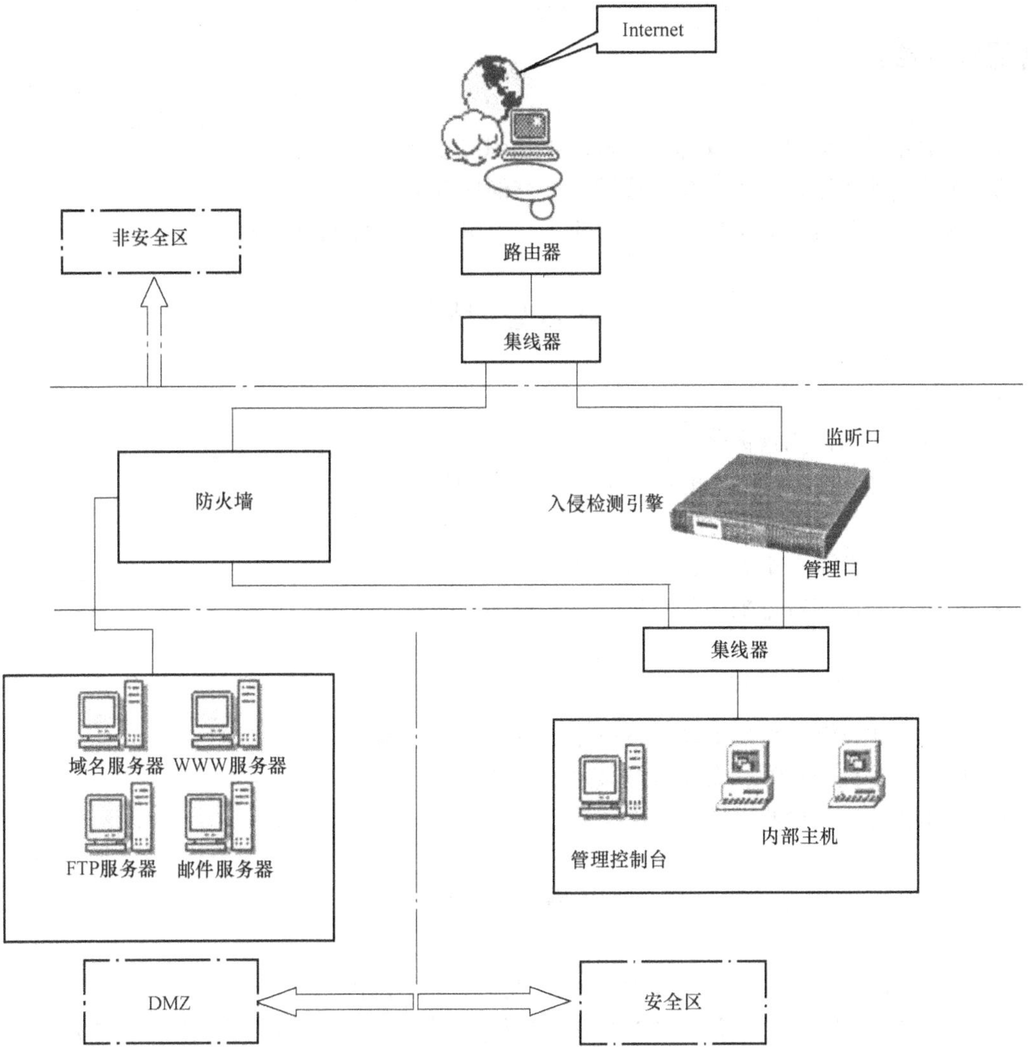

Internet

非安全区

路由器

集线器

防火墙

监听口

入侵检测引擎

管理口

集线器

域名服务器　WWW服务器

FTP服务器　邮件服务器

管理控制台

内部主机

DMZ

安全区

图 7-19　入侵检测的硬件部署图

本 章 小 结

本章主要介绍了有关入侵检测的基本内容，对入侵检测的基本概念、技术分类、结构模型、部署方式等做了介绍，并介绍了一些入侵检测软件的具体应用，介绍了具体硬件入侵检测系统的部署。通过这一章的学习，我们将了解到入侵检测在网络安全体系中重要的一环，是防火墙系统的重要补充。

【关键概念】

入侵检测、误用检测、异常检测、混杂模式、控制台、传感器、主机代理、流量镜像。

【课堂讨论】

1. 在学习该课程前，你有哪些入侵防护知识和技术？
2. 你曾经遭遇过黑客入侵吗？描述一下当时的现象。
3. 学完该课程后，对于你的个人主机，你有哪些防入侵的措施？

复习思考题

一、填空题

1. 入侵检测的性能指标分为__________、__________、__________。
2. CIDF 模型中，入侵检测系统的主要组件包括__________、__________、__________、__________。
3. 按照入侵检测分析方法，可以分为__________、__________。
4. 按照入侵检测数据来源的不同，可以分为__________、__________。

二、简答题

1. 什么叫入侵检测系统？其作用是什么？
2. 简单描述一下入侵检测系统的基本结构及工作过程。
3. 比较异常检测技术和误用检测技术的优势和不足。
4. 简述硬件入侵检测系统的部署过程。

实践与训练

1. 练习使用 Netstat 命令，并能用命令发现系统中的入侵软件。
2. 练习使用 BlackIce，按照文中步骤发现入侵企图，永久拦截入侵或接受正常的访问。
3. 练习硬件入侵检测系统的部署、安装及简单设置。

第8章 操作系统安全

学习目标：

通过学习，要求学生掌握操作系统的功能与类型、Windows 2000 的安全技术与安全策略，如账户与口令的安全管理策略、资源审核与日志安全策略等，以及在 Windows 2000 下如何架设相对安全的 Web、FTP。

引例：

操作系统是计算机系统的灵魂，主要用来管理计算机资源、控制整个系统的运行，操作系统直接与硬件打交道，并为用户提供使用和编程接口，承担着诸如管理与配置内存、决定系统资源供需的优先次序、控制输入与输出设备、操作网络与管理文件系统等基本事务。如果没有操作系统的安全保障，网络系统的安全也就毫无根基可言。

8.1 操作系统概述

8.1.1 什么是操作系统

操作系统是协调和控制计算机各个组成部分进行和谐工作的系统软件，是计算机所有软、硬件资源的组织者和管理者、辅助应用程序的开发和执行者，是能使计算机用户方便灵活地使用计算机、提高计算机利用率、缩短计算机响应时间的大型程序，操作系统由许多具有控制和管理功能的子程序组成。操作系统是直接运行在裸机上的最基本的系统软件，是系统软件的核心，其他所有软件都必须在操作系统的支持下才能运行。

8.1.2 典型的操作系统

目前，得到广泛应用的操作系统有 UNIX、Linux、Windows 等，下面简要介绍这些操作系统各自的特点。

1. UNIX 操作系统

它是为多用户环境设计的一个通用的、交互作用的分时系统，其内建 TCP/IP 支持，该协议已经成为互联网中通信的事实标准。UNIX 历史悠久，具有分时操作、稳定、健壮、安全等优点，适用于几乎所有的大型机、中型机和小型机，也可用于工作组级服务器。

2. Linux 操作系统

Linux 是一种在 PC 上执行的、类似 UNIX 的操作系统。1991 年，第一个 Linux 操作系统由芬兰赫尔辛基大学的年轻学生 Linux B. Torvalids 开发，它是一个完全免费的操作系统。在遵守自由软件联盟协议下，用户可以自由地获取程序及其源代码，并能自由地使用它们，包括修改和复制等。Linux 提供了一个稳定、完整、多用户、多任务和多进程的运行环境。Linux 是网络时代的产物，在互联网上经过了众多技术人员的测试和除错，并不断被扩充。

3. Windows 操作系统

Windows 是由微软开发的，它不仅在个人操作系统中占有绝对优势，同时在网络操作系统中也具有非常强劲的势头。由于 Windows 对服务器的硬件要求不高，但稳定性能不是很高，故常被用在中小型局域网的网络服务器中，高端的服务器仍采用 UNIX、Linux 等。Windows 操作系统的主要类型有 Windows NT Server、Windows 2000、Windows 2003 及最新的 Windows Vista 和 Windows 7 等。本章重点介绍的是 Windows 2000/XP 操作系统的安全。

8.2　Windows 安全

8.2.1　Windows 2000/XP 的安全特性概述

Windows 2000/XP 提供了一组全面的、可配置的安全性服务，这些服务达到了美国国防部信息安全等级的 C2 级要求，其主要的安全特性有以下几个方面。

1. 账户和口令

账户和口令是登录操作系统的基础，也是众多黑客程序攻击和窃取的对象。因此，系统账户和口令的安全是非常重要的，也是可能通过合理设置来实现的。普通用户常常在安装系统后长期使用系统的默认设置，忽视了 Windows 系统默认设置的不安全性，而这些不安全性常常被黑客所利用，通过各种手段获得合法的账户，进一步破解口令。所以首先需要保障账户和口令的安全。

2. 加密文件系统

当用户的计算机在没有足够物理保护的地方使用时，或者发生计算机或磁盘的被窃、被拆换，采用加密文件系统（Encrypting File System，EFS）的加密功能对敏感数据文件进行文件加密，可以加强数据的安全性，并且减小计算机、磁盘被窃或被拆换后数据失窃的隐患。

3. 审核与日志

为了便于用户监测当前系统的运行情况，Windows 系统中设置了审核与日志功能。审核与日志是 Windows 系统中最基本的入侵检测手段，当有攻击者尝试对系统进行某些方式的攻击时，都会被安全审核功能记录下来，写入日志中。

4. 安全策略

Windows 系统的安全策略设置项目繁多，如账户的安全策略、IP 安全策略等。其中，账户的安全策略目的是通过对用户账户设置强密码、限制用户尝试登录等举措来防止非法用户登录、非法访问和非法修改系统设置等。IP 安全策略是为了便于与别的计算机进行安全通

信定义和管理的 IPSec 策略。

5. 文件系统

磁盘数据被攻击者或本地的其他用户破坏和窃取是经常困扰用户的问题，文件系统的安全问题也是非常重要的。Windows 系统提供的磁盘格式有 FAT16、FAT32、NTFS。其中，FAT16、FAT32 格式没有考虑对安全性方面的更高需求，如无法设置用户访问权限等。NTFS 文件系统是 Windows 操作系统中的一种安全的文件系统，管理员或用户可以设置每个文件夹的访问权限，从而限制一些用户和用户组的访问，以保障数据的安全。

下面重点介绍账户和口令安全管理、数据加密系统（EFS）、审核与日志。

8.2.2　账户和口令的安全管理

账户和口令安全是操作系统的安全基础，涉及的内容较多，本部分主要介绍以下几个问题：什么是账户、账户的类型、账户的安全要求等内容，然后通过一些实例来介绍账户的安全设置。

1. 什么是账户

账户是多用户计算机系统和网络系统的一种认可，是用户进行登录和访问网络资源的凭证，如图 8-1 所示。合法的账户才有权限访问计算机资源或网络资源，非法用户是不能访问的，不同的账户有对资源有不同的访问权限。

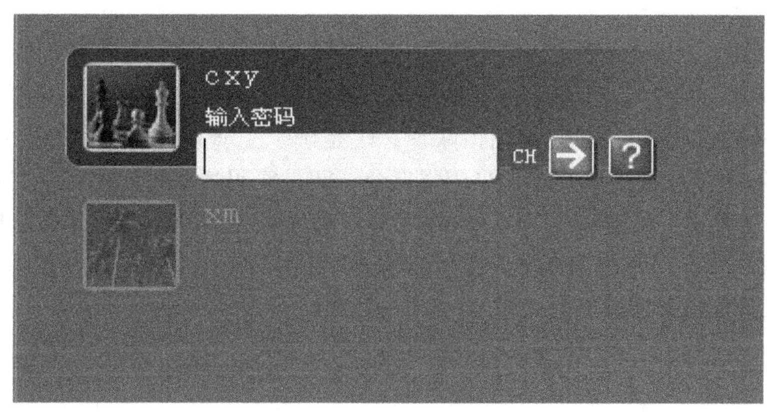

图 8-1　Windows 登录界面

2. 账户的类型

在 Windows 系统中，常见的账户有用户账户和组账户。其中，用户账户是计算机操作系统或网络中使用者身份的一个标志。而组账户是一组相关用户账户的集合。可以按照不同用户的操作需求和资源访问需求来创建不同的组账户，实现对用户的统一配置和管理。例如，当为一个班的学生创建用户账户时，必须对这些学生设置网络资源的使用权限，如果为每个账户分别设置权限，那将是繁琐并容易出错的。如果我们把这个班的学生认为是一个组账户，只要把学生的账户加入到组账户中，再对组设置相关资源的权限，则每个学生的账户即拥有对应组的权限，这样就大大简化了用户的管理。

（1）用户账户的类型　在 Windows 2000 系统中有两种用户账户：本地用户账户和域用户账户。其中，本地用户账户是指建立在 Windows 2000 独立服务器、成员服务器或 Windows

2000 Professional 的本地计算机上的账户，仅能够登录并访问本地计算机资源。域用户账户是指建立在域控制器的活动目录数据库中定义的用户账户，该账户能够登录到域并访问域中的资源。

(2) 内置用户账户　在网络操作系统安装完成后，安装程序自动创建了一些用户账户或用户对象，即内置用户账户。在 Windows 2000 系统中有两个内置用户账户：一个是 Administator（管理员账户）；另一个 Guest（来宾）账户。其中，Administator 拥有对计算机软件和网络设置的完全控制权，可以用它来管理计算机与域内的设置，如建立、更改或删除用户账户、设置安全策略、建立打印机、设置用户权限等；而 Guest 账户是供临时访问的用户而设置的，默认是禁用的，但管理员可以启用它。

3. 账户和口令的安全要求

为使管理过程合理化和实现适当的安全措施，在管理用户账户时应考虑以下两方面内容：命名约定和密码原则。

(1) 账户的命名约定　命名约定确立了在网络上如何识别用户。用户账户名称既是用户在网络上的唯一身份，又是用户登录网络或计算机系统的标志。那么在给账户命名时，需要注意以下两点：一是用户名必须唯一，即域用户账户对于所在的域必须是唯一的，本地用户账户对本地计算机必须唯一；二是用户名最多能包含 20 个字符（可为大写或小写字符、数字、特殊符号），但用户名中不能包含“/ [ ] ; \ : | = , + * ? < > ”等字符。

(2) 密码原则　为用户账户设置密码是为了使域或计算机中的资源不被非法访问，也是对用户自身利益的保护。设置用户账户密码必须遵守以下几个原则：一是要给 Administrator 账户指定密码，以防他人随便使用该账户；二是确定是管理员还是用户自己拥有密码的控制权；三是密码不能太简单，尽量采用强口令；四是密码最多可由 128 个字符组成，推荐最小长度为 8 个字符；五是密码应由大小写字母、数字以及合法的非字母数字的字符混合组成以提高安全性，如“P@ $ $ word”。

4. 账户和口令的安全设置

下面通过一些实例介绍账户和口令的安全设置。主要介绍以下几个方面：删除不必要的账户、禁用 Guest 账户、启用账户安全策略等。

(1) 检查和删除不必要的用户账户　系统的账户越多，被黑客攻击成功的可能性就越大，因此要及时检查和删除不必要的用户账户。其操作如下：依次打开“开始”→“设置”→“控制面板”→“用户账户”命令，如图 8-2 所示。在“用户账户”窗口中列出了系统的所有账户，确认各账户是否仍在继续使用，并删除不用的用户账户。

(2) Guest 账户的禁用　Guest 账户是供临时访问的用户而设置的，默认是禁用的，但有时为了方便观察实验结果管理员可以临时启用它，如图 8-3 所示。如果要禁用该用户账户，则鼠标右键单击 Guest 用户，从弹出的快捷菜单中选择“属性”命令，并在该对话框中选中“账户已停用”复选框，结果如图 8-4 所示。单击“确定”按钮，此时 Guest 前的图标上会出现一个红色的叉。最后再次尝试 Guest 账户登录，则会显示“您的账户已被停用，请与管理员联系”。

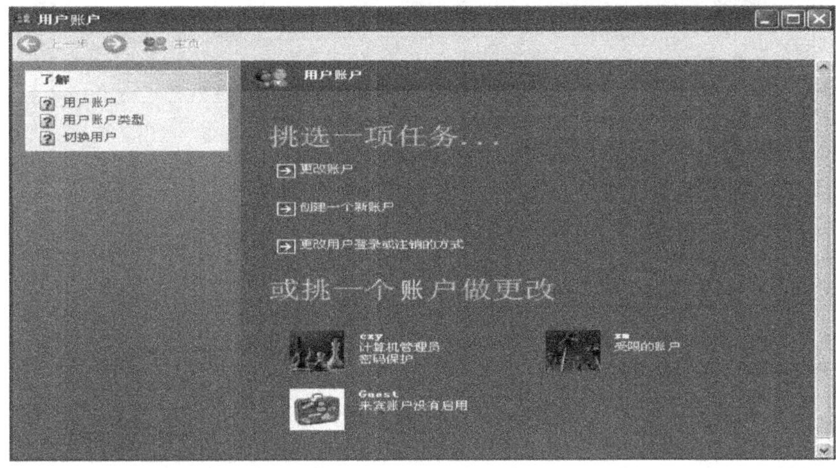

图 8-2　用户账户

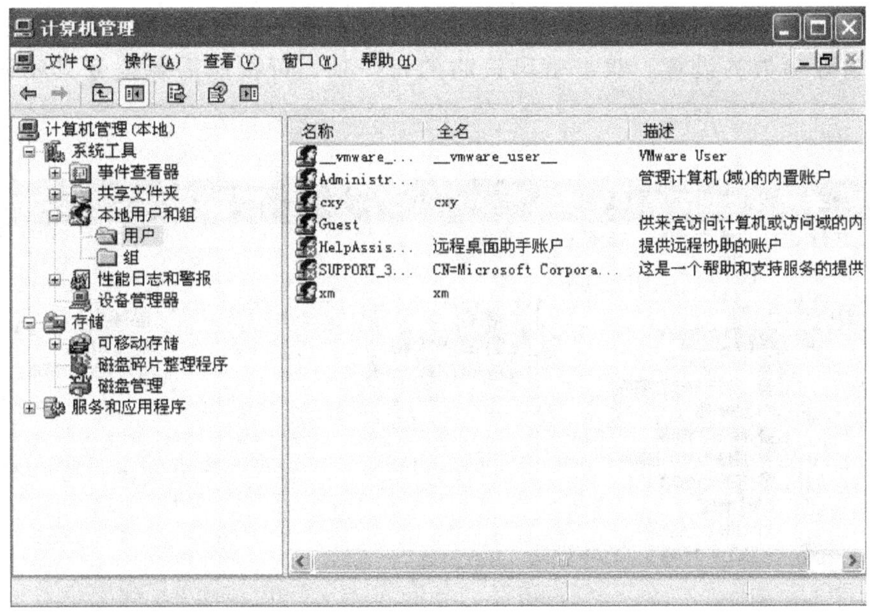

图 8-3　Guest 账户已启用

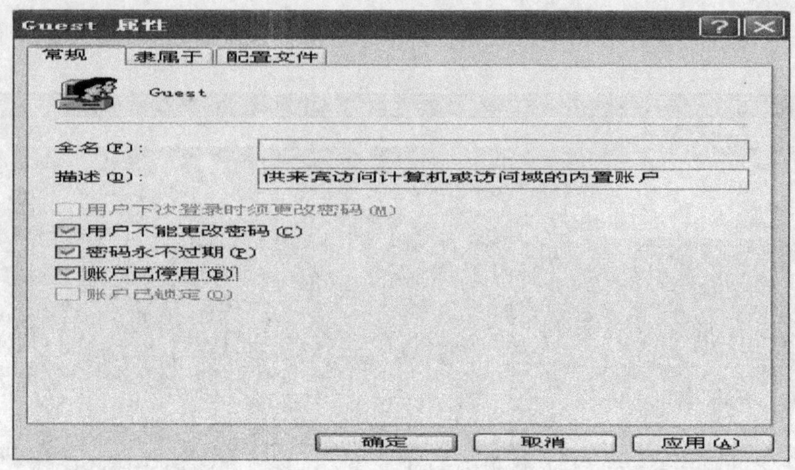

图 8-4 Guest 账户的停用

(3) 启用账户的安全策略 账户策略是 Windows 账户管理的重要工具。

1) 账户策略包含有密码策略、用户锁定策略两个可以进行配置的策略选项。其中，密码策略用于设置系统密码的安全规则；账户锁定策略用于设置系统锁定账户的时间、登录的次数等内容。

2) 启用账户密码策略的步骤是依次打开“控制面板”→“管理工具”→“本地安全策略”命令，选择“账户策略”选项，如图 8-5 所示。然后双击“密码策略”选项，系统弹出如图 8-6 所示的窗口，在该窗口中主要完成密码长度的最小值、最长存留期、最短存留期等参数的设置。双击密码策略的每一项，可按照需要改变其密码特性的设置。

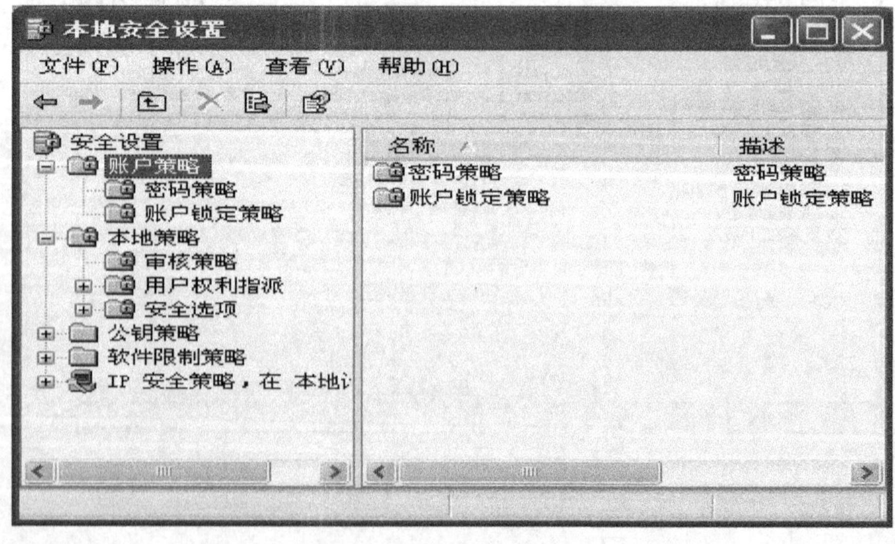

图 8-5 账户策略

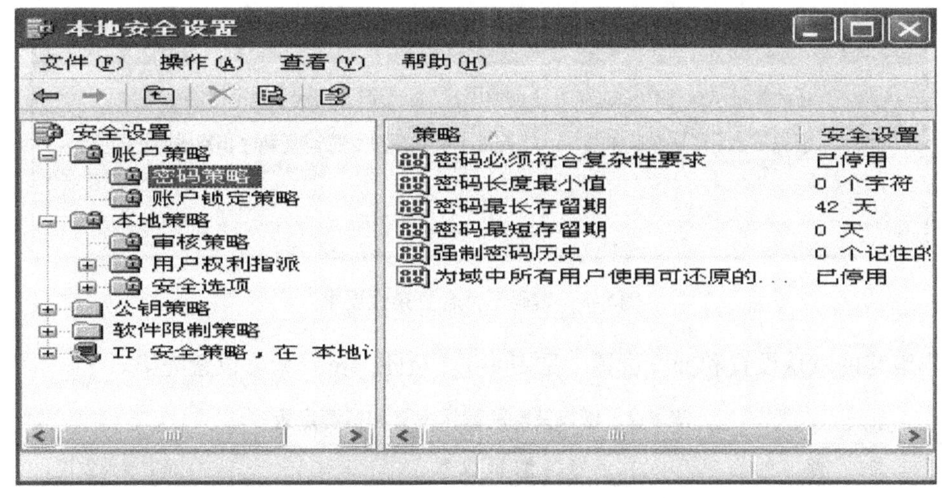

图 8-6　密码策略

在图 8-6 密码策略的选项中，“密码必须符合复杂性要求”是要求给用户账户设置的密码必须是具有相当长度、同时含有数字、大小写字母和特殊字符的序列。如在启用“密码必须符合复杂性要求”密码策略的前提下（见图 8-7），并依次打开“开始”→“设置”→“控制面板”→“管理工具”→“计算机管理”命令，选择“本地用户和组”中的“用户”选项，然后新建用户账户 abcd，密码为 S123 时则出现如图 8-8 所示的对话框。究其原因，主要是因为设置的密码不符合密码策略规定的密码要求。此时如果将密码改为 S_123，则密码会被系统接受。

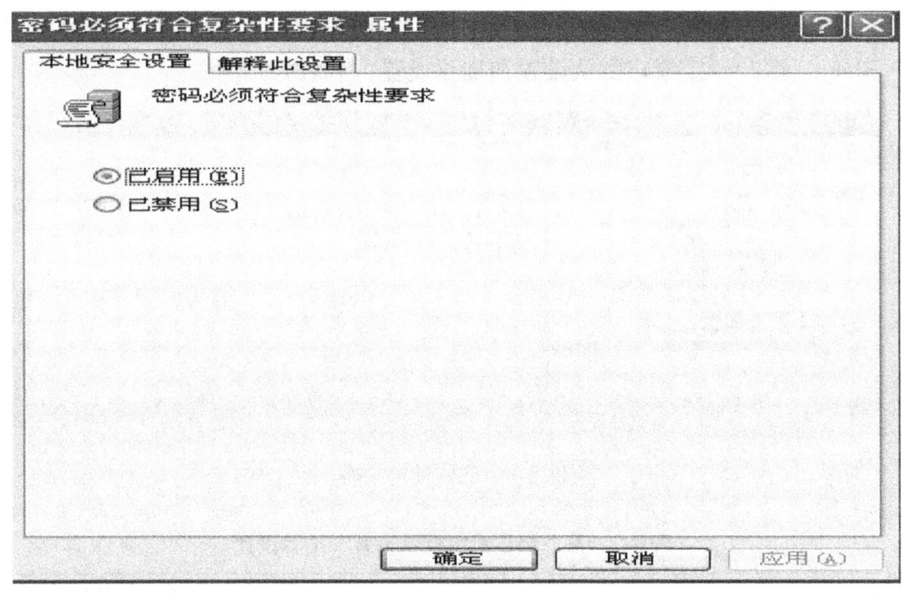

图 8-7　启用密码必须符合复杂性要求

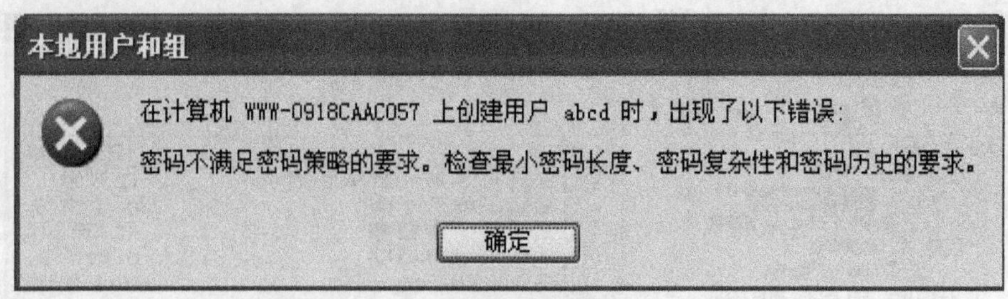

图 8-8 密码不符合复杂性要求

密码策略的默认设置和推荐设置，见表 8-1。至此，密码策略设置完毕。

表 8-1 密码策略的默认设置和推荐设置

策　略	默认设置	推荐最低设置
强制执行密码历史记录	记住 1 个密码	记住 24 个密码
密码最长期限	42 天	42 天
密码最短期限	0 天	2 天
最短密码长度	0 个字符	8 个字符
密码必须符合复杂性要求	禁用	启用

3）启用账户锁定策略的方法是在图 8-5 所示的窗口中，选择“账户锁定策略”选项，系统弹出如图 8-9 所示的窗口，并根据需要启用相关策略。其中，“账户锁定阈值”选项是设置账户被锁定之前允许几次无效登录（如 3 次），以防范攻击者利用管理员身份登录后无限次地猜测用户账户的密码（如穷举法攻击）；“账户锁定时间”选项则是设置账户被锁定的时间（如 30min）。这样，当某账户无效登录（如密码错误的次数超过 3 次时），系统将锁定该账户 30min。账户锁定策略默认设置和推荐设置，见表 8-2。

图 8-9 账户锁定策略

表 8-2 账户锁定策略默认设置和推荐设置

策　略	默认设置	推荐最低设置
账户锁定时间	未定义	30min
账户锁定阈值	0	5 次无效登录
复位账户锁定计数器	未定义	30min

（4）开机时设置为“不自动显示上次登录账户”　Windows 默认设置为“开机时自动显示上次登录的账户名”，许多用户也采用了这一设置。这对系统来说是很不安全的，攻击者会从本地或 Terminal Service 登录界面看到用户名。

要禁止显示上次的登录用户名，可按如下步骤进行设置：依次打开“开始”→“设置”→“控制面板”→“管理工具”命令，展开“本地策略”节点下的“安全选项”，如图 8-10 所示。在该窗口右侧列表中选择“不显示上次的用户名”选项，然后双击该选项，系统弹出如图 8-11 所示的对话框，并选中“已启用”单选按钮。

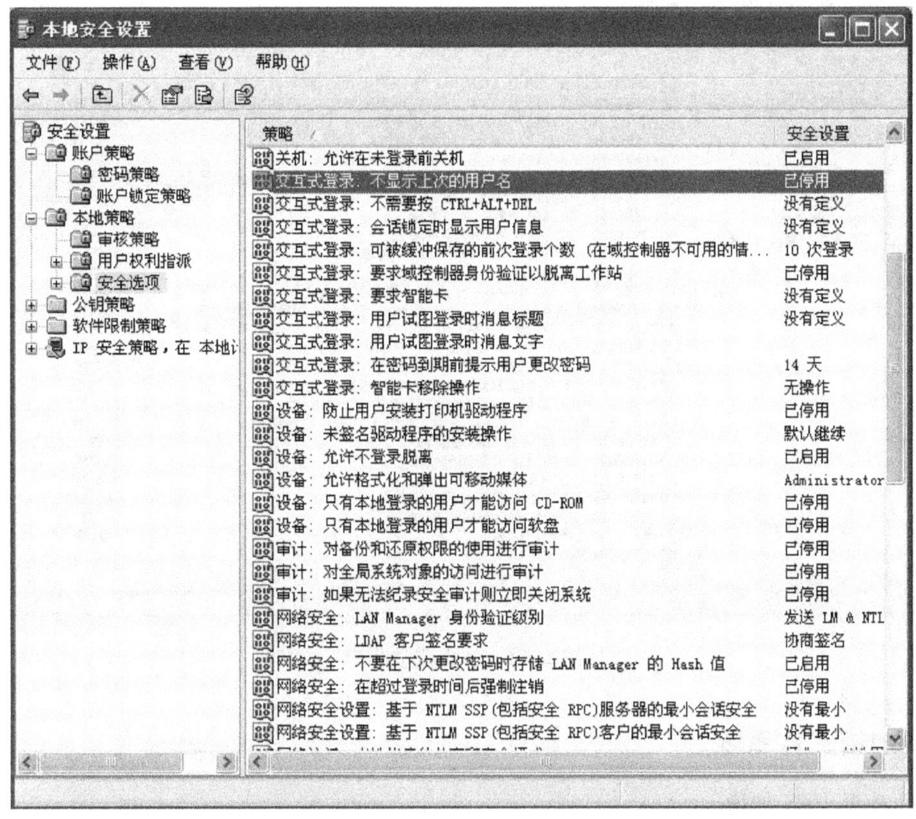

图 8-10　本地安全策略窗口

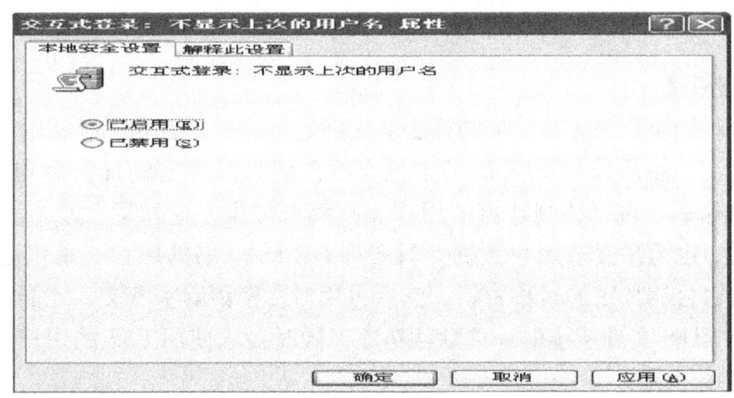

图 8-11　“本地安全设置”选项卡

(5) 禁止枚举用户账户名　为了便于远程用户共享本地文件，Windows 操作系统默认设置远程用户允许通过空用户得到系统所有账号和共享列表。这本来是为了方便局域网用户共享资源和文件的，但是，黑客也能通过同样的方法得到账户列表，再使用暴力法破解账户密码后，对别人的计算机进行攻击，因此我们必须禁止这种行为。禁止枚举用户账户名的操作步骤如下：在图 8-10 的窗口中，依照同样的方法分别启用“不允许 SAM 账户的匿名枚举”、“不允许 SAM 账户和共享的匿名枚举”等选项，结果如图 8-12 所示。

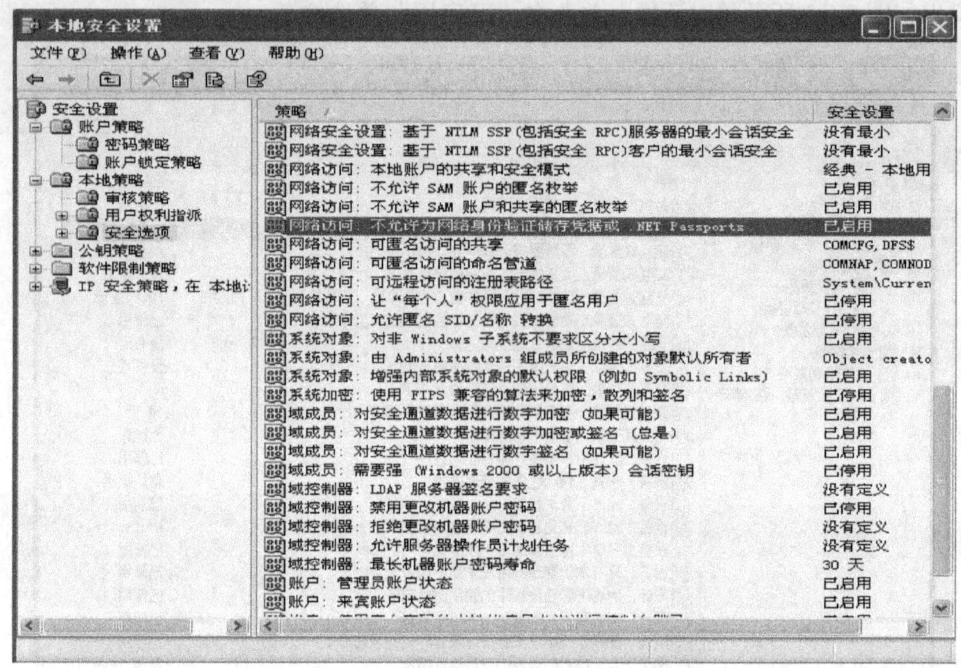

图 8-12　禁止枚举账户

8.2.3　加密文件系统

1. 什么是 EFS 加密

加密文件系统（Encrypting File System，EFS）是 Windows 2000/XP/2003 所特有的一个实用功能，对于 NTFS 卷上的文件和数据，都可以直接加密保存，在很大程度上提高了数据的安全性。

2. EFS 加密原理

EFS 采用了对称和非对称两种加密算法对文件进行加密，首先系统利用生成的对称密钥将文件加密成密文，然后采用 EFS 证书中包含的公钥将对称密钥加密后与密文附在一起。文件采用 EFS 加密后，可以控制特定的用户有权解密数据，这样即使攻击者能够访问计算机的数据存储器，也无法读取用户数据。只有拥有 EFS 证书的用户，采用证书中的公钥对应的私钥，先解密公钥加密的对称密钥，然后再用对称密钥解密密文，才能对文件进行读写操作。EFS 属于 NTFS 文件系统的一项默认功能，同时要求使用 EFS 的用户必须拥有在 NTFS 卷中修改文件的权限。

3. 用 EFS 加密硬盘数据

利用 EFS 完成重要文档的数据加密，首先要保证操作系统符合要求：目前支持 EFS 加密的 Windows 操作系统主要有 Windows 2000 全部版本、Windows XP Professinal、Windows Server 2003 和 Windows Vista 操作系统。其次，EFS 加密只对 NTFS 分区上的数据有效，无法加密保存在 FAT 和 FAT32 分区上的数据。EFS 加密硬盘数据的步骤如下：

1）新建用户。依次打开“开始”→“控制面板”→“管理工具”→“计算机管理”命令，并展开“本地用户和组”节点，从中选择“用户”选项，然后新建用户 xm；其操作结果如图 8-13 所示。

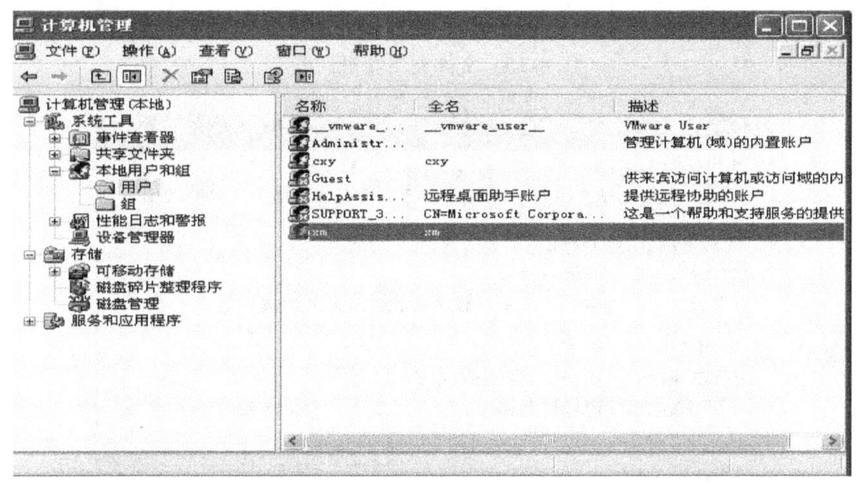

图 8-13　新建用户账户 xm

2）选择加密文件夹。用 Administrator 账户登录，打开磁盘格式为 NTFS 的驱动器，选择要加密的文件夹，这里选择“F：\ 教材”，如图 8-14 所示。

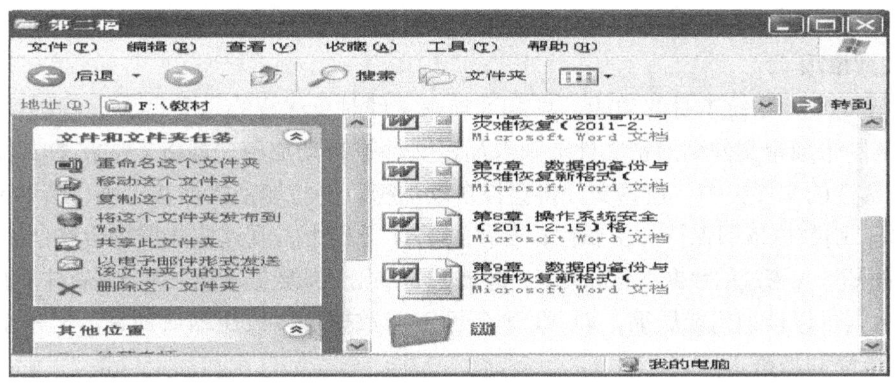

图 8-14　选择要加密的驱动器及文件夹

3）EFS 加密。选中要加密的文件夹，鼠标右键单击并从弹出的菜单中选择“属性”→“常规”选项，如图 8-15 所示。在该对话框中单击“高级”按钮，系统弹出“高级属性”对话框，在该对话框中选中“加密内容以便保护数据”复选框，如图 8-16 所示。最后单击“确定”按钮。

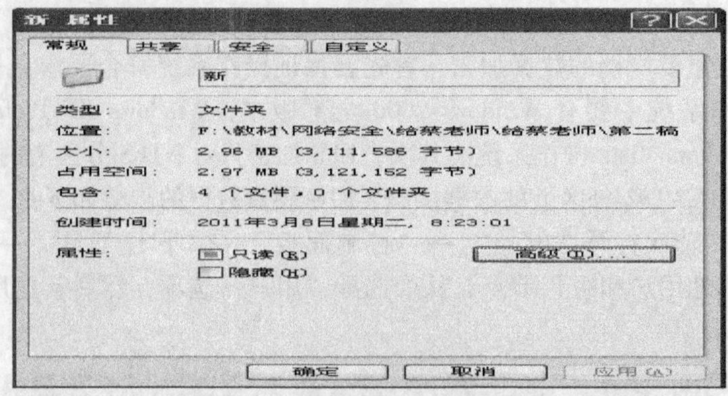

图 8-15　文件夹属性对话框

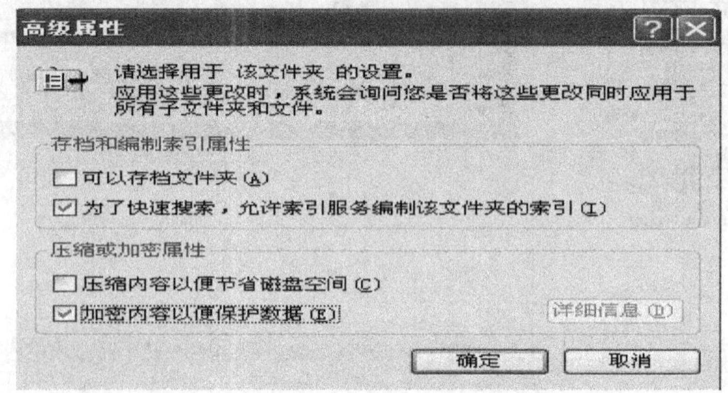

图 8-16　“高级属性”对话框

4）测试加密文件夹。加密完毕后保存当前用户下的文件，并注销当前用户 Administrator，以用户 xm 登录，将不能访问该文件夹，因为该文件已加密，从而加强了文件夹和文件的安全。

4. 注意事项

作为 Windows 系统本身的功能，在 EFS 加密文件时要注意的几个问题：

1）复制未加密文件到加密文件夹则未加密文件被自动加密，即将未加密的文件复制到具有加密属性的文件夹中，这些文件将会被自动加密。要将加密数据移出来，若移动到 NTFS 分区上，则数据依旧保持加密属性；若移到 FAT 分区上，则这些数据将会被自动解密。

2）被 EFS 加密过的数据不能被共享，即被 EFS 加密过的数据不能在 Windows 中直接共享。

3）数据可以被加密或压缩，即 NTFS 分区上的数据可以被压缩或加密，但一个文件不能同时被压缩和加密。

4）系统文件或文件夹不能被 EFS 加密，即 Windows 的系统文件和系统文件夹无法被 EFS 加密。

8.2.4　审核与日志

审核与日志策略是 Windows 2000 的一个非常重要的特性。下面我们主要从功能、如何启用审核策略等方面来进行介绍。

1. 审核与日志功能

在 Windows 2000 系统中用户可以启用审核与日志功能来监测当前系统的运行情况，审核与日志也是 Windows 2000 系统中最基本的入侵检测方法。其中，审核策略主要用于跟踪用户访问资源的行为与 Windows 2000 的活动情况，以便管理员能很好地掌握机器的状态，有利于系统的入侵检测。而日志则是当 Windows 2000 用户注销/登录的行为或应用程序发出错误信息等情况时，Windows 2000 会将这些事件记录到“事件日志文件”内，可以利用“事件查看器”来检查这些日志，让管理员了解到当前机器是否在被攻击、被非法访问等。默认安装时 Windows 2000 的安全审计功能是关闭的，用户可以根据具体情况激活相应的审计策略。

2. 启用审核策略

启用审核策略的步骤如下：

1）打开“本地安全策略”窗口。依次打开“开始”→“设置”→“控制面板”→“管理工具”命令，并选择“本地策略”节点。

2）选择“审核策略”。打开“本地策略”节点中的“审核策略”选项，可以看到当前系统的审核策略，如图 8-17 所示。

3）设置审核策略。双击每项策略可以选择是否启用该项策略，如“审核账户管理”将对每次建立新用户、删除用户等操作进行记录；“审核登录事件”将对每次用户的登录进行记录；“审核过程追踪”将对每次启动、退出的程序或者进程进行记录等，用户可根据需要启用相关审核策略。审核策略一旦启用，审核结果将会放在各种事件日志中，审核策略的推荐设置见表 8-3。

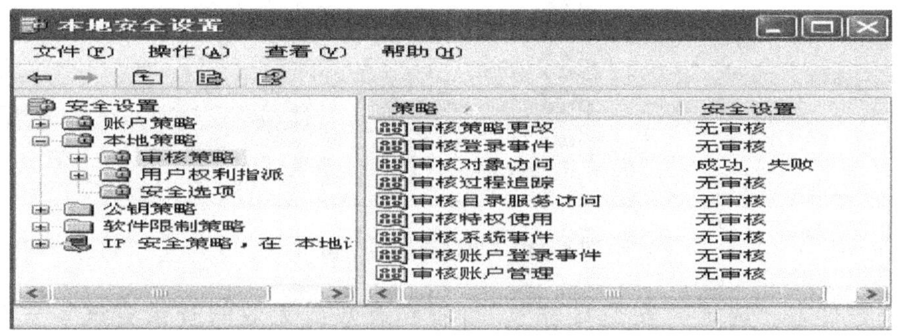

图 8-17　审核策略

表 8-3　审核策略推荐设置

策　　略	计算机设置
审核账户登录事件	成功，失败
审核账户管理	成功，失败
审核目录服务访问	失败
审核登录事件	成功，失败
审核对象访问	成功，失败
审核策略更改	成功，失败
审核特权使用	失败
审核过程追踪	无审计

3. 查看事件记录

Windows 2000 的日志文件通常有应用程序日志、安全日志、系统日志、DNS 服务器日志、FTP 日志、WWW 日志等，可能会根据服务器所开启的服务而有所不同。其中，系统日志主要记录 Windows 2000 系统所产生的错误（如内存故障）、警告（如 CPU 利用率太高）与系统信息（如某个服务被启动）等；安全日志主要记录“审核策略”所设置的事件发生情况等信息，如某个用户是否曾经读取过某一文件；应用程序日志主要记录由应用程序所产生的错误、警告或信息等事件信息，如若数据库程序有误时，它可以将此错误记录到应用程序日志内。查看事件记录的步骤如下：

1）打开“事件查看器”窗口。依次打开“开始”→“程序”→“管理工具”→“事件查看器”命令来启动“事件查看器”窗口，如图 8-18 所示。

在图 8-18 中可以看到 Windows 2000/XP 的 3 种日志，其中安全日志记录了刚才上面审核策略中所设置的安全事件。

图 8-18　“事件查看器”窗口

2）查看日志。选定“安全日志”，可看到有效或无效的登录尝试等安全事件的具体记录。如查看用户登录/注销的日志，系统弹出类似图 8-19 和图 8-20 所示的对话框。在该对话框中可以看到日志中详细记录了登录的时间、账户名、错误类型等信息。

4. 启用审核与日志查看案例

系统要对用户账户 xm 对资源 F：\ 123 目录的访问操作进行成功与失败的审核，并将审核结果写入日志中，以便用户将来进行查看。

若要审核用户 xm 是否访问了 F：\ 123，则请先设置审核策略内的“审核对象访问”选项，并定义这些策略成功或失败设置，最后设置当用户成功访问了对象才审核还是失败了才审核，其具体操作步骤如下：

1）设置要审核的目标。方法是选定被审核的目标文件夹 F：\ 123，然后单击鼠标右键，依次选定“属性”→“安全”→“高级”→“审核”→“添加”命令，系统弹出如图 8-21 所示的“选择用户或组”对话框。

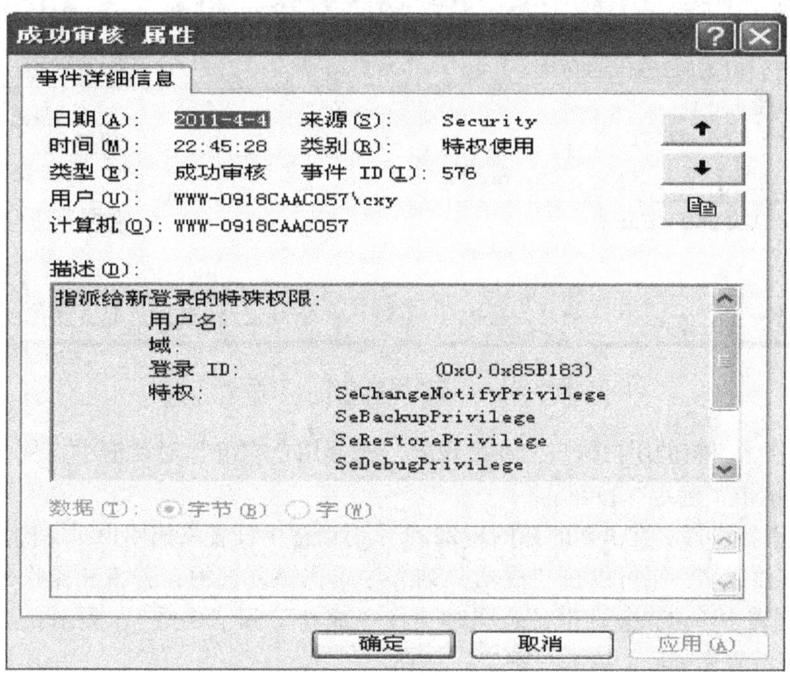

图 8-19 登录成功日志

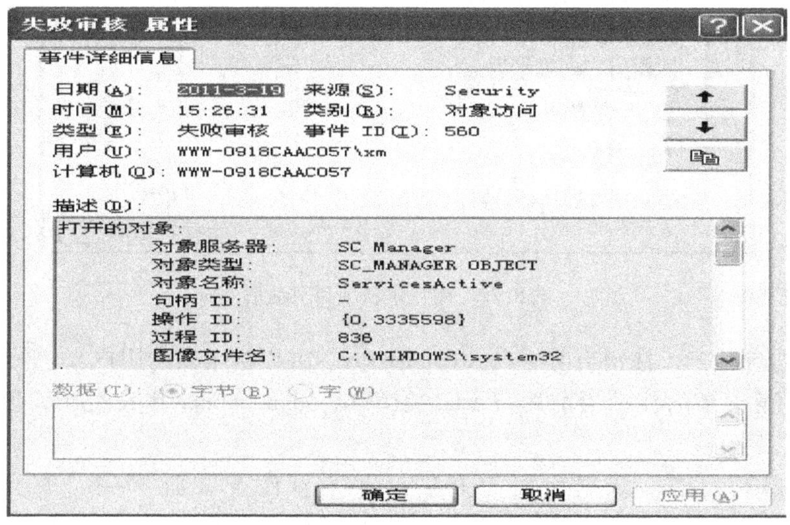

图 8-20 登录失败日志

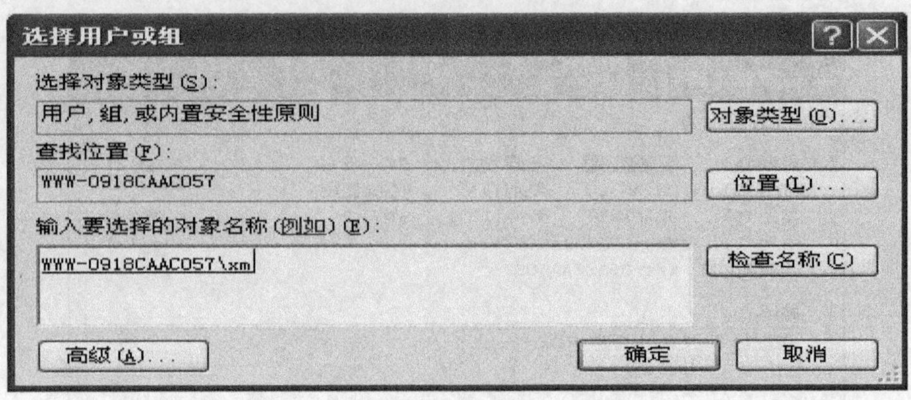

图 8-21 “选择用户或组”对话框

2）选择作为审核的用户账户。在出现的“选择用户或组”对话框中，从中选择要审核的用户 xm 并单击“确定”按钮。

3）设置审核事件。在出现的如图 8-22 所示对话框中设置审核用户对文件夹或文件的操作行为，若审核成功，则可以在“成功”列表中单击该复选框；若审核操作失败，则可以在“失败”列表中单击该复选框；若同时选择“成功”和“失败”，表示只要操作就记录下来。按要求设置完毕后，单击“确定”按钮。

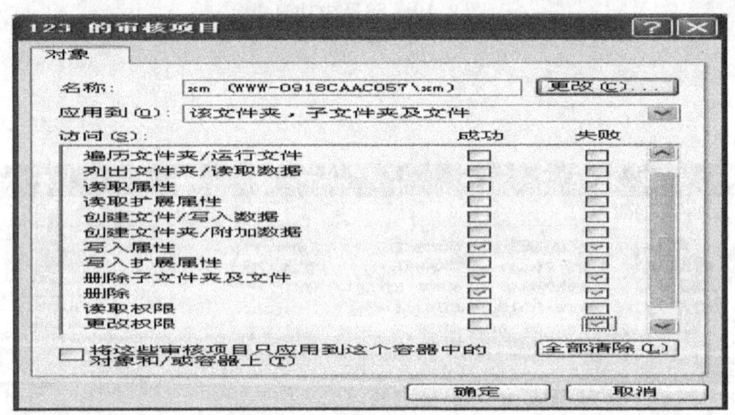

图 8-22 用户审核项目对话框

4）更换登录用户。注销当前用户 Administrator，并以被审核的用户 xm 登录，将上述被审核的文件删除，最后注销当前用户 xm，重新以 Administrator 账户登录，以便查看审核日志。

5）查看事件日志。依据前面的方法打开“事件查看器”→“安全性”选项，系统弹出如图 8-23 所示的窗口，从中查找所审核的事件日志并双击该日志，将出现如图 8-24 所示的对话框，浏览其中的数据，就可以看到刚才删除文件的操作已被记录在此。

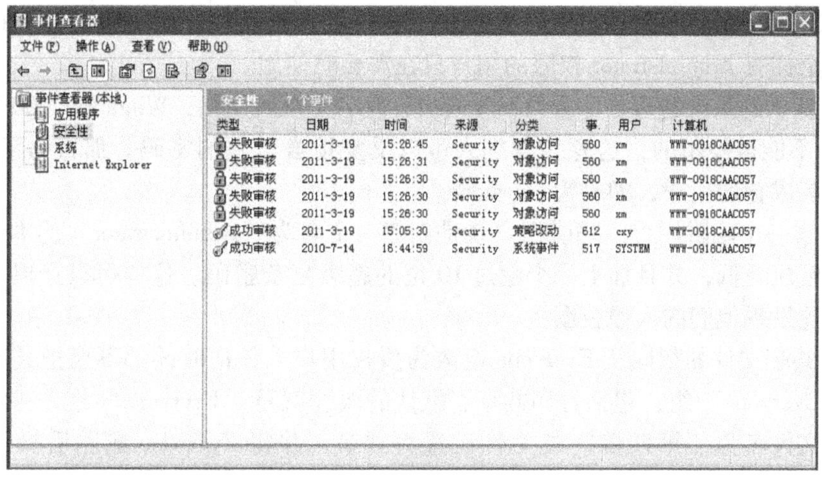

图 8-23　测试审核策略窗口

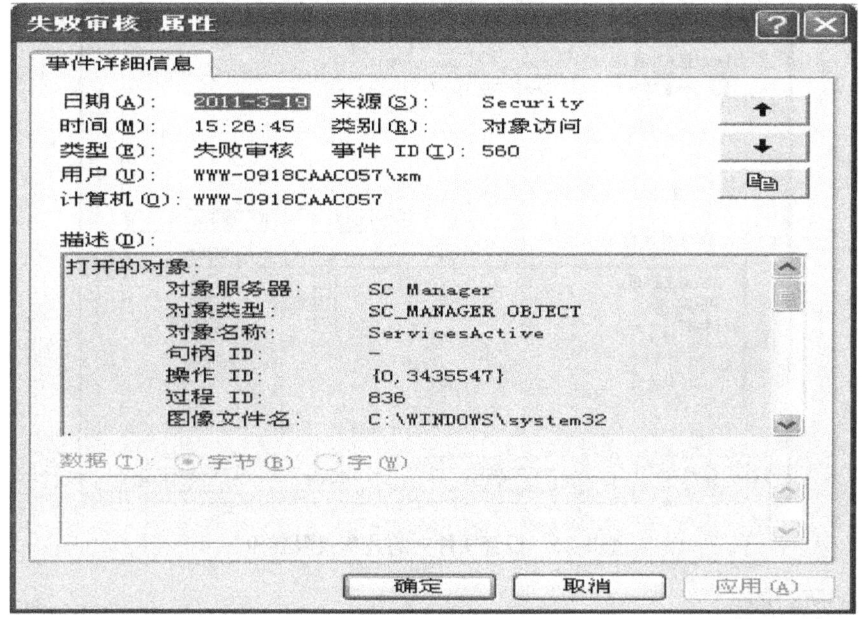

图 8-24　查看审核事件信息

8.2.5　Windows 操作系统的使用和配置的若干经验

除了启用前面介绍的 Windows 操作系统的账户与口令、审核与日志等策略外，还应该启用其他的一些安全策略，如注册表的锁定等操作，本部分结合一些实际，介绍在加固操作系统的过程常用到的一些策略，如用户安全设置、密码安全设置、通过文件系统保证文件的安全性等。

1. 用户安全设置

对用户账户进行安全设置，除了前面在账户和口令所介绍的操作之外，还要进行如下设置：

(1) 创建两个或多个管理员账号　创建一个一般权限用户，用来收信并处理一些日常事务，另一个拥有 Administrator 权限的用户只在需要时使用。

(2) 对默认的系统管理员账号 Administrator 改名　众所周知，Windows 2000 的 Administrator 用户是不能被停用的，这意味着别人可以反复地尝试它的密码。那么为了安全起见，尽量把它伪装成普通用户，如改为 Guestone。

(3) 创建一个陷阱用户　陷阱用户就是创建一个名为“Administrator”的本地用户，把它的权限设置成最低，并且加上一个超过 10 位的超级复杂密码。这样可以让黑客的进攻时间延长，借此发现他们的入侵企图。

(4) 将共享文件的权限从 Everyone 组改为授权用户　任何时候都不要把共享文件的用户设置成“Everyone”组，包括打印共享、默认的属性就是“Everyone”组，一定不要忘记修改。如将文件名为“第四稿”的文件设置为共享，并将 Everyone 删除后操作结果如图 8-25所示。

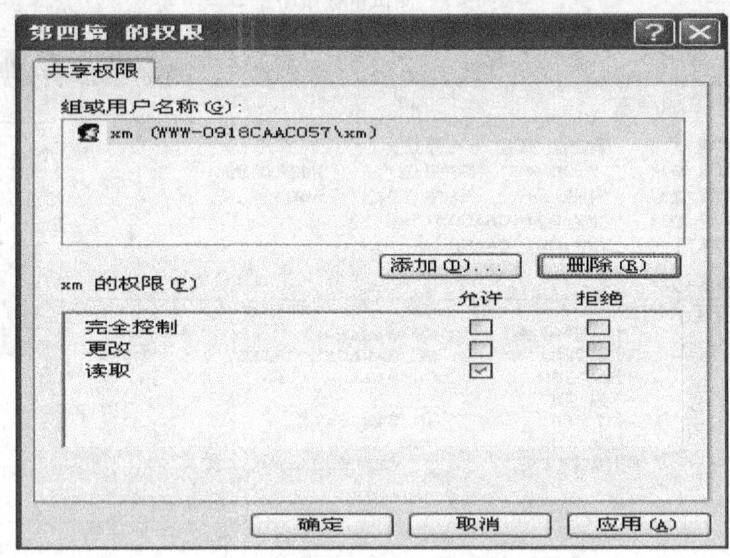

图 8-25　设置文件夹的共享权限界面

2. 密码安全设置

密码安全设置除了前面介绍的操作之外，还应该注意下面几点：

(1) 使用安全密码　一些公司的管理员创建账号时往往用公司名、计算机名做用户名，然后又把这些用户的密码设置得太简单，如“welcome”等。因此，要注意密码的复杂性，还要记住经常更改密码。

(2) 随时启用屏幕保护密码　启用屏幕保护密码也是防止内部人员破坏服务器的一个屏障。具体操作方法是：在桌面上的空白处，鼠标右键单击桌面，从弹出的快捷菜单中选择“属性”命令，并从打开的桌面属性对话框中选择“屏幕保护程序”选项卡，并选中“在恢复时显示欢迎屏幕”或“使用密码保护”复选框。

(3) 考虑使用智能卡来代替密码　对于密码，总是使管理员进退两难，设置得简单，容易受到黑客的攻击，设置得过于复杂又不便于记忆。如果条件允许，用智能卡来代替复杂的密码是一个很好的解决方法。

3. 保证系统的安全性

提高系统的安全性主要从文件系统选择、关闭默认共享、注册表安全操作等方面入手。

（1）使用NTFS文件系统　在Windows 2000/XP的系统中，应该使用NTFS系统，NTFS可以对文件和目录进行管理，其文件或文件夹的共享权限如图8-26所示；而FAT文件系统只能提供共享级的安全，而在默认情况下，每建立一个新的共享，所有的用户都能看到，这样不利于系统的安全。FAT文件或文件夹的共享权限如图8-27所示。由此可见，NTFS对文件或文件夹的共享权限设置更安全、更灵活。

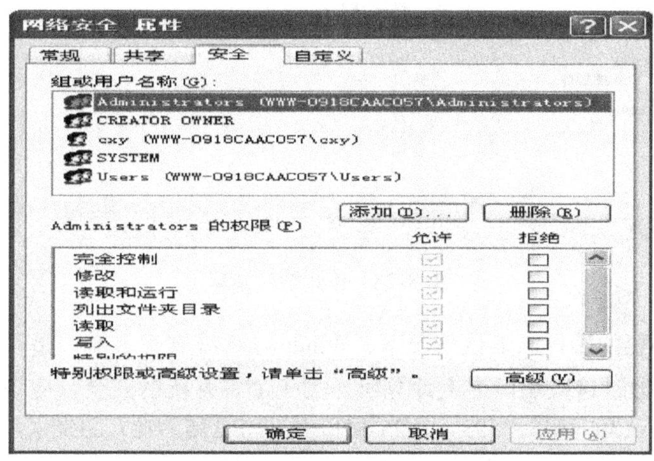

图8-26　NTFS共享目录权限

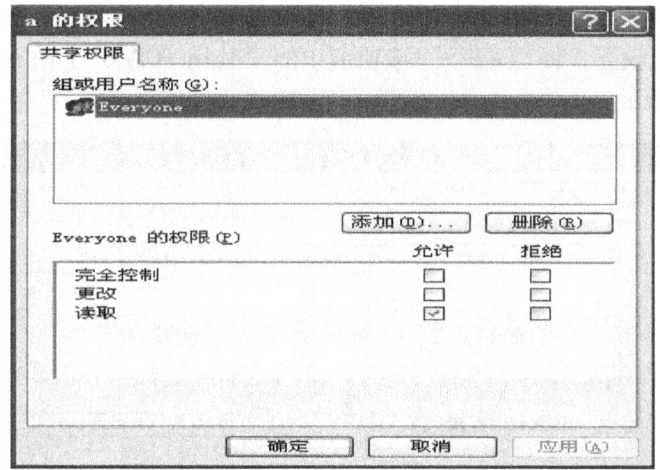

图8-27　FAT共享目录权限

（2）关闭默认共享　在Windows 2000系统中，有一个“默认共享”选项，这是在安装服务器时，把系统安装分区自动进行共享，虽然对其访问还需要超级用户的密码，但这也是潜在的安全隐患，故从安全的角度考虑，应该关闭这个“默认共享”，以保证系统的安全。关闭的方法是：依次打开“开始”→“设置”→“控制面板”→“管理工具”→“计算机管理”选项，选定“共享文件夹”节点并展开其相关选项，然后选定“共享”选项并单击

右键鼠标，如图8-28所示。单击“停止共享”按钮即可。注意：只有系统管理员账户才能关闭默认共享。

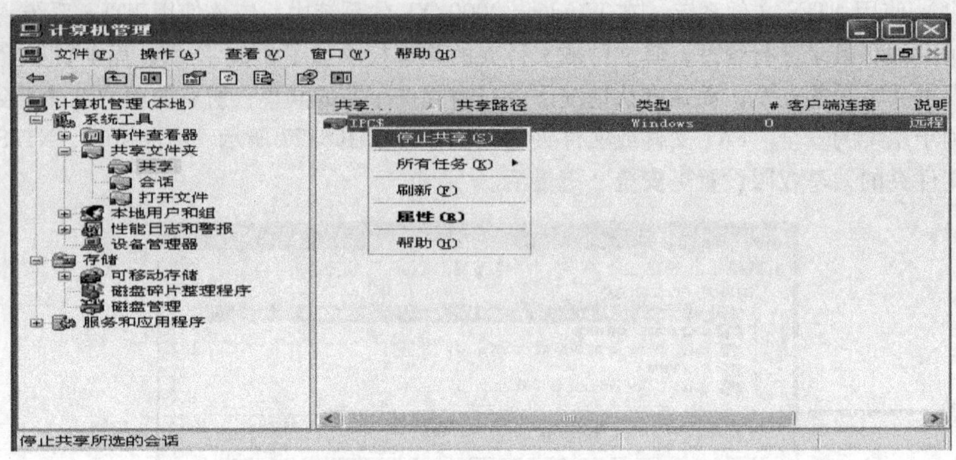

图8-28 停止默认共享

（3）关闭不必要的端口 默认情况下，Windows系统有很多端口是开放的，在上网时网络病毒和黑客可以通过这些端口连上计算机。为了加强系统的安全，应该关闭这些不必要的端口，如TCP 135、139、445、593、1025端口和UDP 135、137、138、445端口等。如关闭139端口的方法是：单击“开始”→“设置”→“网络连接”选项，选择用来上网的拨号连接并单击“属性”按钮，即可打开“本地连接”属性对话框中，在该对话框中完成两项操作：一是取消“Microsoft网络的文件和打印共享”复选框，二是完成“Internet协议(TCP/IP)”的高级设置，将“WINS”选项卡中的“禁用TCP/IP上的NetBIOS”单选按钮启用，如图8-29所示。

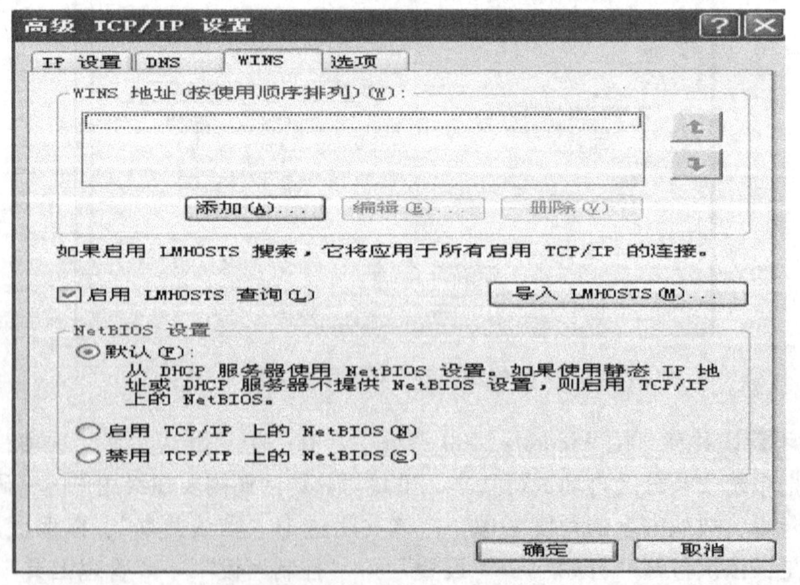

图8-29 禁用TCP/IP上的NetBIOS

（4）关闭不必要的服务　服务开得多可以给管理带来方便，但也会给黑客留下可乘之机，因此对于一些确实用不到的服务，最好关闭。比如在不需要 Telnet 服务时，最好将有关 Telnet 的服务关闭。方法是选定该服务，然后单击鼠标右键，并选定“属性”命令即可打开“属性”对话框，然后根据需要可禁用该服务，如图 8-30 所示。关闭不必要的服务，不仅能保证系统的安全，同时还可以提高系统运行速度。

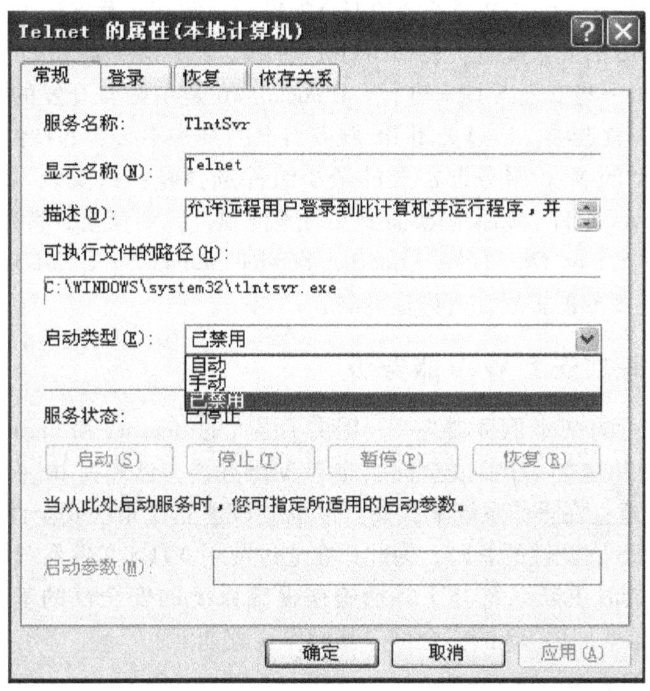

图 8-30　服务的启动、自动、禁用

（5）锁住注册表　在 Windows 2000 系统中，只有 Administrators 和 Backup Operators 才有从网络上访问注册表的权限。当账户的密码泄露后，黑客也可以在远程访问注册表，当服务器放到网络上时，一般需要锁定注册表。具体方法是：单击“开始/运行”命令，在运行文本框中输入“regedit”，打开注册表编辑器，依次展开并修改“Hkey_current_user \ Software \ microsoft \ windows \ currentversion \ Policies \ system 中的 DisableRegistryTools”值为 0，类型为 dword 即可。

8.3　Windows 系统下 Web、FTP 服务器安全配置

8.3.1　概述

互联网信息服务（Internet Information Services，IIS）是 Windows 系统中的 Internet 信息和应用程序服务器，利用 IIS 可以配置 Windows 平台，并且和 Windows 系统管理功能完美地融合在一起，使系统管理人员获得和 Windows 系统完全一致的管理。基于 Windows 的 IIS 的 Web 网站建立安全策略应安全、够用，应遵循以下原则：最小的服务 + 最小的权限 = 最大

的安全。

IIS4.0 和 IIS5.0 的应用非常广，但由于这两个版本的 IIS 存在很多安全漏洞，它的使用也带来了很多安全隐患。IIS 常见漏洞包括 idc&ida 漏洞、.htr 漏洞、NT Site Server Adsamples 漏洞、.printer 漏洞、Unicode 解析错误漏洞、Webdav 漏洞等。因此，了解如何加强 Web 服务器、FTP 服务器的安全性，防范由 IIS 漏洞造成的入侵就显得尤为重要。在下面的操作中通过对 Web 服务器和 FTP 服务器的安全配置，了解其防范方法。

可以手动进行 IIS 的安全配置，包括 Web 服务器、FTP 服务器和 Smtp 服务器、Nntp 服务器等，也可以利用一些安全工具来进行。IISlockdown 是由微软开发的 IIS 安全配置工具，它按照模板的安全配置选项，通过关闭 IIS 服务器上的某些不必要的特性和服务，从而减少受攻击的威胁。典型的 Web 服务器需要的最小组件选择是：只安装 IIS 的 Com Files、IIS Snap-In、WWW Server 组件。如果确实需要安装其他组件，要慎重，特别是：Indexing Service、FrontPage 2003 Server Extensions、Internet Service Manager（HTML）这几个危险服务。其中 FrontPage 2003 服务器扩展，有许多漏洞。

8.3.2 使用 IIS 建立安全 Web 服务器

IIS 作为当今流行的 Web 服务器之一，提供了强大的 Internet 和 Intranet 服务功能，如何加强 IIS 的安全机制，建立一个高安全性能的 Web 服务器，已成为 IIS 设置中不可忽视的重要组成部分。IIS 是建立在操作系统下，安全性也应该建立在系统安全性的基础上，因此保证系统的安全性是 IIS 安全性的基础，为此，在通过使用 NTFS 文件系统、将系统文件与 IIS 安装在不同分区、及时更新系统补丁等措施来提高系统的安全性的基础上，再通过设置 Web 站点的相关内容来加强 IIS 的安全性。其操作步骤如下：

1. 删除不必要的虚拟目录

启动 IIS 后，删掉 \ iissamples，\ IIShelp，\ msadc \ 这些目录，再把脚本库也删掉，直到 Web 目录只留下干净新建的虚拟目录即可；删掉有管理的 Web 站点；删掉 printer 的文件夹，删除实例、文档。不要用默认目录 c：\ inetpub，根文件夹 wwwroot 定位在操作系统分区以外的地方甚至是另外的物理磁盘驱动器上。而且，当设置 Web 站点的虚拟目录或重定向文件夹时，也要保证这些目录不会被重定向到操作系统的启动分区。因为有些攻击能够危及访问文件夹所在分区上的其他文件夹。

2. 停止默认 Web 站点

依次打开“控制面板”→“管理工具”→“Internet 服务管理器”选项，鼠标右键单击“默认 Web 站点”选项，在弹出的快捷菜单中单击“停止”命令，根据需要启用自己创建的 Web 站点，如图 8-31 所示。

默认 Web 的根目录在 inetpub \ wwwroot，还有其他一系列的参数设置也都是众所周知的，如果采用这些默认设置，将大大减小攻击难度。

3. 对 IIS 中的文件和目录进行分类并区别设置权限

对于 Web 主目录中的文件和目录，逐个选定并单击鼠标右键，从弹出菜单中选择“属性”命令并在该对话框中按需要给它们分配适当权限。一般情况下，静态文件允许读、拒绝写；ASP 脚本文件、exe 可执行程序等允许执行，拒绝读、写；通常不要开放写权限。此外，所有的文件和目录要将 Everyone 用户组的权限设置为只读权限。

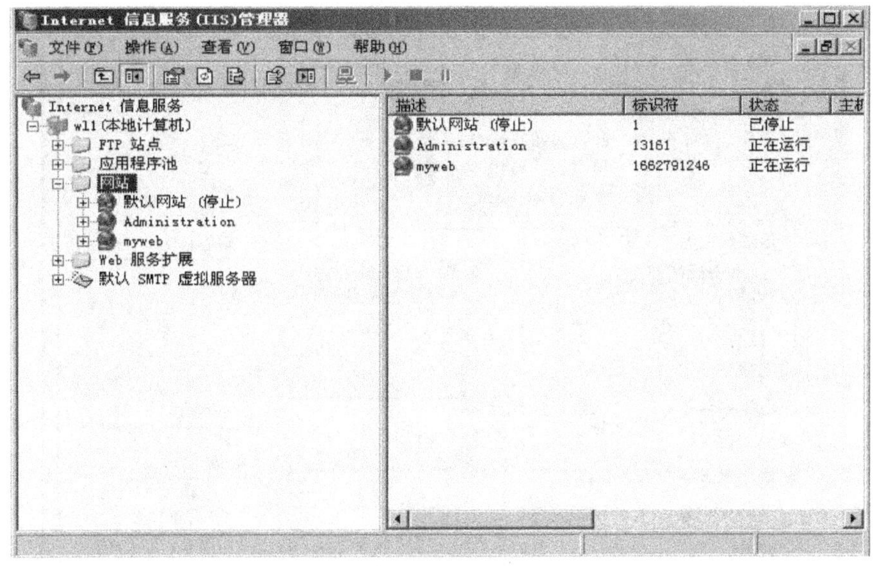

图8-31　停止默认的Web站点

4. 删除不必要的应用程序映射

在“Internet信息服务管理器”窗口中，鼠标右键单击网站目录，选择“属性”命令，如图8-32所示。在网站目录属性对话框的“主目录”选项卡中，单击“配置”按钮，系统弹出“应用程序配置”对话框，如图8-33所示。在“应用程序配置”对话框中选中“映射”选项卡，如图8-34所示。从中删除无用的程序映射。在大多数情况下，只需要留下“.asp”一项即可，将“.ida”、“.idq”、“.htr”等全部删除，以避免攻击者利用这些程序映射存在的漏洞对系统进行攻击。

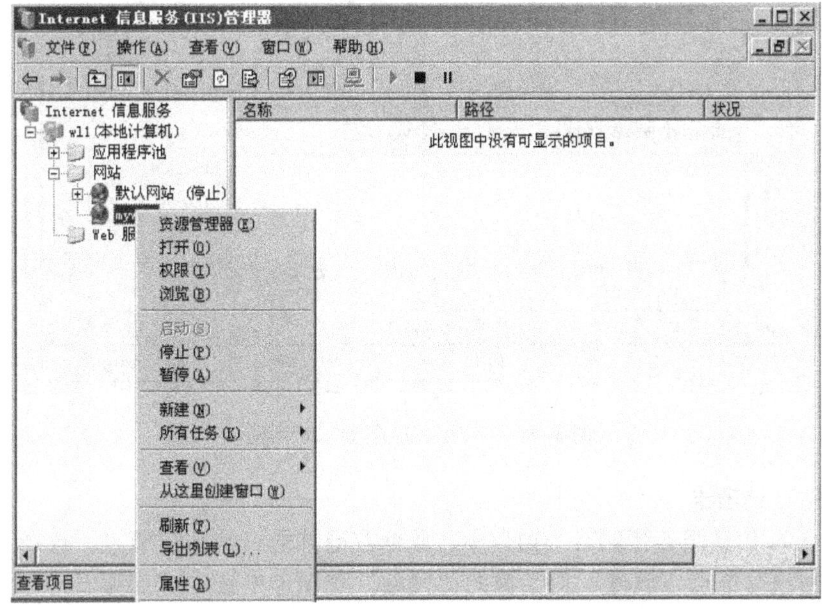

图8-32　设置站点属性

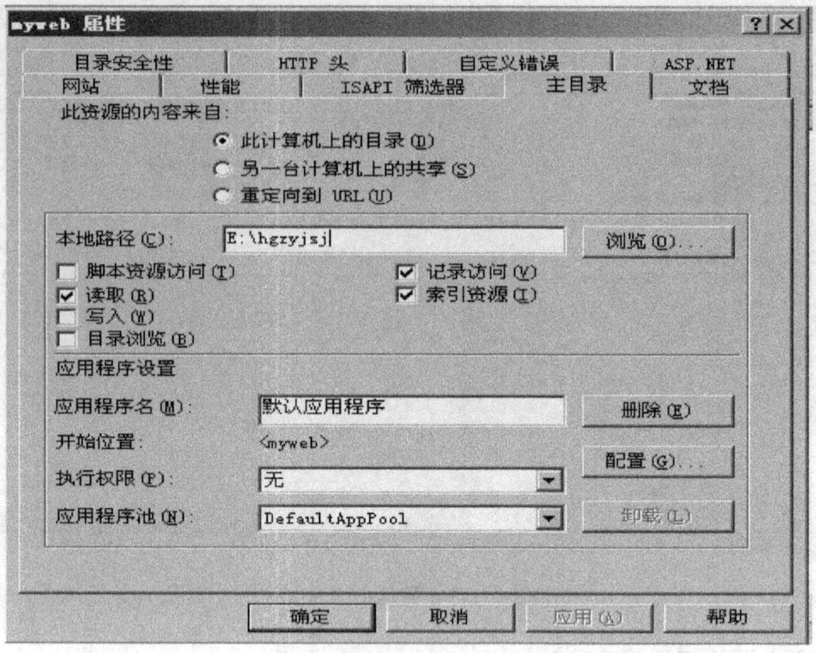

图8-33 “主目录”选项卡

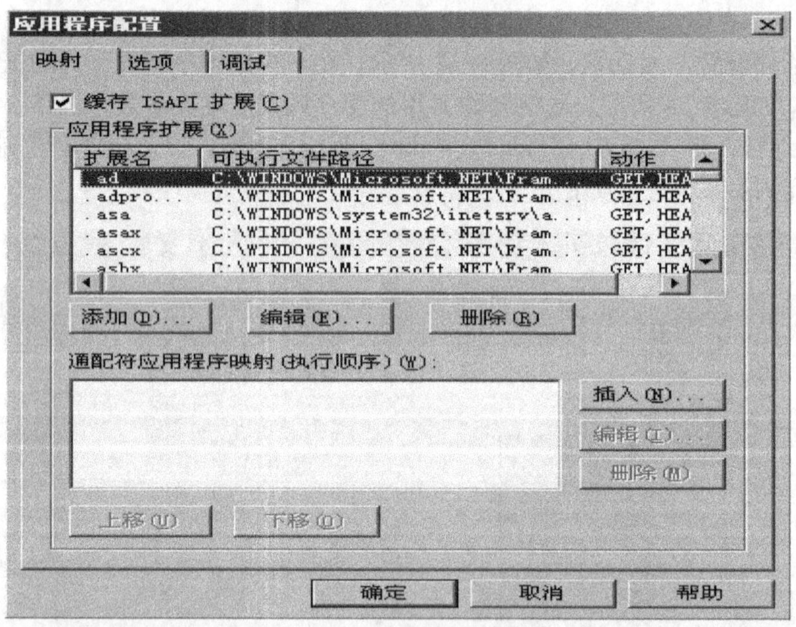

图8-34 “应用程序配置”对话框

5. “网站”选项卡

在“Internet信息服务管理器”窗口中，鼠标右键单击“网站”节点，选择“属性”命令，并从“网站”节点“属性”对话框的“网站”选项卡中选中“启用日志记录”复选框的情况下，如图8-35所示。然后单击旁边的“属性”按钮，即可打开“日志记录属性”对话框，如图8-36所示。在该对话框的“常规”选项卡中，单击“浏览”按钮或者直接在文

本框中输入修改后的日志存放路径即可。修改路径后的日志文件要适当设置权限，它的文件权限建议 Administrator 和 System 用户为完全控制，Everyone 为只读；同时，建议与 Web 主目录文件放在不同的分区，以增加攻击者利用路径浏览日志存放的路径难度，防止攻击者恶意篡改日志。

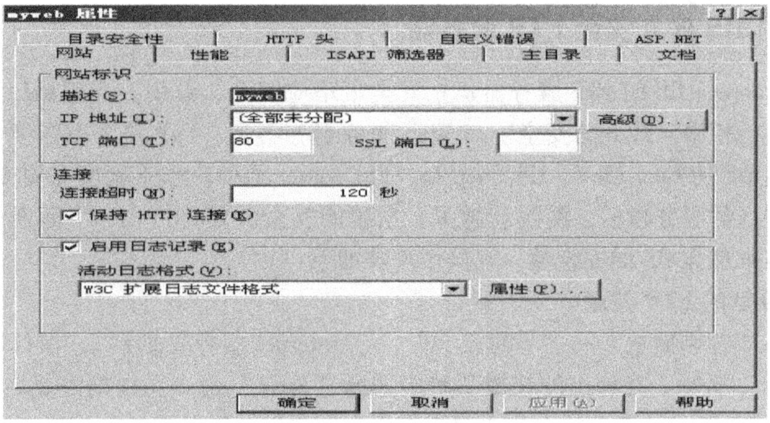

图 8-35　“网站”选项卡启用日志选项

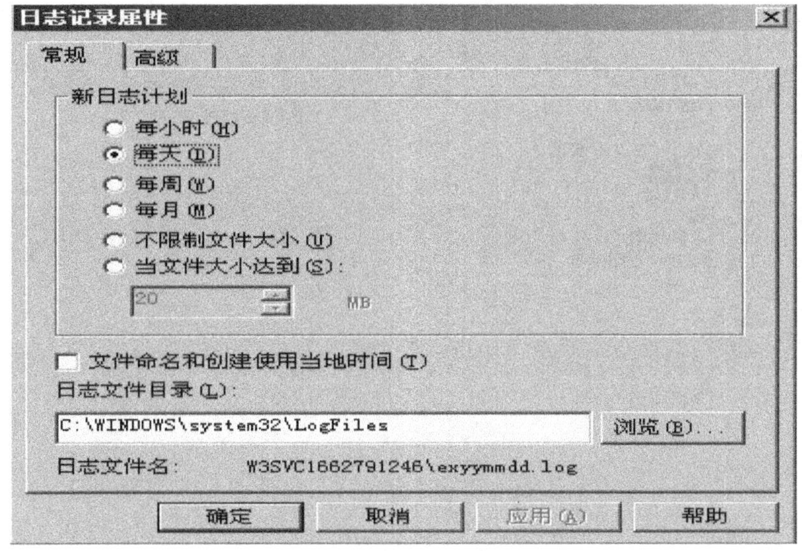

图 8-36　扩充日志记录属性

6. 修改端口值

在“Internet 信息服务管理器”窗口中，鼠标右键网站节点，选择“属性”命令，并从打开的“网站”节点“属性”对话框中选定“网站”选项卡，如图 8-35 所示。此时 Web 服务器默认端口值为 80，将该端口值改为其他值，这样可以增加安全性，但也会给用户访问带来不便，系统管理员可以根据需要来决定是否采用此策略。

7. 禁用远程管理

不要安装 HTML 的远程管理，可以通过另一台服务器上的 IIS 来管理。

至此，简单的Web服务器安全配置已完成。事实上，虽然这些安全配置可以在很大程度上提高Web服务器的安全性，但作为真正实用的Web服务器，每天要接受大量的访问甚至大量的攻击，只有这些配置是远远不够的，还要采用一些其他安全措施，如防火墙、入侵检测等，这在前面的实验中已经讲过。

8.3.3 使用IIS建立安全FTP服务器

基于Windows + IIS的FTP服务器建立安全策略应安全、够用，应遵循以下原则：最小的服务 + 最小的权限 = 最大的安全。与Web服务器相类似，FTP服务器需要的最小组件选择是：只安装IIS的Com Files、IIS Snap In、Ftp Server组件。如果确实需要安装其他组件，要慎重，因开放的服务越多，漏洞就越多，系统的安全就要打折扣。下面通过设置FTP站点的相关内容来加强IIS的安全性。其操作步骤如下：

1. 停止默认的FTP站点

依次打开“控制面板”→“管理工具”→“Internet服务管理器”，鼠标右键单击“默认的FTP站点”选项，在弹出的快捷菜单中选择“停止”命令，根据需要启用自己的FTP站点，如图8-37所示。其目的也是要避免使用众所周知的默认服务器设置。

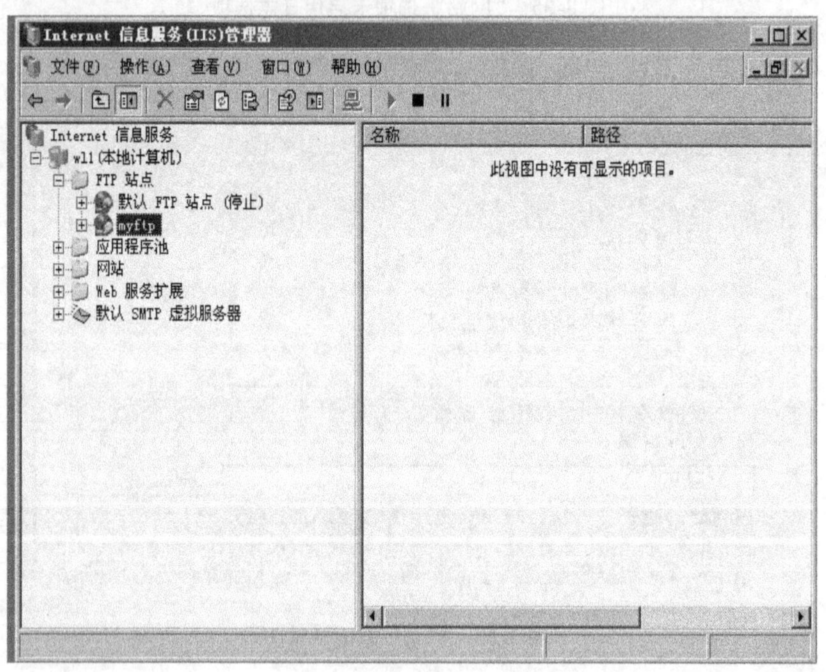

图8-37 停止默认的FTP站点

2. 修改FTP的默认端口

将TCP端口的21改为其他值，以加大攻击者的攻击难度，从而提高服务器的安全性，如图8-38所示。

3. “FTP站点”选项卡

在图8-38的“FTP站点”选项卡中，选中“启用日志记录”复选框，并单击旁边的“属性”按钮，系统弹出如图8-39所示的对话框。在该对话框中修改文件日志目录，将日

志目录和FTP目录分放在不同的路径下，并参照Web服务器的权限设置，设置文件和文件目录的权限，以保护日志的安全。

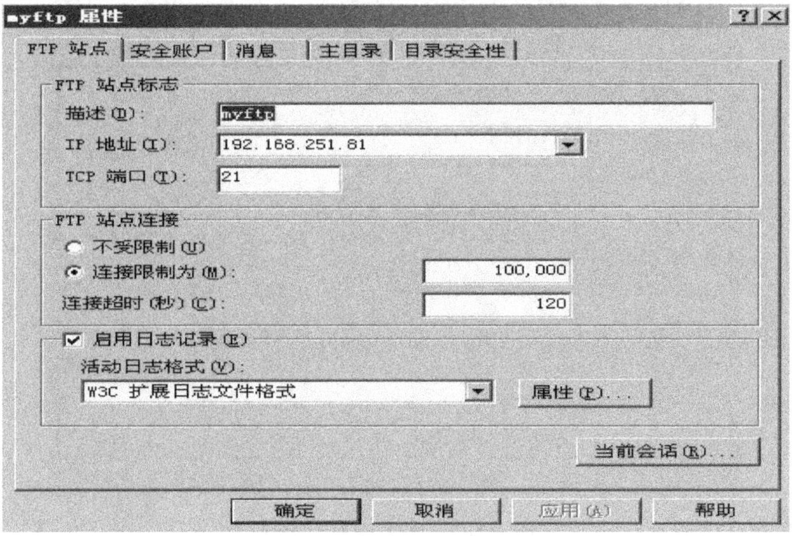

图8-38　修改默认的FTP端口号

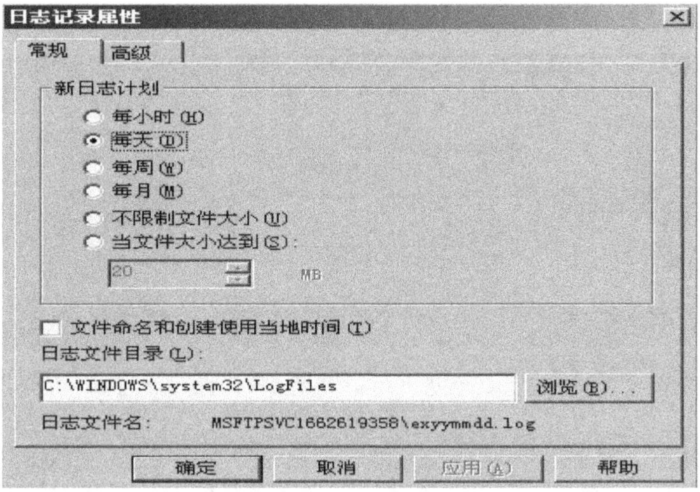

图8-39　修改日志存放目录

4. “安全账户”选项卡

选择“安全账户”选项卡并取消对“允许匿名连接”复选框的选取，只允许系统管理员一个账号登录，如图8-40所示。这样就只有知道系统管理员的账号和密码的用户才可以登录到FTP服务器，从而限制了匿名用户等其他用户的行为。

5. “主目录”选项卡

在FTP站点的“主目录”选项卡上设置FTP主目录，如图8-41所示。在该对话框中，注意FTP的主目录与系统目录不要在同一个磁盘分区，删除Everyone用户组，设置其他用户对FTP主目录的权限为可读不可写，只对系统管理员用户才保留完全控制权。

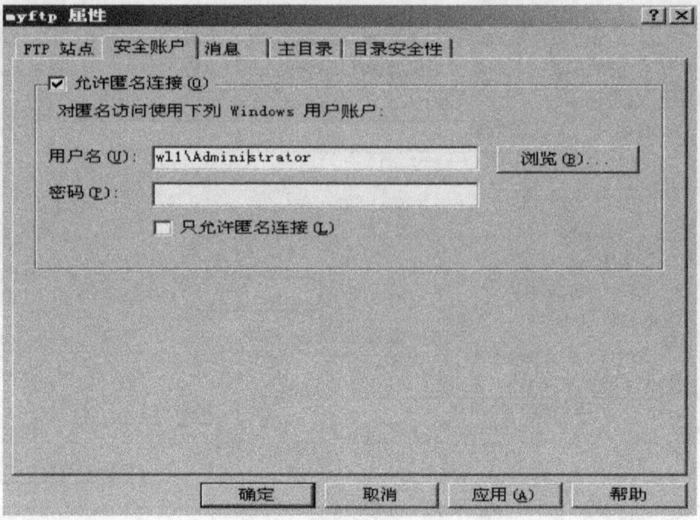

图 8-40 “安全账户”设置

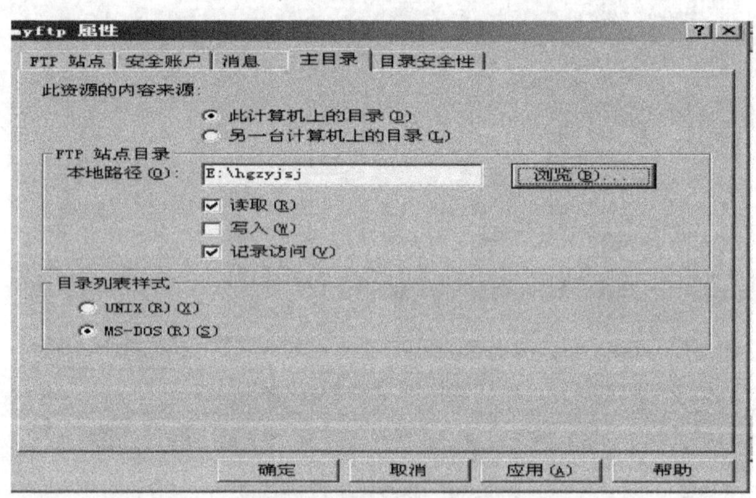

图 8-41 FTP 主目录设置对话框

6. “目录安全性”选项卡

在“目录安全性”选项卡中添加被拒绝或允许访问的 IP，如图 8-42 所示。在选中“授权访问”单选按钮的情况下，可以添加被拒绝的 IP 或 IP 组，其他未提到的 IP 视为允许访问，如图 8-43 所示。在选中“拒绝访问”单选按钮的情况下，可以添加被允许的 IP 或 IP 组，其他未提到的 IP 视为禁止访问。

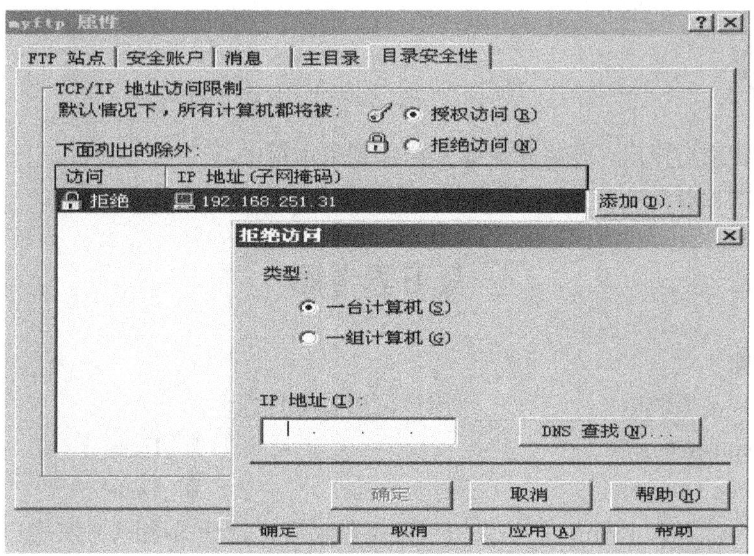

图 8-42　授权访问设置

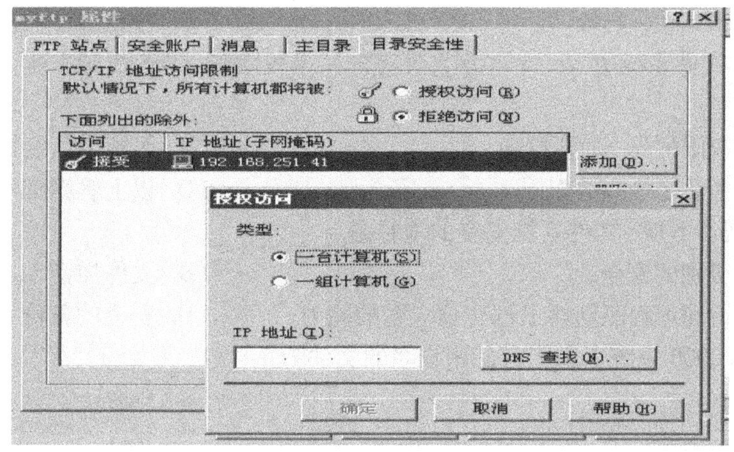

图 8-43　拒绝访问设置

这样，就完成了 FTP 服务器的基本安全设置。

本章小结

本章主要介绍了操作系统的类型与功能、操作系统安全涉及的内容，然后结合 Windows 2000/XP 环境介绍了操作系统的安全设置实例，并通过项目介绍了在 Windows 下的架设相对安全的 FTP、Web 服务器。

【关键概念】

账户与口令、安全策略、审计与日志。

【课堂讨论】

1. 如何创建用户账户，并将指定账户添加到指定组中。
2. 如何架设相对安全的 Smtp 服务器，其设置与 FTP、Web 有何异同。

复习思考题

一、选择题

1. 在 Windows 系统中，__________用户可以查看日志。

A. Administrators　　B. Users
C. Backup Operators　　D. Guests

2. 在 Windows 2000 网络中，如果用户已经登录后，管理员删除了该用户账户，那么该用户账户将__________。

A. 一如既往地使用，直到注销　　B. 立即失效
C. 会在 12min 后失效　　D. 会在服务器重新启动后失效

3. 在 NTFS 文件系统中。一个共享文件夹的共享权限和 NTFS 权限发生了冲突。以下说法正确的是__________。

A. 共享权限优先 NTFS 权限　　B. 系统会认定最少的权限
C. 系统会认定最多的权限　　D. 以上答案都不是

4. 以下不属于 NTFS 文件系统安全的项目是__________。

A. 用户级别的安全　　B. 文件加密
C. 从本地和远程驱动器上创建独立卷的能力　　D. 安全的备份

5. Windows 2000 系统下用于存储用户名的文件为__________。

A. Secret　　B. Passwd
C. Usernames　　D. Sam

6. 在 Windows 2000 系统中，审核账号登录是审核__________。

A. 用户登录或者退出本地计算机
B. 管理员创建、更改或删除一个用户账号或组
C. 域控制器接受一个验证用户账号的请求
D. 应用程序执行一个动作

二、简答题

1. 操作系统安全访问控制策略有哪些内容？
2. Windows 2003 Server 系统中安全特性有哪些？
3. Windows 2003 Server 安全策略有哪些？
4. IIS 平台上建立的 Web 服务器通常采取哪些安全策略？

实践与训练

1. 在 Windows 2003 Server 系统上查看各种安全策略，并按不同要求设置安全策略。

（1）用户账户安全策略

1）设置用户账户的密码长度必须为 3 个字符以上。

2）设置每个用户账户最多允许登录 3 次，如果登录不成功则锁定键盘。

3）新建用户账户 a1、a2、a3，密码分别为 1、S2、Ss123，然后测试该用户账户，注意观察最后结果。

（2）审核与日志策略

1）启用审核策略（登录成功、失败）。

2）新建用户账户 abc，并以账户 abc 的身份登录，注意分别以成功的方式登录、失败的方式登录系统。

3）查看事件查看器，观察审核结果。

（3）文件加密系统（EFS）

1）以上面的 a1 账户登录系统，然后选定待加密的文件夹，单击鼠标右键并从快捷菜单中选择“属性”菜单项，即可打开“文件夹属性”对话框。

2）在“文件夹属性”对话框中单击“高级”按钮，即可打开“高级属性”对话框，并在该对话框中选中“加密内容以便保护数据”复选框，然后单击“确定”按钮。

3）注销当前用户 a1 并以 a2 用户登录系统，然后打开加密后的文件夹，注意观察有何变化。

2. 在 Windows 2003 Server IIS 上建立 Web 服务器，并设置其端口为 30、修改主目录、删除应用程序映射等安全设置。

第 9 章 数据的备份与恢复

学习目标：

通过对本章的学习，读者掌握数据备份的基本概念、常用的数据备份方式、备份设备、备份策略等内容，以便在必要的时候利用所备份的数据完成数据的恢复操作。

引例：

随着计算机的普及和信息技术的进步，特别是计算机网络的飞速发展，信息安全的重要性日趋明显。但是，作为信息安全的一个重要内容——数据备份的重要性却往往被人们所忽视。只要发生数据传输、数据存储和数据交换，就有可能产生数据故障。这时，如果没有采取数据备份和数据恢复手段与措施，就会导致数据的丢失，有时造成的损失是无法弥补和无法估量的。因此，数据备份与恢复是一种保护数据信息的安全技术，在实际应用中具有重要的地位和作用。

9.1 数据备份

9.1.1 数据备份概述

十多年前，普通用户遭遇硬盘故障之后，首先想到的往往是硬件的损失，而不是保存于其上的数据，而今天则大为不同，越来越多的人会考虑硬盘里面的相片、视频、文稿等不可再生的珍贵数据是否可以挽救出来，为此付出一定的代价也在所不惜。至于依赖 IT 系统开展业务的各种企业，数据的重要性更不待言。因此，越来越多的人和企业有了数据恢复的需求。“电脑有价，数据无价”，本着这样的出发点，我们有必要掌握数据备份与恢复的相关知识，以满足日后工作和生活的需要。

什么是数据备份呢？顾名思义，数据备份就是将数据以某种方式加以保留，以便在系统遭受破坏或其他特定情况下，重新加以利用的一个过程。需要注意的是，大容量的备份不等于简单的文件复制，也不等于文件的永久性归档，它是要求一种高速、大容量的存储介质将所有的文件（网络系统、应用软件、用户数据）进行全面的复制与管理。

9.1.2　数据备份的相关概念

1. 数据备份的类型

根据用户要备份的数据在系统中所处的层次来划分，数据备份可分为系统数据备份和用户数据备份。其中，系统数据备份为了确保系统正常运行而对系统数据进行的备份；用户数据备份是备份用户拥有的各类应用程序产生的数据文件。相对而言，用户数据的备份更为重要。

2. 数据备份的方式

数据备份有多种方式，在不同的情况下，应该选择相对合适的备份方式。在操作系统中按备份的数据量来说，数据备份的方式有完全备份、增量备份、差分备份、副本备份和每日备份 5 种。图 9-1 中显示的是 Windows 系统中的 Ntbackup 备份工具提供的几种备份方式。

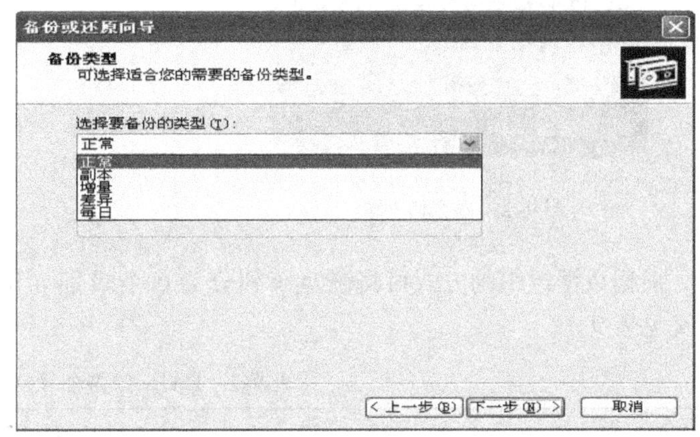

图 9-1　操作系统中的数据备份方式

（1）正常备份　正常备份就是将所选择的文件或文件夹的全部内容都备份到一个扩展名为“bak”的文件中。特点是备份所需时间最长，但恢复时间最短，操作最方便，也最可靠。

（2）增量备份　只备份上次备份以后有变化的数据，其特点是，由于没有重复备份数据，即节省了磁盘空间，又缩短了备份时间，但当发生灾难时恢复数据比较麻烦。

（3）差异备份　只备份自上次完全备份以后有变化的数据，特点是备份时间短，占用空间较小，但恢复时操作相对较麻烦。

（4）副本备份　只备份所有选中的文件，但不将这些文件标记为已经备份。如果要在普通备份和增量备份之间备份文件，副本备份将非常有用，因为复制不影响这些其他的备份操作。

（5）每日备份　顾名思义就是每天只备份当天修改过的内容。

9.1.3　数据备份的设备与软件

数据备份设备与软件是正确完成数据备份的前提与条件保障。

1. 数据备份的设备

目前用于大容量数据备份的硬件设备主要有磁盘阵列、磁带设备（Tape Library）和光盘库等，因其信息存储特点的不同，决定各自的应用环境也有较大区别。磁盘阵列主要用于网络系统中的海量数据的即时存取；磁带设备更多的是用于网络系统中的海量数据的定期备份；光盘库则主要用于网络系统中海量数据的访问。

(1) 磁盘阵列（RAID）　磁盘阵列原理就是利用数组方式来做磁盘组，配合数据分散排列的设计，以提升数据的安全性。磁盘阵列主要针对硬盘，在容量及速度上，无法跟上CPU及内存的发展而提出的改善方法。其样式有3种，分别是外接式磁盘阵列柜、内接式磁盘阵列卡和软件仿真。其中，外接式磁盘阵列柜由于具有可热抽换特性故常被应用于大型服务器中，如图9-2所示。不过此类产品的价格都很昂贵。内接式磁盘阵列卡，因为价格便宜且需要较高的安装技术，故适合技术人员使用，如图9-3所示。另外软件仿真的方式，由于会拖累机器的速度，常不适合大数据流量的服务器。本节主要介绍操作系统自带的RAID及其相关操作。

图9-2　磁盘阵列柜

图9-3　磁盘阵列卡

根据数据组织的方式可将磁盘阵列分为6个级别（RAID0～RAID5），各个级别的简单定义见表9-1。

表9-1　RAID的各个级别

RAID级别	描　述	速　度	容错性能
RAID0	硬盘分段	硬盘并行输入/输出	无
RAID1	硬盘镜像	没有提高	有（允许单个硬盘错）
RAID2	硬盘分段加海明码纠错	没有提高	有（允许单个硬盘错）
RAID3	硬盘分段加专用奇偶校验盘	硬盘并行输入/输出	有（允许单个硬盘错）
RAID4	硬盘分段加专用奇偶检验盘需异步硬盘	硬盘并行输入/输出	有（允许单个硬盘错）
RAID5	硬盘分段加奇偶校验分布在各硬盘	硬盘并行输入/输出比RAID0稍慢	有（允许单个硬盘错）

对于上述所有RAID级别（除了RAID0不受第三条约束外）都具备下面的3个共同点：一是RAID虽是一组磁盘驱动器的集合但在操作系统下仍被视为一个逻辑驱动器；二是数据分块并分布在一组磁盘驱动器上；三是冗余的磁盘驱动器用来存储校验信息以便在出现驱动器故障时进行数据恢复。

某工程师想在一台安装了Windows 2003 Server的计算机上（共有4个硬盘，其中磁盘0上安装了操作系统并至少分了两个区，而另外三个硬盘容量相同，未分区，用来做RAID使用）利用系统自带的RAID功能组建并配置软RAID1。

其操作方法与步骤如下：

1）安装Windows 2003 Server操作系统。假设将其安装在第一块硬盘上，即磁盘0。

2）升级磁盘1、2、3（非系统磁盘）为动态磁盘。依次打开“开始”→“设置”→“控制面板”→“管理工具”→“计算机管理”窗口，然后选择“磁盘管理”选项，并选

中要升级的非系统磁盘后单击鼠标右键，从弹出的快捷菜单中选择“升级到动态磁盘”选项，按照提示一步步向下进行，即可完成非系统硬盘从基本磁盘到动态磁盘的升级，如图 9-4 和图 9-5 所示。

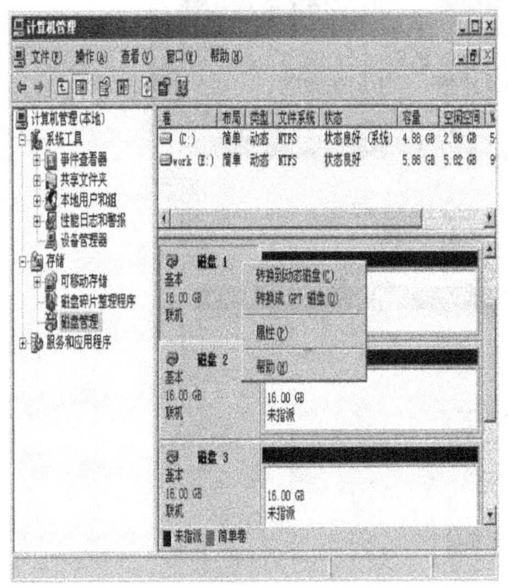

图 9-4　转换动态磁盘

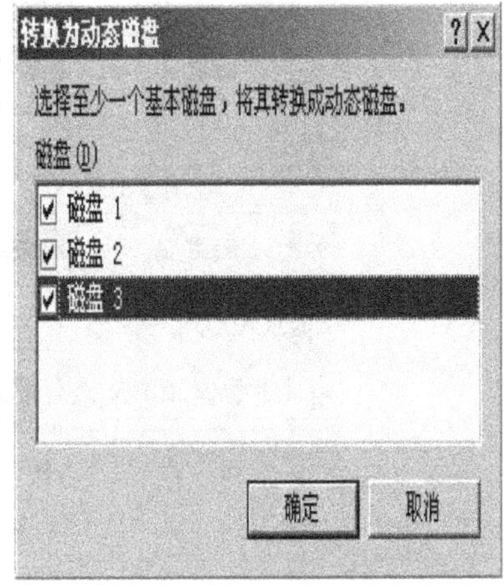

图 9-5　选择转换磁盘

3）升级磁盘 0（系统磁盘）为动态磁盘，升级方法同上。由于系统磁盘上安装了操作系统，操作系统正在使用本地磁盘，因此，在升级时会有一个“强制卸下”的提示，单击“是”按钮，继续进行。最后，重新启动计算机，完成系统磁盘从基本磁盘到动态磁盘的升级，如图 9-6 所示。

4）创建系统分区并组建软 RAID 1。在第一块磁盘上用鼠标选中需要进行镜像的分区（如 E），然后单击鼠标右键并选择“添加镜像”命令，按照提示，选择第二个动态磁盘，完成系统分区的镜像，创建镜像卷后的情况如图 9-7 所示。

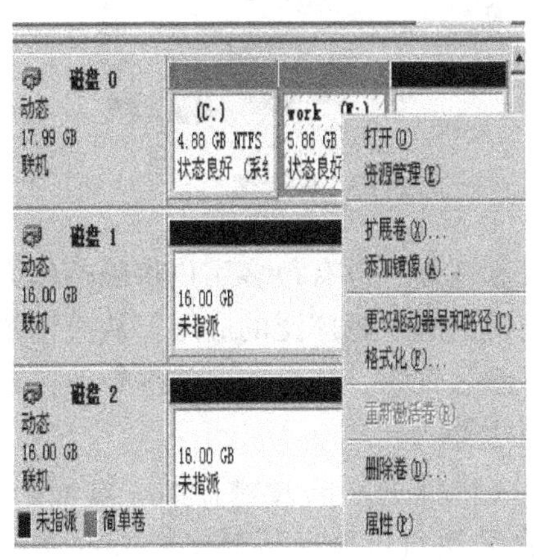

图 9-6　添加镜像

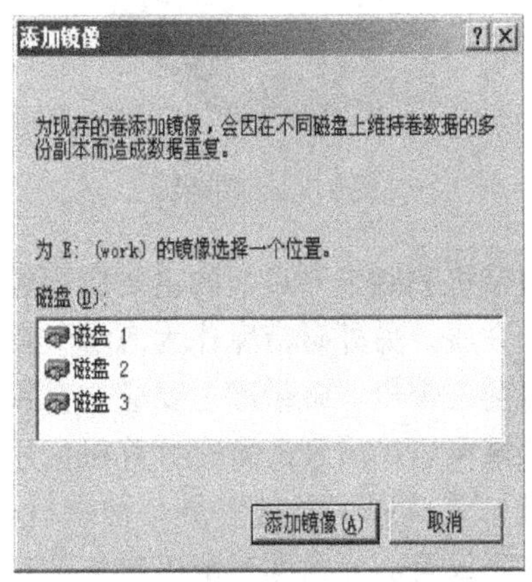

图 9-7　选择镜像分区所在的磁盘

5）系统会根据原分区大小，在第二个磁盘上面划分出同样的分区大小，两个分区存储相同的数据内容，系统创建镜像时会自动进行同步，如图 9-8 所示。依照相同的方法还可以对整个磁盘使用镜像功能。

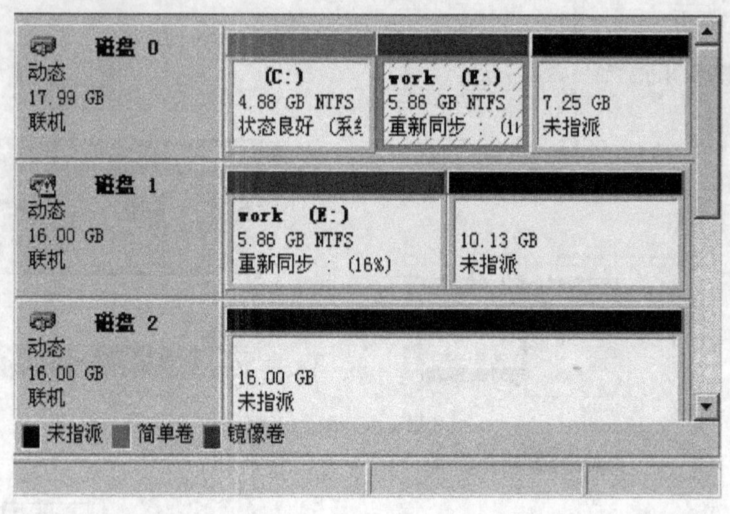

图 9-8　同步镜像分区

（2）磁带设备　磁带设备常指磁带机和磁带库产品。其中，磁带机本身是一种经济、可靠、容量大、速度快的备份设备，如图 9-9 所示；磁带库是指在一个封闭的机柜中，集成有一台至 N 台磁带机并包括若干盘磁带，由一个机械手臂实现自动装填磁带的功能。它的操作是自动完成而无需人为干涉的，如图 9-10 所示。

图 9-9　磁带机

图 9-10　磁带库

磁带机和磁带库目前的主要应用领域是数据备份和恢复，也有很多用户将磁带作为数据迁移的介质，另外磁带库作为海量数据存储设备将会得到越来越广泛的应用。从应用领域来看，目前磁带机、磁带库主要应用在银行、电信、保险、气象、测绘、石油等行业，未来的应用领域可以扩展到许多有计算机应用的领域，如医疗等。

（3）光盘库　光盘库是一种带有自动换盘机构（机械手）的光盘存储、管理、检索、网络共享设备。光盘库一般由放置光盘的光盘架、自动换盘机构（机械手）和驱动器 3 部分组成，如图 9-11 所示。光盘库一般配有 1 ~ 12 台 CD-ROM 驱动器，可容纳 50 ~ 600 片 CD-ROM 光盘。用户访问光盘库时，自动换盘机构首先将已放在 CD-ROM 中的光盘取出并放置到盘架上的指定位置，然后再从盘架中取出用户所需的 CD-ROM 光盘，并将此光盘送

入 CD-ROM 驱动器中，从而完成信息的调用。自动换盘机构的换盘时间通常在秒量级，因此光盘库的访问速度是 3 种光盘共享设备中最慢的。

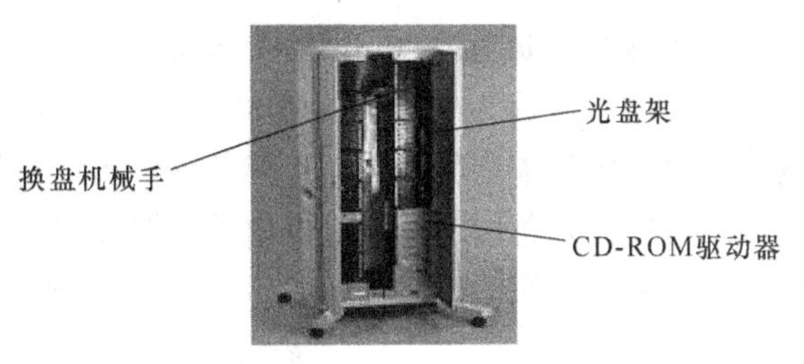

图 9-11 光盘库

光盘库的性能介于磁盘阵列和磁带库之间，数据传送带宽由光盘驱动器数目决定的。光盘库是非线性存取设备，即可以从光盘的任意位置，而不是像磁带那样必须从头进行数据的存取；光盘库的文件访问时延很小（毫秒级），能支持较多的并发访问，并且光盘的加载和卸载时间相对于磁带要小。

由于光盘库容量大且易于扩充、保存期长等优势，故常被用于存储备份和检索要求高的应用场合，如医院的医疗影像资料、银行等金融机构的重要票据影像资料、电视台多媒体摄影工作室、多媒体电子图书馆和视频点播等。

由于数据备份设备的质量与性能决定了是否能进行高速高质量备份的关键，所以我们在实施数据备份时，应该根据具体的使用情况合理地选取相应的备份设备。

2. 数据备份软件

优秀的备份软件便于用户灵活指定备份策略，快速恢复备份数据，支持各种操作系统平台及数据库系统。同时包括加速备份、自动操作、灾难恢复等特殊功能，对于安全有效的数据备份是非常重要的。

目前备份软件很多，如 Legato Networker、CA ARCServe、HP Openview、IBM adsm 及 VERITAS 公司的 Netbackup 等。各家公司的软件在备份管理方式上各有千秋，如 Legato、VERITAS 和 CA 是独立软件开发商，注重于对各种操作系统和数据库平台的支持，而 HP 和 IBM 等更注重于对本公司软/硬件产品的支持，因此用户可根据具体实际情况进行综合考虑选择。

对 Windows 操作系统进行系统数据备份的常用工具主要有 Ghost、Second Copy 2000 等。Ghost 是最常用的一款备份软件，其特点是能够将硬盘中包括分区在内的所有信息完整地保存起来，即便是原来的分区信息已经改变，它也能够恢复。而 Second Copy 2000 会常驻在系统盘，用户可自行设置备份频率（如每隔几分钟、几小时、几天）让系统自动执行备份工作。它除了进行简单的复制，程序还可以将要备份的文件压缩到 Zip 文件，以及使源文件夹和目标文件夹保持同步。在本书中主要结合案例介绍利用 Ghost 完成系统数据备份与还原、Second Copy 2000 完成用户数据的自动备份等操作。

9.1.4 网络数据备份的架构

鉴于数据如此重要，于是很多企业对于重要的业务数据都规划了各种类型的备份应用系统。目前最常见的网络数据备份系统按其架构不同可以分为 3 种：基于网络附加存储（Direct Attached Storage，DAS）结构，基于网络连接存储（Network Attached Storage，NAS）结构，基于结构的存储区域网络（Storage Area Network，SAN）结构，下面对这几种结构作具体介绍。

1. 基于网络附加存储（DAS）结构

DAS结构也称为直接连接存储。它是最简单的一种数据保护方案，在大多数情况下，这种备份大多是采用服务器上自带的磁带机或备份硬盘，然后由本地服务器将要备份的数据通过网络传输到备份服务器，再由备份服务器备份到磁带机/磁带库中，并且备份操作往往也是通过手工操作的方式进行的，如图9-12所示。

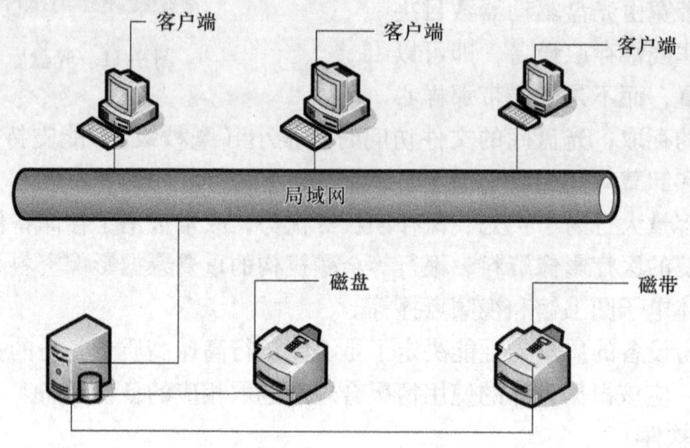

图9-12　DAS的备份结构

基于DAS结构适用于小型企业用户进行简单的文档备份。它的优点是维护简单，数据传输速度快；缺点是可管理的存储设备少，不利于备份系统的共享，不太适合于现在大型的数据备份要求，而且不能提供实时的备份需求。

2. 网络连接存储（NAS）结构

这种备份结构是小型办公环境中最常用的备份结构，如图9-13所示。在该系统中数据的传输是以局域网为基础的，首先预先配置一台服务器作为备份管理服务器，它负责整个系统的备份操作。磁带库则接在某台服务器上，当需要备份数据时通过网络把备份对象备份到备份管理服务器的磁带库中。NAS备份结构的优点是投资经济、磁带库共享、集中备份管理；它的缺点是对网络传输压力大，当备份数据量大或备份频率高时，局域网的性能下降快，故不适合重负载的网络应用环境。

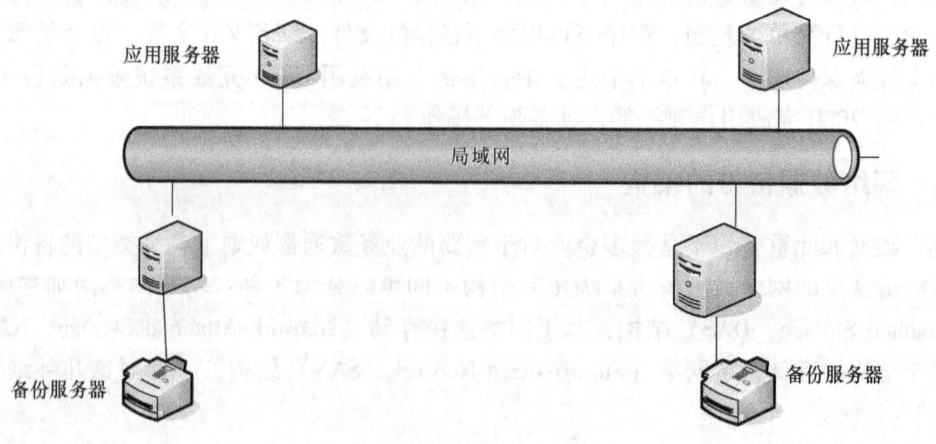

图9-13　NAS备份结构

3. 存储区域网络（SAN）结构

SAN 存储区域网基于高速光纤通道（Fibre Channel）小型计算机系统接口（SCSI）技术，在服务器之间以及服务器和存储设备之间建立了高速的数据传输链路。在 SAN 内进行大量数据的传输、复制、备份时不再占用宝贵的局域网（LAN）资源，使得局域网的带宽得到极大的释放，服务器能以更高的效率为前端网络客户端提供服务，如图 9-14 所示。

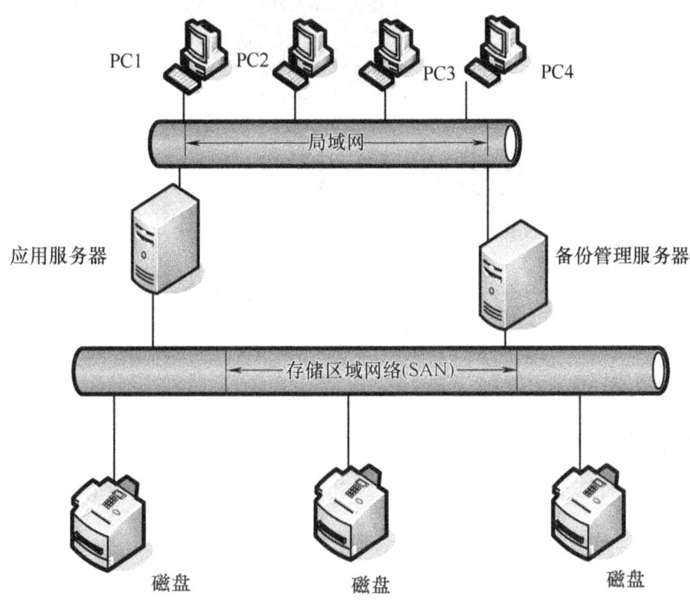

图 9-14　SAN 备份结构

4. 一个网络数据备份方案实例

前面介绍了几种网络数据备份的架构方式，下面以某单位的网络数据备份方案作为案例来介绍所选数据备份的架构方式是如何完成数据备份的。

（1）硬件平台环境　有 5 台服务器需要备份，均为 RedHat Enterprise Linux 操作系统，包括 Oracle 数据库服务器、应用程序服务器、Web 服务器，另外有一台单独的 Linux 服务器作为备份服务器；还有一台磁盘阵列通过光纤通道接口（FC）接入后端的 SAN，该磁盘阵列配置了 14 块 146GB 的光纤硬盘，作为备份存储设备；整个备份架构采用基于 SAN 架构的 LAN-Free 备份模式。

（2）网络结构图　图 9-15 是某单位网络数据备份的架构图。在该图中是以 SAN 架构为主体技术对系统进行集成的，其中基于各种主机平台的数据系统是该项目的核心组成部分，担负着众多的极其重要的工作，如 Web、中间件应用、数据库系统等；而系统中的数据，更是核心中的核心，数据的安全性保障关系到整个系统能否正常的运行，最终更关系到该单位能否提供正常的服务。在该项目中对数据进行的保护方法是数据备份。由前面可知有多种备份方法，并且不同的备份方法，其效果不同，主要表现在性能、自动化程度、对现有系统应用的影响程度、管理、可扩展性等方面。本项目中采用的是基于 SAN 的备份技术。

由图 9-15 可知，数据库服务器、Web 服务器等服务器的重要数据一方面通过 SAN 备份到各个磁盘阵列，同时也备份到专业的备份服务器中，从而提高了数据的安全性及可靠性。

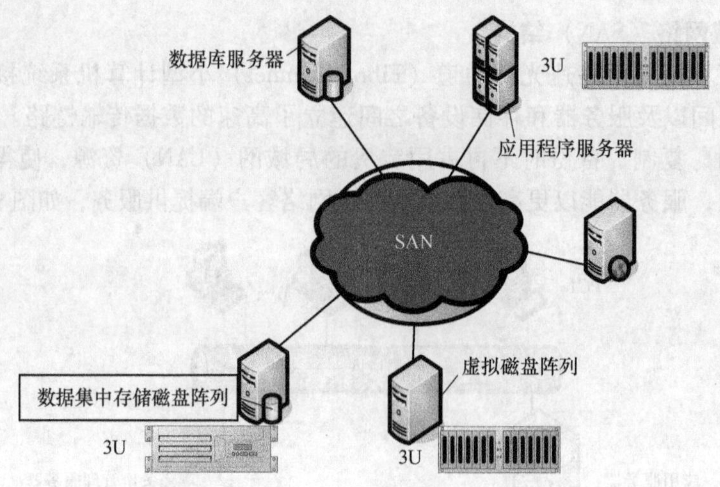

图9-15 某单位网络数据备份的架构案例

9.1.5 数据备份的策略

1. 什么是数据备份策略

备份策略是指确定需要备份的内容、备份时间以及备份方式。备份的数据往往根据企业或组织的需要来确定。

2. 如何规划备份策略

备份策略的规划是一项至关重要的工作，也是备份取得效果如何的关键。那么在制定或规划备份策略时需考虑的因素有哪些呢？一般来说，考虑的内容如下：

（1）备份频率 即每隔多长时间进行一份数据备份。

（2）备份方式的选取 根据数据的重要性选择相应的备份方式。

（3）备份设备的选择 根据数据量的多少选择相应的备份设备，如当需要完成数据库或文件组备份时，应备份事务日志，以便在灾难发生时尽可能地恢复数据。

3. 备份策略的实施

下面以某企业的备份策略为例，介绍备份策略的制定与实施。某企业需要备份的数据有业务数据与生产数据，其中业务数据有可用性的时段性，生产数据在每周的时间里必须保证24 小时运转的高可用性。

（1）数据备份系统的目标 通过备份策略的制定为用户提供可靠、连续的数据服务。其具体目标是：

1）防止各种硬件、软件、人为误操作而造成的数据丢失。

2）尽可能地减少出现故障的次数，从而延长平均故障间隔的时间。

3）尽可能地在最短的时间内恢复数据。

4）数据库系统应该能够自动处理多种系统失败以及数据库失败。

5）系统停工时间以及服务质量的下降程度必须保证在用户可接受的范围之内。同时对相关组件所作的修改必须具有一定的可行性。

6）必须确保系统管理人员维护的方便。

7）必须确保系统的高可用性。

（2）实施备份策略　在按数据备份系统的目标制定出相应的备份策略后就要实施备份策略。

1）数据库环境稳定性及性能要求有：必须通过硬件冗余方式来提供冗余系统环境，要对操作系统或应用程序作备份，通过不间断电源（UPS）提供断电保护，通过多磁盘和多磁带并行系统提供高速的备份能力。

2）对业务数据制定的备份策略，如对数据库实施日志归档模式，同时还提供一个备用数据库服务器并要实现与主数据库服务器的数据同步，每周一早晨6:00做一次完全备份并分别保存在两个服务器中，每天两次备份控制文件、在线日志组和归档日志，上午下班后一次，凌晨1:00再做一次，数据每半年备份一次。

3）生产数据库的备份策略是采用双机集群的备份模式，运行日志备份并归档，生产数据要求的备份频率比业务数据的备份频率更高，备份的时间间隔更短，同时还要提供硬件冗余来提高安全性。

4）日常优化维护作业：要对每种备份的具体恢复功能做相应的测试，确保备份方法能达到预期的目标；至少保存两种最新的备份资料；每天查看一次备份日志；建立备份文档及维护记录；建立数据跟踪文档；对用户实施培训。

5）备份数据的保存：使用刻录机保存历史数据；备用数据库服务器与主服务器分别放置在不同的物理位置，如有可能实现异地备份或远程备份。

9.2　数据备份工具

根据要恢复的数据层次可分为系统数据恢复和用户应用程序产生的结果数据恢复。虽然系统损坏可以重装系统，但重装系统后可能会导致系统下的某些应用程序无法找到等情况，故对系统数据也要进行数据备份。实现系统数据备份的工具很多，本文主要以操作系统自带的备份工具Ntbackup、Ghost、Second Copy 2000等工具，再结合具体案例来介绍如何利用上述工具完成系统数据的备份与恢复。

9.2.1　使用Ghost备份和恢复系统

为了预防系统崩溃导致计算机无法意外情况的发生，有时将系统备份到磁盘其他分区，以便出现意外后，能迅速将系统恢复到最近的正常系统。

1. Ghost简介

Ghost是Symantec公司推出的一个用于系统、数据备份与恢复的工具。它不仅有硬盘克隆功能，还附带有硬盘分区、硬盘备份、系统安装、网络安装、升级安装等功能。Ghost版本众多，如5.1c、8.x，其最新版本是Ghost 10。这里选用的是Ghost 8.x版本，并利用该版本完成备份磁盘分区和恢复磁盘分区。

2. Ghost使用的时机

一般来说，在完成操作系统及各种驱动的安装后，并将常用的软件（如杀毒、媒体播放软件、Office办公软件等）安装到系统盘，接着安装操作系统和常用软件的各种升级补丁，然后优化系统，最后才做系统盘的克隆备份。备份前最好先将要备份的系统盘里的垃圾清除（含用户的垃圾文件、注册表的垃圾信息等），然后对系统盘进行碎片整理，完成后到

DOS 下进行克隆备份。

3. Ghost 备份和恢复原理

其原理是利用它的磁盘分区镜像和备份恢复功能，即将计算机上的硬盘分为两个区以上，其中一个分区用于存储映像文件。Ghost 软件将硬盘的一个分区或整个硬盘作为一个对象来操作，可以完整复制对象（包括硬盘分区信息、操作系统的引导区信息），把这些信息压缩成一个映像文件（Image），在进行数据恢复时，把该映像文件恢复到对应的分区或对应的硬盘中。

4. Ghost 备份与还原系统

为了完成系统备份任务，系统管理人员需要将系统按一定的时间进行备份，当事故发生时利用备份恢复系统。Ghost 可以完成两个硬盘之间的对拷、硬盘分区复制、远程复制等。本文从“分区”和“磁盘”的备份与恢复两方面来解决问题。

（1）使用 Ghost 备份磁盘分区　使用 Ghost 进行系统备份，有备份整个硬盘和备份硬盘分区两种方式。建议当 C 盘重装系统后，都要用 Ghost 备份一下，以防不测。下面以备份硬盘分区 C 盘为例，其操作步骤如下：

1）运行 Ghost 后，用光标方向键选择“Local”→“Disk”→“To Image”菜单项上，然后按回车键，如图 9-16 所示。

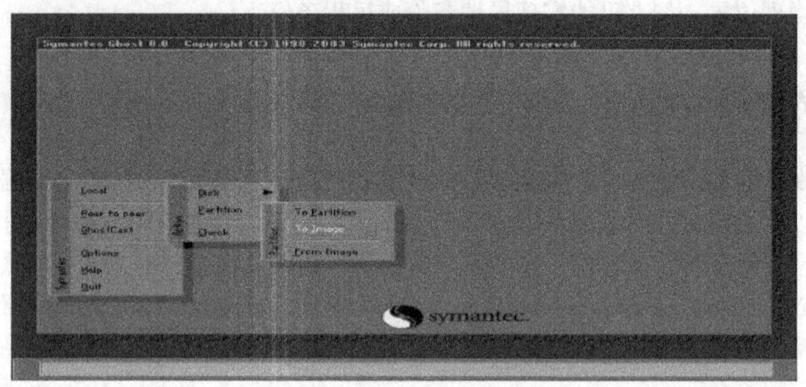

图 9-16　Ghost 菜单选择

在图 9-16 中的主程序有 4 个常用选项：Quit（退出）、Help（帮助）、Options（选项）和 Local（本地）。其中，Local（本地）出有 3 个子项分别为 Disk、Partition、Check，Disk 表示备份整个硬盘（即硬盘克隆）、Partition 表示备份硬盘的单个分区、Check 表示检查硬盘或备份的文件，查看是否可能因分区、硬盘被破坏等造成备份或还原失败。

2）出现选择本地硬盘窗口（由于本机只有一块硬盘，故直接回车）/选择源分区窗口（源分区就是你要把它制作成镜像文件的那个分区，如 Primary 分区），如图 9-17 所示。

3）在图 9-16 中选择好分区后，按回车键确认我们要选择的源分区，再按一下 <Tab> 键将光标定位到“OK”键上（此时“OK”键变为白色），再按回车键。

4）选择镜像文件的存储目录，如图 9-18 所示。默认存储目录是 Ghost 文件所在的目录，在“File Name”处输入镜像文件的文件名，也可带路径输入文件名，如输入 E：\ghost\Windows，表示将镜像文件 windows. gho 保存到 E：\ghost 目录下，输好文件名后，再按回车键。

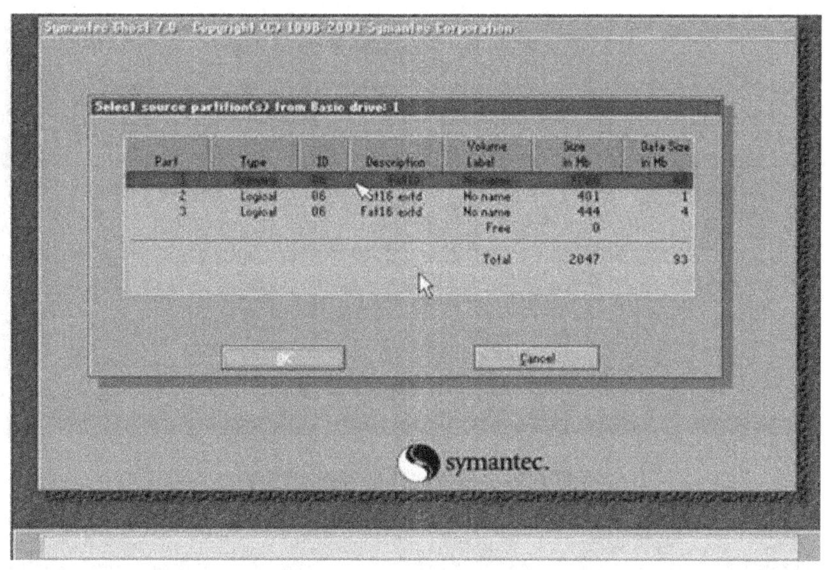

图9-17　选择源分区窗口

注意生成的镜像文件不要放在要备份的分区上。

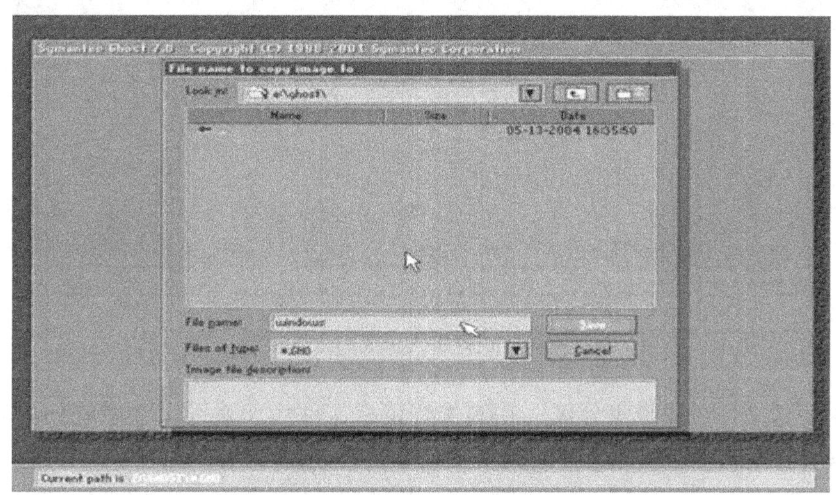

图9-18　镜像文件存储目录

5）接着出现“是否要压缩镜像文件”窗口，如图9-19所示。有“No（不压缩）、Fast（快速压缩）、High（高压缩比压缩）”，压缩比越低，保存速度越快。一般选“Fast”即可，用向右光标方向键移动到Fast上，按回车键确定。

6）接着又出现一个提示窗口，用光标方向键移动到“Yes”按钮上，按回车键确定。

7）Ghost开始制作镜像文件，如图9-20所示。当进度条到达100%时，意味着系统分区备份完成；此时会出现创建成功窗口提示，按回车键即可回到Ghost界面。

8）再按<Q>键，按回车键后即可退出Ghost界面。至此，分区镜像文件制作完毕，即可将系统分区备份到指定镜像文件。

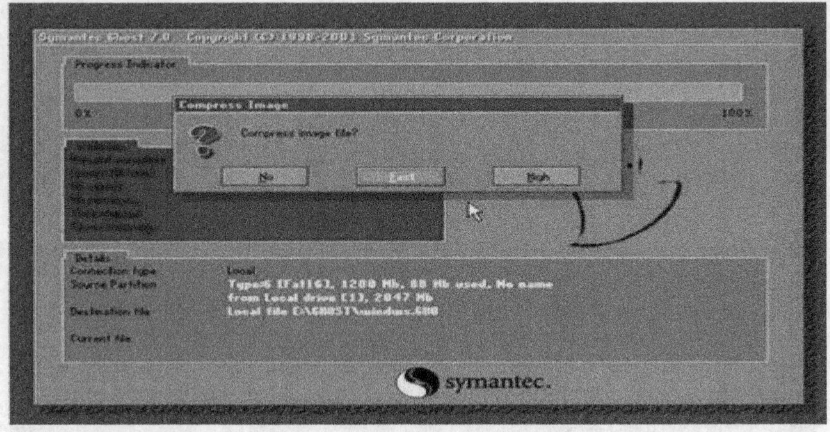

图 9-19　镜像文件是否压缩窗口

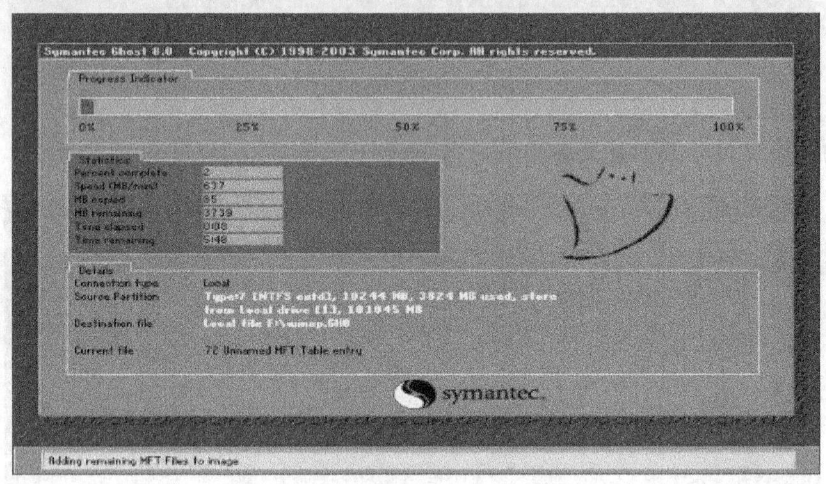

图 9-20　镜像文件生成的进度窗口

（2）从镜像文件还原磁盘分区　在制作好镜像文件后，就可以在系统崩溃时利用该镜像文件将系统恢复到制作镜像文件时的系统状态，其还原步骤如下：

1）在 DOS 状态下运行 Ghost 按回车键，出现 Ghost 主菜单后，用光标方向键依次选择菜单“Local”→“Partition”→“From Image”，如图 9-21 所示。然后按回车键，则系统出现“镜像文件还原位置”窗口，如图 9-18 所示。该窗口中输入镜像文件的完整路径及文件名，如 E：\Ghost\Windows. gho，再按回车键。

2）然后出现选择镜像文件所在的分区窗口，如图 9-22 所示。例如，从 E 盘还原系统，则在该窗口中选择 Logic 后直接回车。由于一个镜像文件中可能包含有多个分区的备份，故必须选择。

3）接着出现本地硬盘选择窗口，由于本机只有单块硬盘故直接按回车键即可。

4）接着出现硬盘目标分区的选择窗口，我们用光标键选择目标分区（即要还原到哪个分区），如 Primary 分区并回车。接着出现提问窗口，此时选择“Yes”选项，并按回车键确定，于是 Ghost 开始还原分区信息。

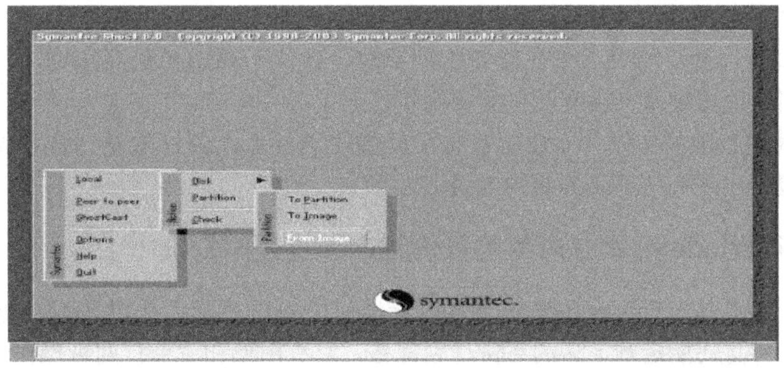

图 9-21　Ghost 菜单选择

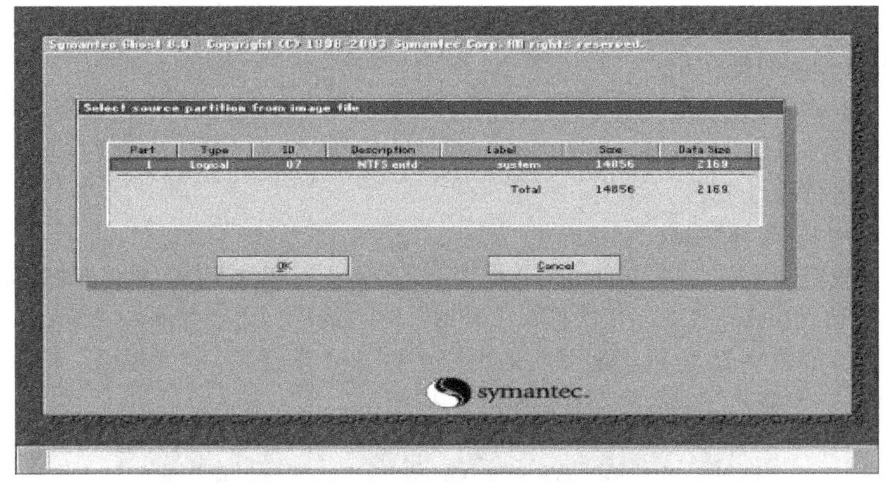

图 9-22　镜像文件的所在的分区选择窗口

5）很快就还原完毕，出现还原完毕窗口，选择“Reset Computer”选项，并按回车键重新启动计算机。

Ghost 除了上述的磁盘分区的备份与还原功能外，还具有硬盘的直接对拷（Disk-To Disk）、硬盘到镜像文件（Disk-To Image）、从镜像文件还原硬盘内容（Disk-From Image）等功能，用户在操作时根据具体情况进行相应的操作。

5. 使用 Ghost 时的注意事项

Ghost 备份工具的功能非常强大，可以实现对磁盘数据的重写操作，因此用户必须谨慎使用，同时还要注意以下几个问题：

（1）清理磁盘垃圾　即在备份系统前，最好将一些无用的文件删除以减少 Ghost 文件的体积。通常无用的文件有 Windows 的临时文件夹、IE 临时文件夹、Windows 的内存交换文件。

（2）整理磁盘碎片　即在备份系统前，整理目标盘和源盘的碎片，以加快备份速度。

（3）检查磁盘错误　即在备份系统前及恢复系统前，最好检查一下目标盘和源盘，纠正磁盘错误。

（4）做好目标盘数据的备份　即在恢复系统时，最好先检查一下要恢复的目标盘是否有重要的文件还未转移。

（5）选择合适的压缩率 即在选择压缩率时，建议不要选择最高压缩率，因为最高压缩率非常耗时，而压缩率又没有明显的提高。

（6）及时更新映像文件 即在新安装了软件和硬件后，最好重新制作映像文件，否则很可能在恢复后出现一些莫名其妙的错误。

9.2.2 利用 Windows 本身内建的备份程序系统数据备份

Ntbackup 工具是 Windows 系统安装时内置的一个备份工具，提供系统数据备份和各类文件的备份，并且还能定制灵活的备份计划任务。它有图形和命令行两种操作界面，一般情况下，图形界面用得多些，主要特点就是操作简单、方便，功能强大、设置灵活。本部分主要介绍图形界面下 Ntbackup 的几种备份方式，并通过具体案例利用 Ntbackup 完成数据备份与恢复操作。

1. Ntbackup 的备份方式

Ntbackup 提供的备份方式有 5 种，分别为正常备份、副本备份、增量备份、差异备份、每日备份，每种备份方式的特点前面已经介绍，在此不再赘述，用户在完成数据备份时可根据具体情况进行适当选择。

2. Ntbackup 备份数据

在这里我们以“E：\1”文件夹的数据为例，分别进行正常备份。具体操作步骤如下：

（1）启动 Ntbackup 工具 依次打开“开始”→“运行”命令并输入“Ntbackup”即可启动此工具，如图 9-23 所示。也可以采用依次打开“开始”“程序”→“附件”→“系统工具”→“备份”启动此工具，如图 9-24 所示。

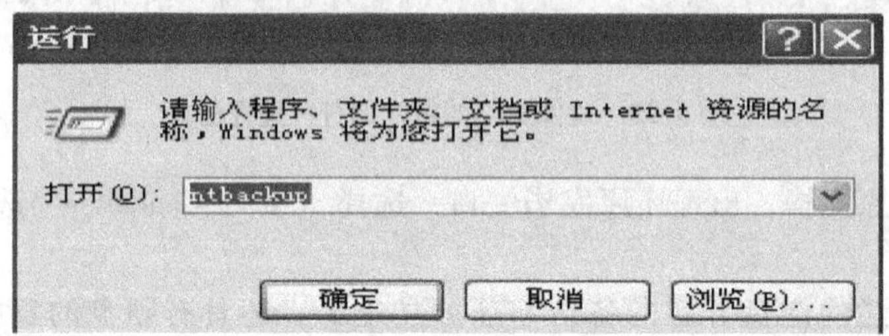

图 9-23 启动 Ntbackup

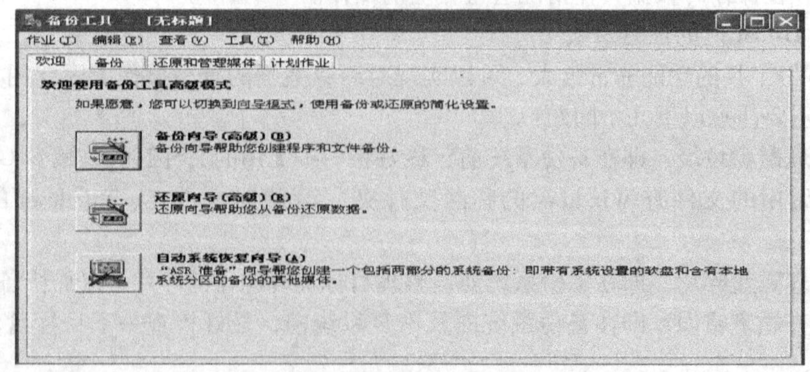

图 9-24 Ntbackup 备份与还原窗口

（2）启动备份向导　在图 9-24 中选择备份向导并单击则启动了备份向导，由于本部分要对 E：\1 进行正常备份，所以在要“备份向导”对话框中选择“备份选定的文件、驱动器或网络数据”单选按钮，并单击“下一步”按钮，如图 9-25 所示。

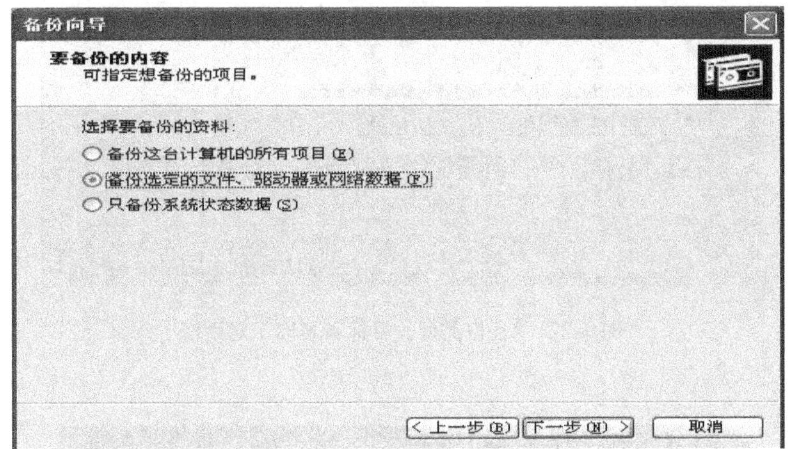

图 9-25　“备份向导”对话框

（3）设置备份的项目　在“备份向导”对话框中选择要备份的项目（如选择 E：\1 文件夹），如图 9-26 所示；然后单击“下一步”按钮，接着选择“备份类型、目标和名称”选项，如图 9-27 所示；确定好保存备份结果的位置和文件名称后，单击“下一步”按钮。

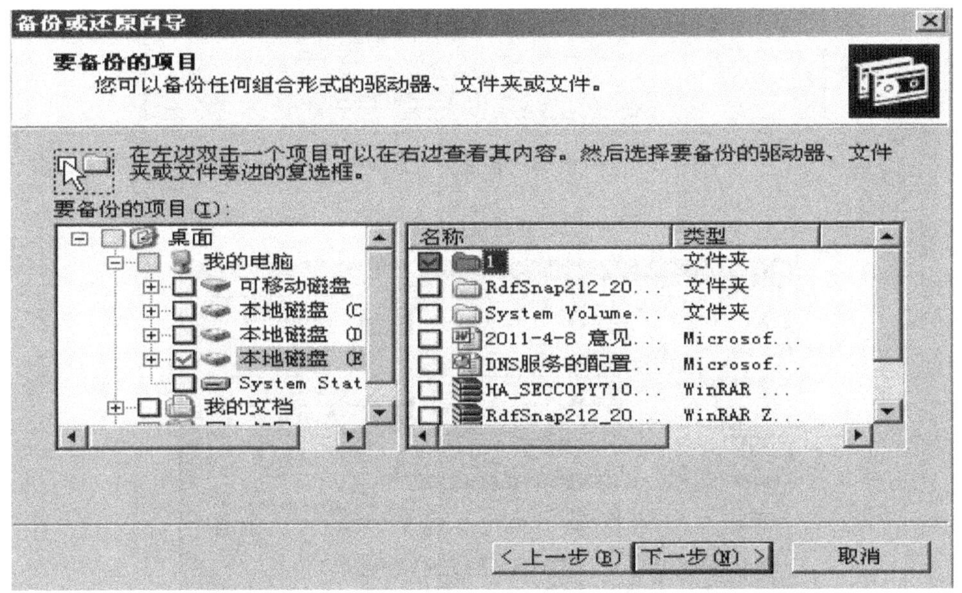

图 9-26　备份的项目选择窗口

（4）选择备份方式　进行备份类型的选择，本次选择“正常备份”选项，如图 9-28 所示，并单击“下一步”按钮；然后单击“完成”按钮即可完成数据的正常备份，即可出现如图 9-29 所示的“备份进度”对话框。等进度条到达 100% 时，就完成了 E：\1 的数据备份操作。

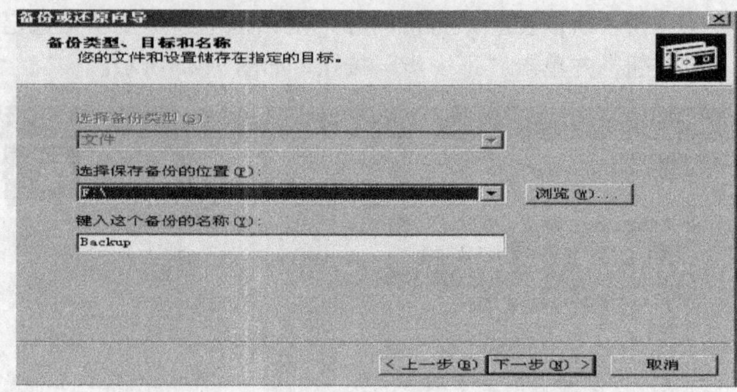

图 9-27　“备份类型、目标和名称”对话框

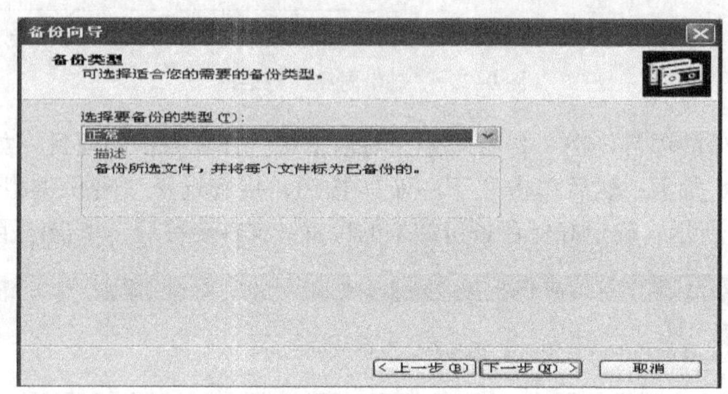

图 9-29　“备份进度”对话框

3. Ntbackup 恢复数据

利用上面的备份数据来恢复该文件夹及相关数据。其操作步骤如下：

（1）启动还原向导　启动 Ntbackup 工具如图 9-24 所示的窗口，在该窗口中选择“还原向导”图标按钮，单击“下一步”按钮即可见“还原项目”对话框，如图 9-30 所示。当然也可以直接运行备份文件 backup. bkf，同样也能出现如图 9-30 所示的界面。

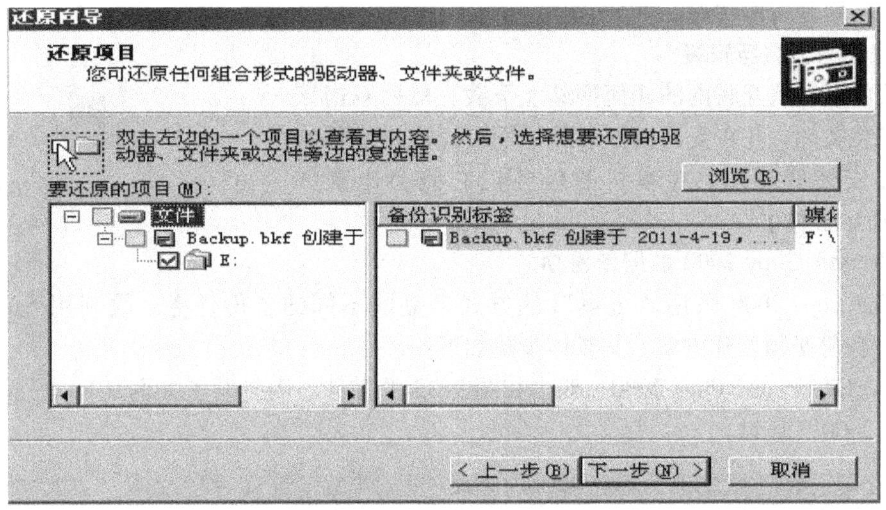

图 9-30　“还原项目”对话框

（2）设置还原项目　在图 9-30 中选择要还原文件所在的位置，含驱动器、目录等内容，并单击“下一步”按钮，系统弹出如图 9-31 所示的窗口；当然也可以通过单击“高级”按钮，打开如图 9-32 所示的对话框，在该对话框中可以重新设置还原文件的位置。

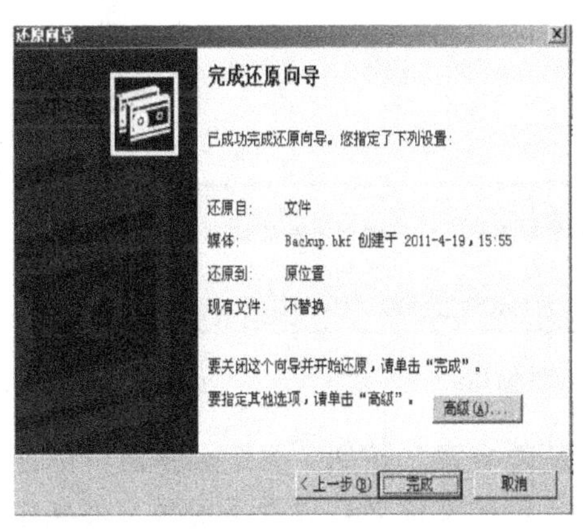

图 9-31　还原向导

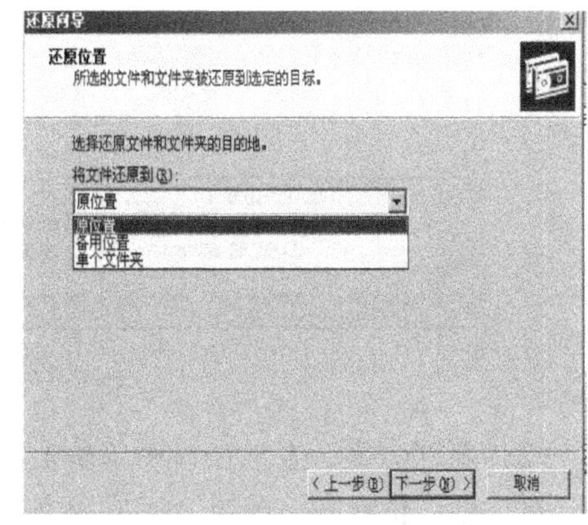

图 9-32　高级设置

（3）完成数据还原　在图 9-32 向导的提示下逐级单击“下一步”按钮，就可以完成 E：\1 数据的恢复操作。这样结合 Ghost 备份的数据和 Ntbackup 备份的数据，就可以快速地恢复系统了。

9.2.3 利用 Second Copy 2000 完成系统数据的备份

Second Copy 2000 是一个使用相当方便的小工具，该工具的特点是具有系统自动后台备份和良好的管理备份策略文件等功能，所以很多用户也会选用该工具软件来完成系统数据的备份。由于文件备份功能同 Ghost、Ntbackup 相似，在此不再赘述，本部分主要介绍该软件的系统自动后台备份功能。

1. 软件的下载与安装

该软件可以从互联网的任何网站上下载，然后双击该软件的安装文件，并在安装向导的提示下可完成该软件的安装。在安装完毕后，在本机的任务栏右侧会出现如图 9-33 所示控件。

图 9-33 Second Copy 2000 控件

2. Second Copy 2000 数据备份功能

Second Copy 2000 采用“方案”的方式来完成不同的备份任务。故利用 Second Copy 2000 数据备份必须新建方案。其具体步骤如下：

（1）启动 Second Copy 2000 双击如图 9-33 的控件，则打开了如图 9-34 所示的“Second Copy 2000”窗口。

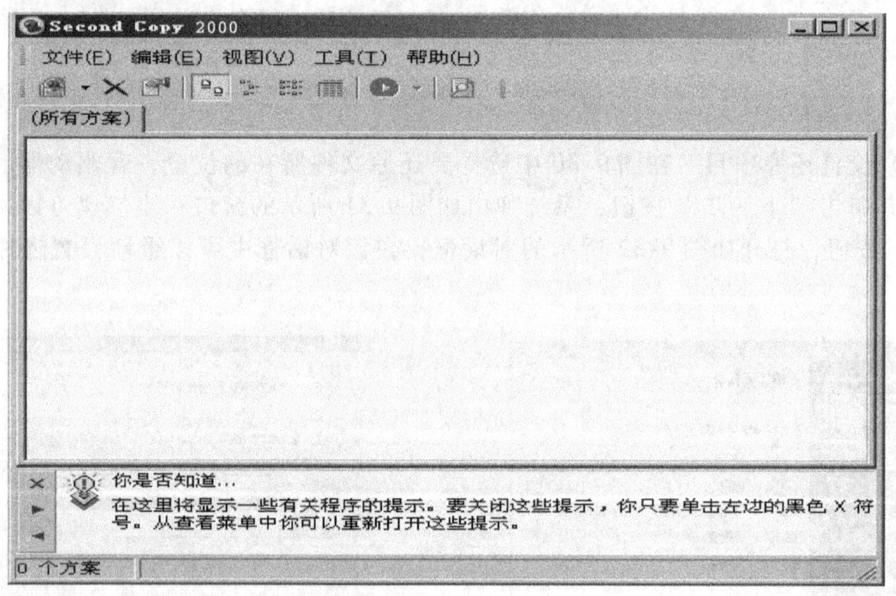

图 9-34 “Second Copy”窗口

（2）新建方案 在该窗口中单击工具栏上的“新建方案”按钮，系统会弹出“方案向导”对话框，依次在该向导上完成源文件夹（需要备份的文件夹）以及备份源文件夹中的哪些文件、目标文件夹（保存备份文件的文件夹，支持把文件备份到 CD-R/RW 驱动器）、什么时候备份、怎样备份的设置，一个新的备份方案就建立。实质上就是填好如图 9-35 所示的各个页面，然后单击“完成”按钮即可。

（3）“什么时候”选项卡 如果想让系统自动后台备份，那么在图 9-35 中选择的“什么时候”页面，系统弹出如图 9-36 所示的对话框并完成备份时间与备份频率的设置。如在

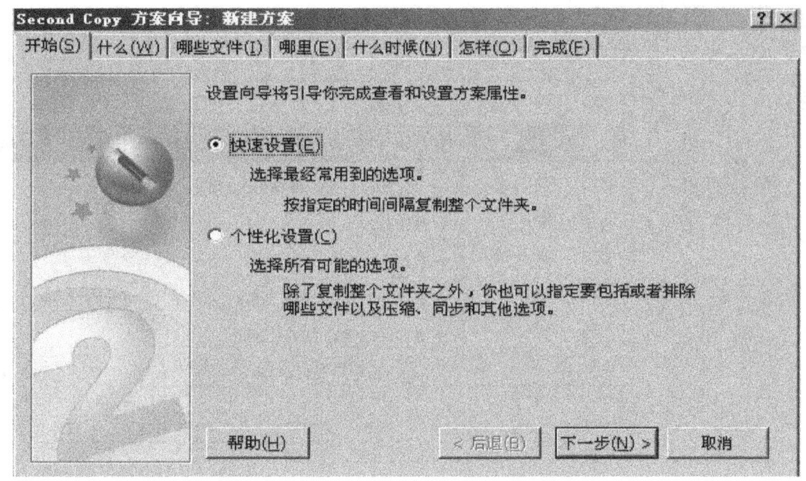

图9-35 Second Copy备份方案的各个页面

每周的周一至周五，每隔两小时就完成系统的自动后台备份。

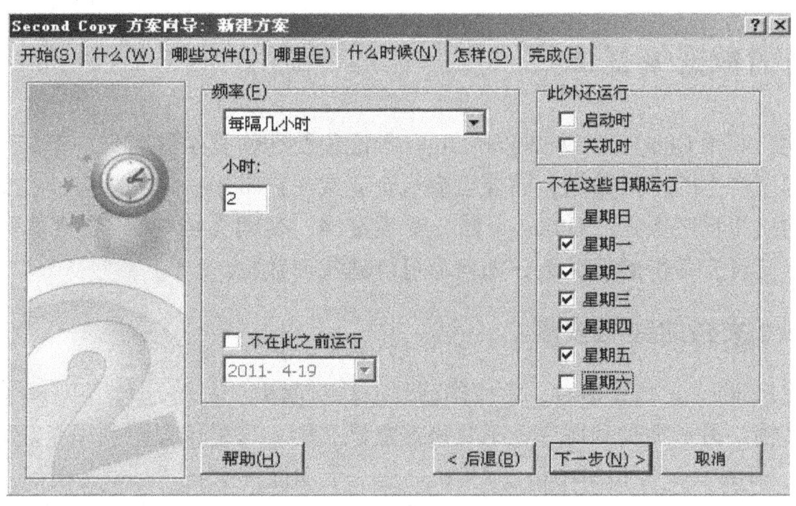

图9-36 备份方案的“什么时候”页面

说明：在Second Copy 2000的“方案向导”中，提供了6种备份方式，分别是简单复制、精确复制、移动、压缩、精确压缩、同步。如图9-37所示，各种方案的特点在该窗口中也有相应的提示，这样用户可以根据要备份资料的特点进行合理选择。

至此，设置新备份任务的工作已经完成，该备份任务会自动添加到Second Copy 2000任务列表中，此后它就会在后台默默工作，当系统时间满足用户设置的自动备份条件时，Second Copy 2000就会在后台自动对用户选定的文件进行备份，从而达到保护数据的目的。当然，也可在Second Copy 2000任务列表中鼠标右键单击需要备份的项目，然后从弹出的快捷菜单中执行“运行方案”选项来对该备份任务手工进行备份，使用非常灵活。

Second Copy 2000对备份任务的个数没有任何限制，我们完全可根据自己的需要将有关备份内容全部添加到Second Copy 2000的备份列表中，然后由系统自动进行备份。另外，Second Copy 2000还可以将几个备份任务设置为一组，然后同时对这个组进行备份，这就可

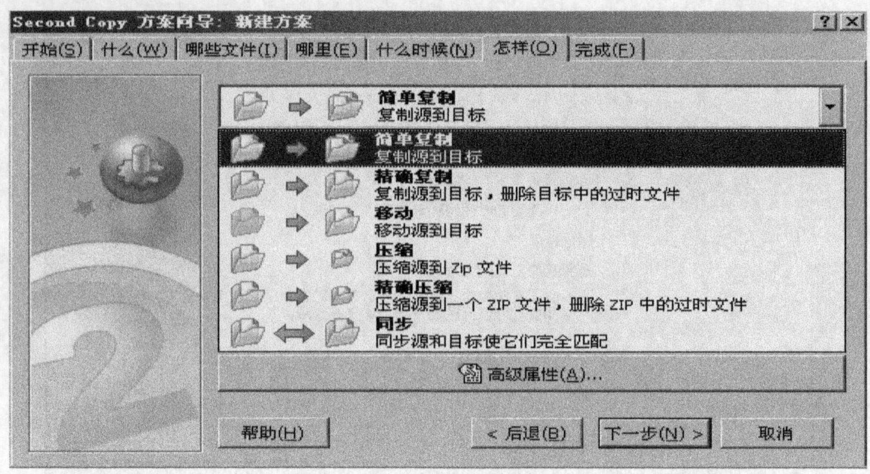

图 9-37 Second Copy 备份方式的选择

更进一步满足用户的需要。

9.3 常用的数据恢复工具

如前所述，利用 Ghost、Second Copy 2000 等能很快地恢复系统数据。但如果没有保存好用户的应用程序产生的结果数据，同样也会给企业或用户带来一定的损失。在此，结合具体案例如常用的应用程序数据（Office 文档、音频文档、视频文档等），在遭遇数据丢失或损坏时，手头上又没有备份的情况下，如何尽可能地找回数据。

9.3.1 Word 文档的数据恢复

一般来说，Word 文档受损时，常用的修复办法有两类：一类是利用 Word 自身的修复功能来修复该文档，另一类是利用专业工具来修复该文档。这里仅介绍利用专业的修复工具来修复该文档。Advanced Word Repair（AWR）是一个功能强大的 Word 文档修复工具，它使用先进的技术扫描被破坏的 Word 文档，能最大可能地修复其中的数据，将损失减到最小。具体操作步骤如下：

1）“修复”选项卡。启动 Advanced Word Repair 后再在“修复”选项卡中的“选择待修复的 Word 文件”文本框中，单击 ... 按钮选择损坏的 Word 文档，接着在“输出已经修复的文件为”文本框中选择修复后要保存的位置（默认时与受损文档保存在相同位置，且自动在文件名后加上“_ fixed”），最后单击“开始修复”按钮即开始修复，如图 9-38 所示。

2）数据修复。在修复时，AWR 先读取文档中的“文本”数据，然后再读取文档中的图片，并且将图片放在文本后面。当修复完成后，会出现如图 9-39 所示的对话框，单击【确定】按钮即可。

3）文件修复后的处理。在数据修复完成后打开修复后的文件，可以看到原来文档的“格式”已经丢失，如图 9-40 所示。其中，图片是以文件名的方式插入在文档的最后，如图 9-41 所示。

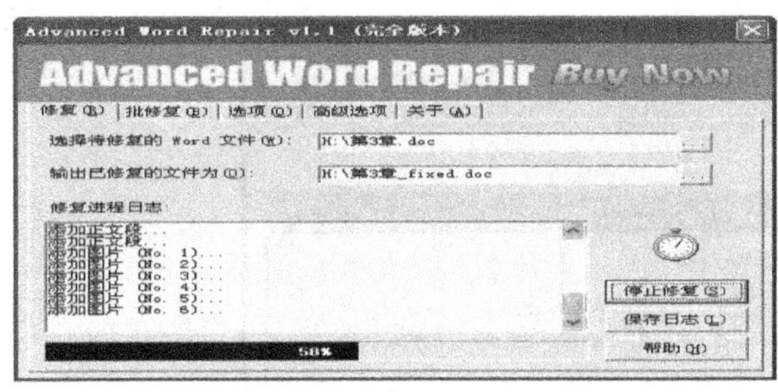

图9-38　开始修复受损文档

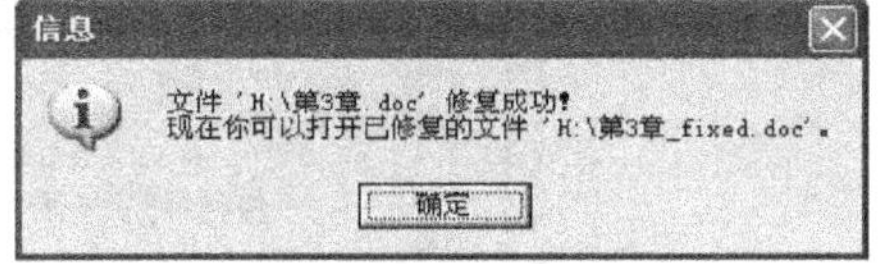

图9-39　修复完成

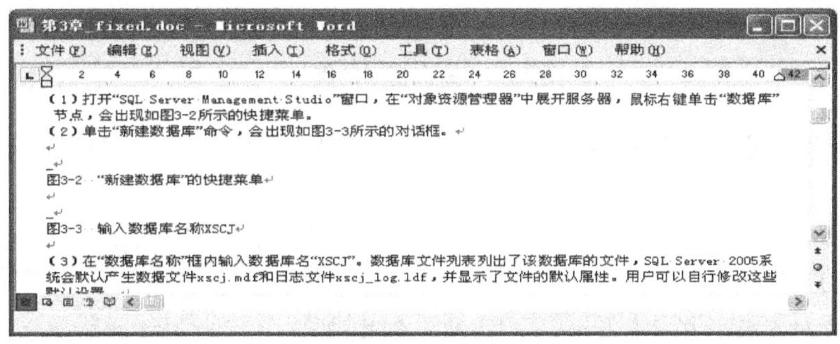

图9-40　修复后的文档示例

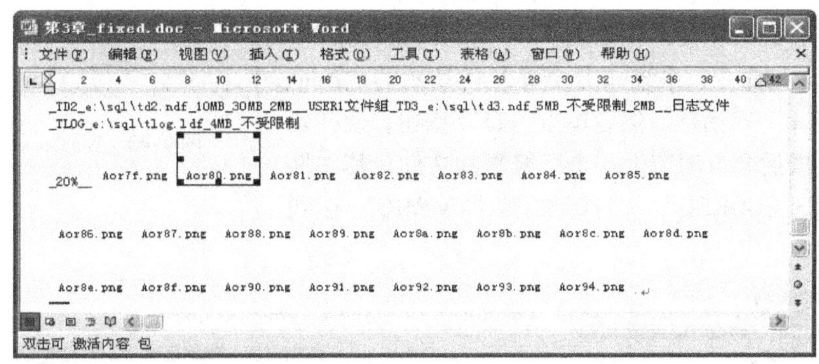

图9-41　在修复后的文档中图片的位置和显示方式

4）图片的处理。双击该文档中的任一个图片文件，即可在某个图片编辑软件中（本机使用的是ACDSee程序）打开该图片，如图9-42所示。此时只需将图片另存为文件，然后将它再插入到修复后的文档中并进行重新排版即可。

对于Office系列中的Excel、Powerpoint等应用程序的数据修复操作，类似于Word文档的修复，既可用自身的修复功能，也可以利用相应的专门修复工具。

9.3.2　音频文件的数据恢复

MP3格式是一种音频压缩格式，MP3播放的音质效果不好可能是在保存时有数据损失造成的。类似这种情况可以使用MP3 Repair Tool、NonCook、MpTrim等工具来修复该文件或去掉这些杂音。本案例选择NonCook工具来修复该文档。NonCook是专门用来修复有破损的

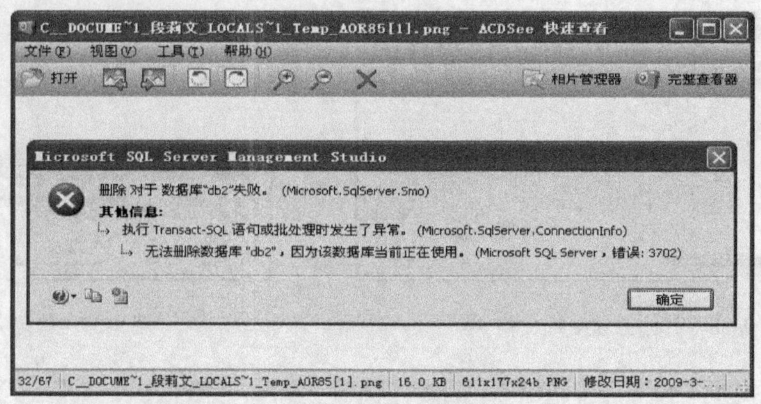

图 9-42 原文档中的图片

MP3 文件的程序，同时也具有消除这些杂音的功能，从而使 MP3 文件恢复原状。其具体操作步骤如下：

1）启动 NonCook。双击 NonCook 程序图标会出现如图 9-43 所示的主界面。

2）创建文件关联。单击 Create Association 按钮，创建该程序与 MP3 文件的关联。

3）用 NonCook 修复 MP3 文件。选择要修复的 MP3 文件并单击鼠标右键系统会出现如图 9-44 所示的快捷菜单，选择“NonCook”命令，系统弹出如图 9-45 所示的“NonCook Version 2.0”对话框。然后单击“是”按钮，便开始进行修复，完成后会自动产生一个已修复的文件，其文件名为“XX. MP3. COOKED”（与源文件“XX. MP3”在同一目录）。

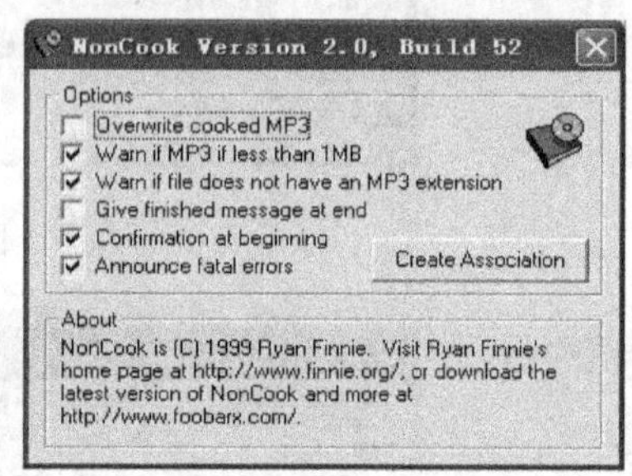

图 9-43 NonCook 主界面

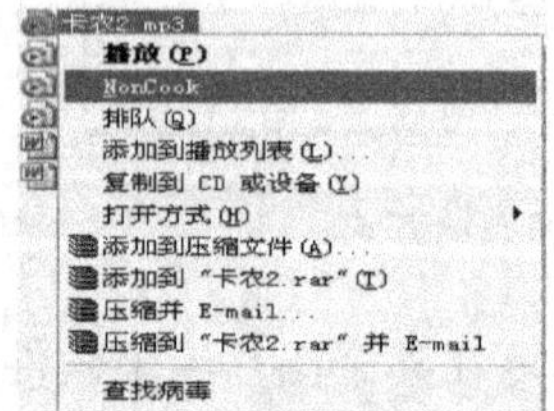

图 9-44 MP3 文件与 NonCook 关联

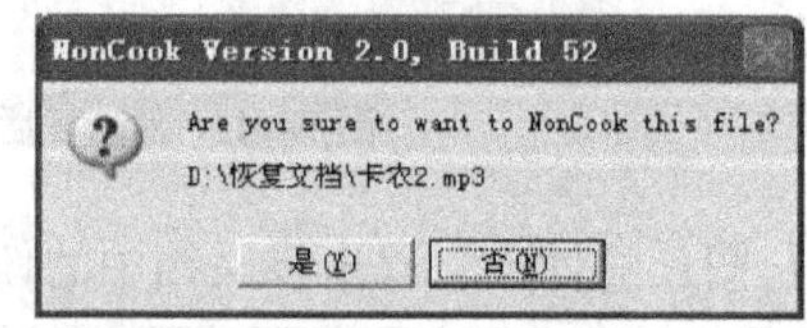

图 9-45 NonCook 的修复对话框

4）重命名修复后的文件。最后对已修复的“XX. MP3. COOKED”文件重命名，并去掉“. COOKED”字符即可。

9.3.3 视频文件的数据恢复

在互联网上有很多视频文件供用户播放，但有时因为网络用户太多导致在网上播放时要进行缓冲，于是很多人会利用空闲时间将该视下载下来再在本机上播放。但有时在本地播放 rm 格式的视频文件时，想跳到后面某部分时却不能拖动播放时间条，对于这种现象该如何

处理呢?

对于这种现象可通过 rm 视频文件修复专家或 Real 文件修复器或 Divx Avi Asf Wmv Wma Rm Rmvb 修复器或 ASF-AVI-RM-WMV Repair 等工具进行修复。在此，这里以 ASF-AVI-RM-WMV Repair 工具软件为例来完成该文档的修复操作。ASF-AVI-RM-WMV Repair 是一个可以快速修复被意外损坏不能正常播放或者不能拖动的视频文件的工具，它支持 ASF、AVI、RM、RMVB、WMV、WMA、DIVX、XVID、MPEG-4 等常用的视频文件格式。其具体操作步骤如下：

1）启动 ASF-AVI-RM-WMV Repair 程序并选择要修复的文件。启动该程序然后单击“添加文件”按钮来选择要修复的视频文件，如图 9-46 所示。

2）修复文件。选择好待修复的文件后单击“修复”按钮，便开始修复。修复完成后，会出现如图 9-47 所示的对话框。

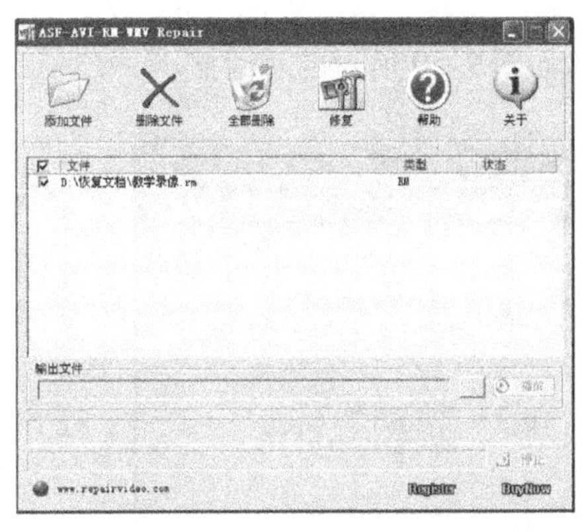

图 9-46　ASF-AVI-RM-WMV Repair 主界面

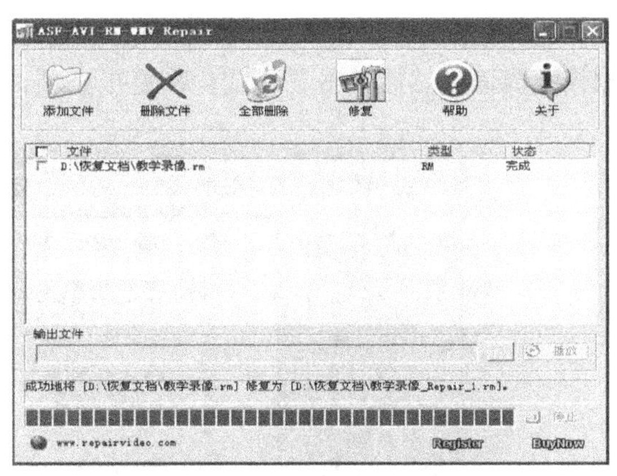

图 9-47　修复完毕的 ASF-AVI-RM-WMV Repair 界面

9.3.4　通用文档恢复工具 EasyRecovery

前面介绍了常用的几类文档，如 Office 文档、音频文档、视频文档等在出现某种故障时如何利用相应的修复工具来进行数据的修复操作。由于每类文档选择的工具软件不同，不便于大家理解与记忆，现实中有没有较通用的工具，即一种工具能修复几类或几种文档的工具呢？目前常用的工具是 EasyRecovery、Finaldata 等。在此，我们主要介绍 EasyRecovery 软件的功能，并结合具体案例，利用此工具来完成数据的修复操作。

EasyRecovery 硬盘数据恢复软件是世界著名数据恢复公司 Ontrack 所开发，支持磁盘诊断、数据恢复、文件修复、E-mail 修复等 4 大类目 19 个项目的各种数据文件修复和磁盘诊断方案的数据恢复工具。其数据恢复的思路是在内存中重建文件分区表使数据能够安全地传输到其他驱动器中。该软件可以恢复大于 8.4GB 的硬盘，支持长文件名。被破坏的硬盘中像丢失的引导记录、BIOS 参数数据块、分区表、FAT 表、引导区等都可以由它来进行恢复。本部分主要以对 E 盘误格式化后数据丢失，利用 EasyRecovery 来恢复数据为例，来介绍其 EasyRecovery 的相关操作。其操作步骤如下：

1）启动 EasyRecovery 程序。双击该程序图标会出现如图 9-48 所示的“EasyRecovery”主界面。

图 9-48　“EasyRecovery”主界面

2）数据恢复。在该主界面中单击左侧的“数据恢复”选项，进入如图 9-49 所示的数据恢复界面。然后单击“格式化恢复”选项，系统弹出如图 9-50 所示的对话框。

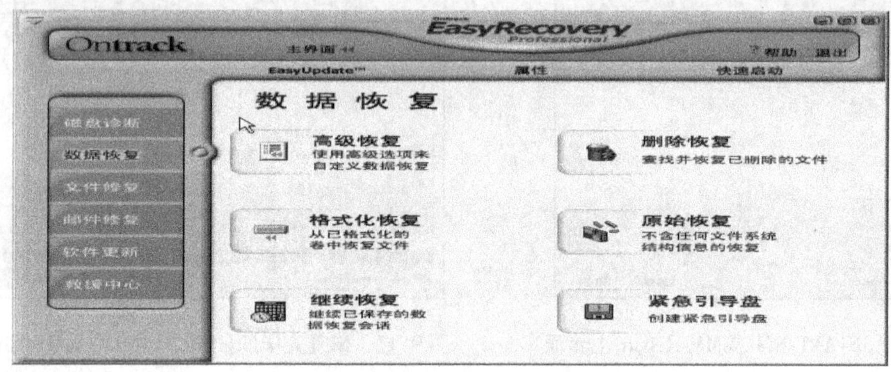

图 9-49　数据恢复界面

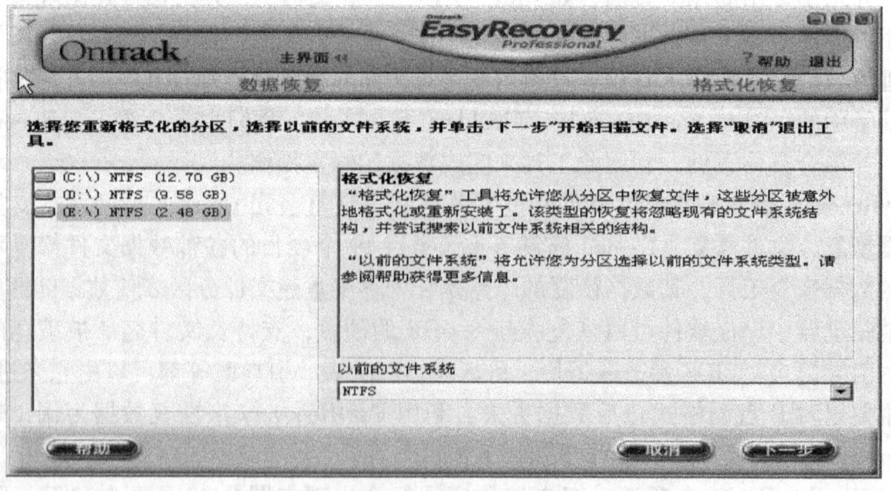

图 9-50　选择要恢复的盘符

3）设置要恢复的磁盘。在该对话框中选择要修复的盘符后，单击“下一步”按钮，就对指定的盘符进行扫描，扫描结果如图 9-51 所示的界面，并从中选择要恢复的文件或文件夹。

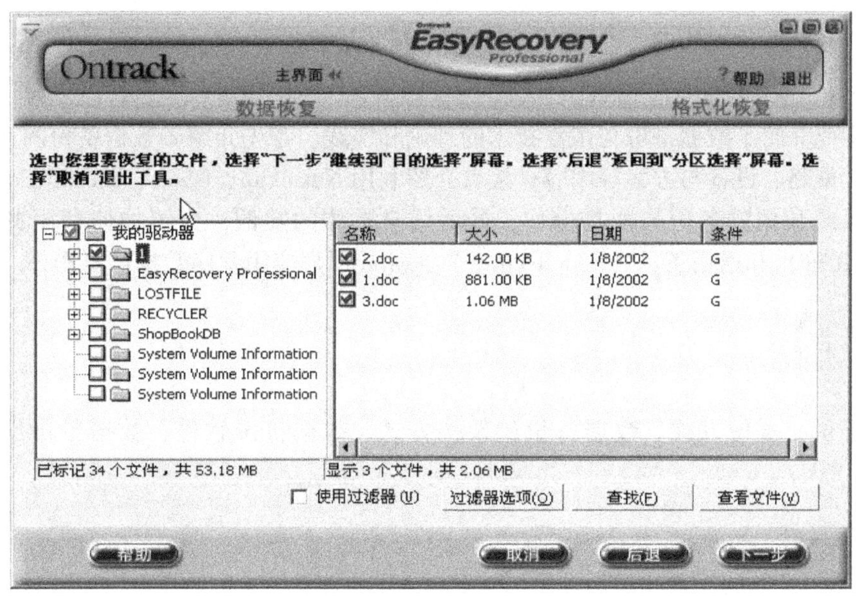

图 9-51　扫描文件系统界面

4）开始数据恢复。程序按指定的要求开始恢复文件，恢复完成后会出现如图 9-52 所示的对话框。单击“确定”按钮，即可完成指定文件或文件夹的恢复操作。

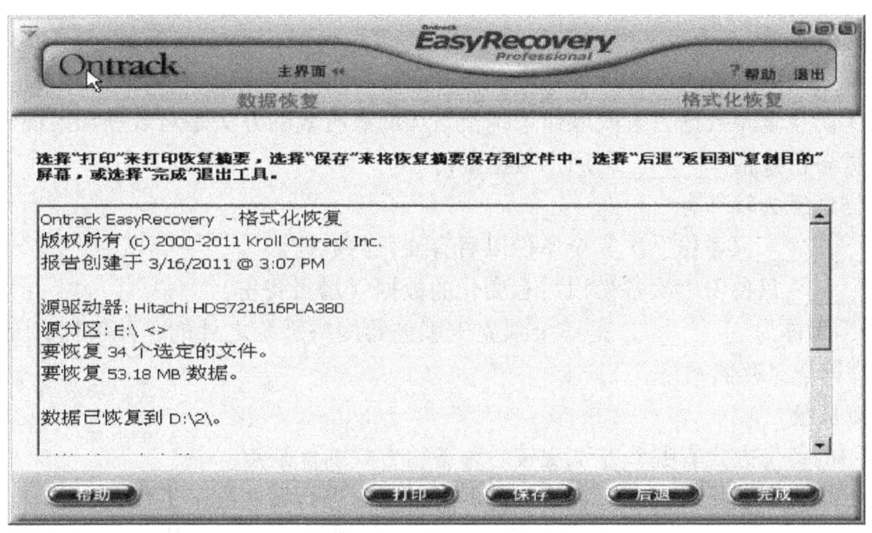

图 9-52　恢复完成的结果报告

至此，利用 EasyRecovery 就完成了指定的文件或文件夹的恢复。除此之外，EasyRecovery 还具有制作引导盘、高级数据修复等功能，用户可以根据具体的故障类型进行合适选择。

本章小结

本章主要介绍了数据备份与恢复技术的理论和实践。首先介绍了数据备份的重要性、定义、方式、策略、设备与方案等内容；接着介绍利用 Ntbackup、Ghost、Second Copy 2000 等工具完成系统数据的备份与恢复操作；最后结合具体的案例，介绍如何利用典型的工具（RM、AWR 等）和通用工具（EasyRecovey）来完成用户应用程序数据修复操作。

【关键概念】

数据备份、备份方式、数据备份的架构方式、数据备份软件、数据备份设备、数据恢复。

【课堂讨论】

1. 数据备份有什么必要性？
2. 有哪几种数据备份的方式？

复习思考题

一、填空题

1. 你知道的系统备份软件有__________。
2. 为了防止重要数据丢失或操作系统被破坏的最有效的方法是对数据和系统进行____。
3. 数据备份包括________和用户数据备份。
4. 数据恢复的软件有__________。
5. __________只备份上次完全备份以后有变化的数据。
6. ________只备份上次备份以后有变化的数据（增量备份）。
7. SAN 简称为________，是一个独立于服务器网络系统之外的，几乎拥有无限信息存储能力的高速信息存储网络。

二、简答题

1. 常用的备份方式有哪些？试比较各种备份方式的优缺点。
2. 什么是灾难恢复？在进行灾难恢复前之前需要进行哪些准备工作？
3. 请在 Vmworkstation 环境下利用 Ghost 完成系统数据的备份与恢复操作。
4. 请写出使用 EasyRecovery 软件还原误删文件的操作步骤。

实践与训练

1. 利用 Windows 自带的 Ntbackup 工具完成 C：\Windows\system 下所有文件的正常数据备份。

2. 尝试利用 Second Copy 2000 完成系统数据的完全备份，并注意观察该软件在进行数据备份时有何特点。

3. 在虚拟机 Vmworkstation 下利用 Ghost 来对 C 盘制作系统镜像文件 abc. gho。

第10章
网络安全系统的规划与设计

学习目标：

网络安全是一项系统工程，需要综合运用各种计算机安全技术。本章给出了一个网络安全系统规划的实例，使读者对网络安全系统规划和设计有一个直观的认识。

引例：

根据前面的学习我们知道，一般人认为的计算机病毒防护系统+防火墙安全保护策略早已不能满足现在网络的安全需求。因为现在的网络安全已自成系统，不再是网络的一个附属，它已经成为计算机网络必不可少的一个重要组成部分。因此，为企事业单位的网络设计适度、有效的网络安全保护系统，这就是本章所涉及的网络安全系统设计与规划。

10.1 网络安全系统规划设计概述

10.1.1 什么是网络安全系统规划设计

一般认为，网络安全系统，是针对具体的网络环境、网络应用需求而设计的，由多个具体的网络安全方案共同构成的一个相对完整的网络安全防御系统，而不是空洞地在谈网络安全。“网络安全系统”作用的对象可大可小，大的对象可以是整个网络系统，小的对象可以仅是某个具体的网络应用方案，如FTP服务器、电子邮件服务器等，但这些网络安全方案间不是完全独立的，而是彼此间互相支撑、互相弥补、互相兼容，共同形成一个完善的安全保障体系，也更因为如此，“网络安全系统设计”也绝不是一个个小的网络安全方案的简单拼凑，而是事先从全局角度，考虑到各个安全方案间的接口与支持等。

不同对象的网络安全系统中所需要包括的网络安全技术、产品、方案并不相同，并不是一讲到“网络安全系统”就希望把所有与网络安全有关的技术都囊括进来，这是不可能的，也是根本没有必要的，因为“网络安全”所涉及的技术、产品太多、太广，而且每时每刻都在发展和变化。因此，具体的安全系统设计与规划是根据具体的网络环境、应用需求和成

本预算而定的。

10.1.2 网络安全系统规划设计原则

虽然任何人都不可能保证能设计出绝对安全的网络系统，但是如果在设计之初就遵循一些合理的原则，那么相应网络系统的安全性就更加有保障了，如果设计时不全面考虑，消极地将安全措施寄托在事后“打补丁”的思路是相当不妥的，因为一旦出现事故，其损失可能是无法弥补的，网络安全系统设计过程中应遵循以下原则。

1. 木桶原则

木桶的最大容积取决于最短的一块木板。网络系统是一个复杂的计算机系统，它本身在物理上、操作上和管理上种种漏洞构成了系统的安全脆弱性，尤其是多用户网络系统自身的复杂性、资源共享性使单纯的技术保护防不胜防。因此，充分、全面、完整地对系统的安全漏洞和安全威胁进行分析、评估和检测是设计网络安全系统的前提条件。安全机制和安全服务设计的首要目的在于防止本系统潜在的最常用的攻击手段，根本目的在于提高整个系统的“安全最低点”的安全性能。

2. 整体性原则

整体性原则就是在安全保护策略中要全面包含：安全保护、监测和应急恢复方案，即在没有出现安全事故前有安全的预防和检测机制，在出现了事故后有补救机制。其中，安全防护机制是根据系统存在的各种安全威胁采取的相应防护措施，防止非法攻击；安全监测机制是检测系统运行情况，及时发现和制止对系统进行的各种攻击；安全恢复机制是在安全防护机制失效的情况下，进行应急处理，尽量及时地恢复系统和信息，减少破坏程度。

一个计算机网络包括使用人、设备、软件、数据等，这些环节在网络中的地位和影响作用，也只有从系统整体的角度去看待、分析，才能取得有效、可行的效果。因此，计算机网络安全应遵循整体安全性原则，根据规定的安全策略制定出合理的网络安全管理方案。

3. 需求、风险、代价平衡的原则

对于任何网络，绝对安全难以达到，所以需要建立合理的实用安全性和用户需求评价与平衡体系。安全管理解决方案设计要正确处理需求、风险与代价的关系，做到安全性与可容性相容，组织上可执行。评价信息是否安全，没有绝对的评判标准和衡量指标，只能决定于用户需求和具体的应用环境，具体包括系统的规模和范围、系统的性质和信息的重要程度。

4. 标准化与一致性原则

网络系统是一个庞大的系统工程，必须遵循一系列标准，这样才能确保各个分系统的一致性，使得整个系统安全地互联互通、信息共享。

一致性原则主要是指网络安全问题应与整个网络的工程周期（或生命周期）同时存在，制定的安全管理解决方案必须与网络的安全需求相一致。安全的网络系统设计（包括初步或详细设计）及实施计划、网络验证、验收、运行等，都要有安全的方法及措施。实际上，在网络建设的开始就考虑网络安全对策，比在网络建设好后再考虑安全措施，不但容易，且花费也小得多。

10.2 网络安全系统规划设计的基本方法

进行网络系统安全保密方案规划设计，首先要进行系统分析，以了解、掌握系统的详细情况；然后根据系统的实际情况分析网络的脆弱性和面临的威胁，并进行风险分析，确定安全保密的防护重点；依据国家有关信息安全保密标准、法规和文件进行安全系统设计，明确所采用的安全技术、措施和产品，提供恰当的配置方案，并规范整个网络系统的安全保密管理；最后，提出安全保密建设的实施计划和经费概算。因此，网络系统安全保密方案的主要内容应包括以下几个方面。

1. 系统分析

系统分析是对系统建设使用单位情况、物理环境、网络平台、软件、信息资源与应用系统、系统管理情况进行分析，主要包括：

1）硬件资源、存储介质、软件资源、信息资源等系统资源的情况。

2）系统的用户和网络管理人员的情况。

3）网络结构图（含传输介质的情况）及相关描述。

4）应用系统的情况，如应用系统的名称、功能、所处理信息的密级、用户范围、访问权限、安全保密措施等。

2. 脆弱性分析和威胁分析

系统安全保密方案应分析网络的脆弱性，结合系统的实际情况分析所面临的威胁。例如，如果网络中采用了公共网络进行数据传输，就存在通信数据被窃听的威胁。除此之外，可能还存在如下威胁：非法访问、电磁泄漏发射、通信业务流分析、假冒、恶意代码、破坏信息完整性、抵赖、破坏网络的可用性、操作失误、自然灾害和环境事故、电力中断等。

根据脆弱性分析和威胁分析的结果，分析利用这些薄弱环节进行攻击的可能性，评估如果攻击成功所带来的后果，根据涉密系统所能承受的风险确定系统的防护重点。

3. 安全保密需求分析

针对系统的安全保密风险，从技术和管理两方面分析，并确定系统的安全保密需求，至少包括：

1）机房选址与机房建设。

2）物理隔离与安全域的划分。

3）违规外联监控。

4）网络身份鉴别与访问控制。

5）恶意代码与计算机病毒防治。

6）入侵检测。

7）信息传输的机密性、数据完整性校验。

8）操作系统安全与数据库安全。

9）备份与恢复。

4. 安全方案的系统设计

安全方案的系统设计是根据系统分析、威胁分析和风险分析、需求分析的结果，依据国家有关信息安全保密标准、法规和文件进行系统的安全保密系统设计。其中，方案的总体设计包括安全保密系统设计的目标、原则、安全策略和安全保密功能结构。方案的详细设计包括物理安全、运行安全、信息安全保密、安全保密管理、产品选型与安全服务等方面的详细设计。

5. 实施计划

实施计划包括工程组织、任务分工和精度安排。

6. 经费概算

经费概算包括总经费和分项经费的说明。

10.3　网络安全系统规划设计案例

下面以一个学校为例，按 10.2 节介绍的网络安全规划设计的基本方法，来解析安全方案设计和实施过程。

10.3.1　系统分析

该学校校园占地面积为 146 万 m^2，教职工人数为 2000 人，学生总数有 1.7 万余人。网络分为内部校园网和 Internet，校园网共接入近 1000 个信息点。

关键网络设备为 Cisco 3640 路由器、Cisco Catalyst 2950 24 口交换机（WS-C2950-24）、Cisco Catalyst 3550 交换机、Cisco Catalyst 4006 交换机。

学校内部校园网由服务器区和用户区组成。其中，服务器区包括 Web 服务器、OA 服务器、MIS 系统服务器等。其网络拓扑结构如图 10-1 所示。

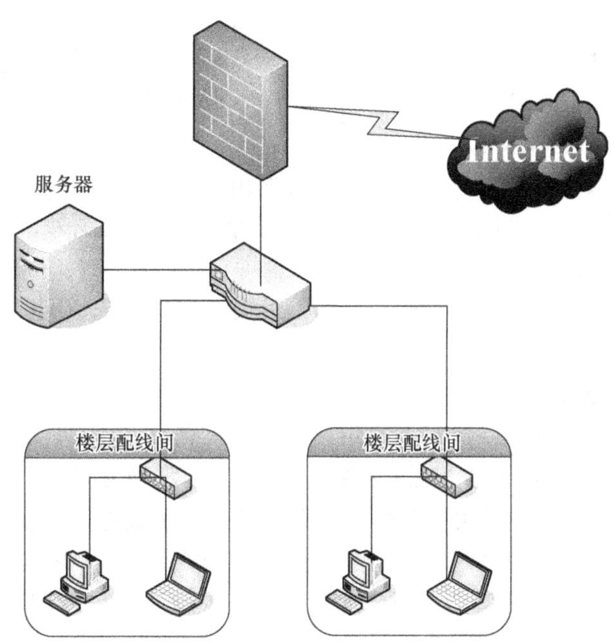

图 10-1　某学校的网络拓扑结构

10.3.2　脆弱性分析和威胁分析

1. 网络层脆弱性分析和威胁分析

网络层安全需求是保护网络不受攻击，确保网络服务的可用性。在保证必要的信息交互时，学校内部的网络能够被 Internet 访问，来自 Internet 的网络入侵和攻击行为就很有可能

发生，主要存在以下问题：

1）缺乏对网络安全事件的审计。

2）缺乏对网络安全状态的量化评估。

3）缺乏对网络安全状态的实时监控。

4）缺乏能够预防来自 Internet 的网络入侵和攻击行为的发生。

5）缺乏对网络入侵和攻击的实时鉴别。

6）缺乏对网络入侵和攻击的预警。

7）缺乏对网络入侵和攻击的阻断与记录。

2. 应用层脆弱性分析和威胁分析

应用层安全主要与单位的管理机制和业务系统的应用模式相关。

1）非法用户利用应用系统的后门或漏洞，强行进入系统。

2）非法用户利用合法用户的用户名，破译用户密码，然后假冒合法用户身份，访问系统资源。

3）非法用户或者合法用户访问在其权限之外的系统资源。

4）攻击者利用网络窃听工具取经有网络传输的数据包。

10.3.3 安全保密需求分析

1. 选址要求

机房选址于机房建设应满足 GB 50174—1993、GB 2887—2000 和 GB 9361—1988 的国家标准，并在防火、防水、防震、电力、布线、配电、温湿度、防雷、防静电等方面到达 GB 9361—1988 中 B 类机房建设要求。

应对中心机房等重要部位人员进出情况进行视频监控。

在区域控制方面除在大楼周围设置安保人员进行 24 小时巡逻外，还要在大楼内出入口设置安保人员登记出入情况。

门控及物理通道控制措施包括在中心机房等处设置门禁系统，同时有日志记录人员出入情况。

2. 物理隔离与安全域的划分

为了方便学校网络的管理，应将普通用户区的接入点 IP 与服务器区的 IP 划分在不同的网段，然后对网段根据实际需求进行管理。比如，普通用户区使用 210.42.90.0 和 210.42.89.0 网段，而服务器区就用 210.42.88.0 网段。在做防火墙设置时对 90 和 89 段就可使其正常访问网络。而 88 网段就可设成只进不出，对于一些只用在学校内部系统的服务器（如学校 OA 系统）就可让其与外部隔离，只能从内部访问。当然，如果非得从外面登录，则可借助虚拟专用网络（VPN）软件。

3. 违规外联监控

对内部网络主机监视网络用户的 Internet 接入行为，有效防范不安全因素对涉密网络的威胁，确保核心数据安全。

学校在对学生的管理遇到的问题越来越突出，主要有下面问题：

1）学生对群体性事件的负面评论开始增多。

2）学生对政治、国家领导的过激评论开始增多。

3）学生对学校情况、院校领导的负面评论开始增多。

4）学生访问不健康站点的情况开始增多。

5）学生沉迷于网游，学习成绩下降的情况开始增多。

作为学校的 IT 管理者，为了规范学生们的上网行为，就需要在学校网络主干道上设置监控设备。

4. 网络身份鉴别与访问控制

学校的服务器区有很多应用系统，比如行政办公用的 OA 系统，教务管理用的教务管理系统，包括学校网站的后台管理系统。而这些系统是否安全会关系到学校运转是否正常，因此对系统使用者的身份认证是很重要的操作，所以学校需要增设身份鉴别服务器。

5. 恶意代码与计算机病毒防治

学校网络比较庞大，分布于不同楼层，大且分散，但都通过网络中心治理，需要统一的防病毒软件管理系统。

6. 入侵检测

为了能够第一时间发现入侵事件，将损失降到最低，需配置一台入侵检测系统。

7. 信息传输的机密性、数据完整性校验

信息在网络传输过程中可能会被截取、篡改，因此学校在开发网络应用系统时需要考虑数据机密性、完整性保护机制。

8. 操作系统安全与数据库安全

操作系统和数据库的安全关系到学校信息的安全，因此需要进行安全设置。

9. 备份与恢复

信息社会最有价值的莫过于数据，数据一旦丢失往往会造成灾难性的后果。备份策略是指确定需备份的内容、备份时间及备份方式。各个单位要根据自己的实际情况来制定不同的备份策略。数据的备份与恢复工作是重中之重，其中合理、高效的备份策略是必不可少的。

10.3.4　安全方案的系统设计

1. 总体方案

根据上面的需求，我们给出了一个总体安全方案，如图 10-2 所示。

机房的选址与建设按照 GB 50174—1993、GB 2887—2000 和 GB 9361—1988 的国家标准来进行。

2. 防火墙的部署

防火墙选用的是 Cisco 公司的 ASA5550，为了达到整体安全的目的，需要将其部署到学校网络入口处，服务器区与普通用户区分开管理是通过在 ASA5550 防火墙上设置策略来实现。其主要策略如下：

服务器区：

```
access-list 100 extended permit ip any host 210.42.88.3
access-list 100 extended permit ip any host 210.42.88.4
access-list 100 extended deny ip any 210.42.88.0 255.255.255.0
access-list 100 extended deny ip any 210.42.89.0 255.255.255.0
```

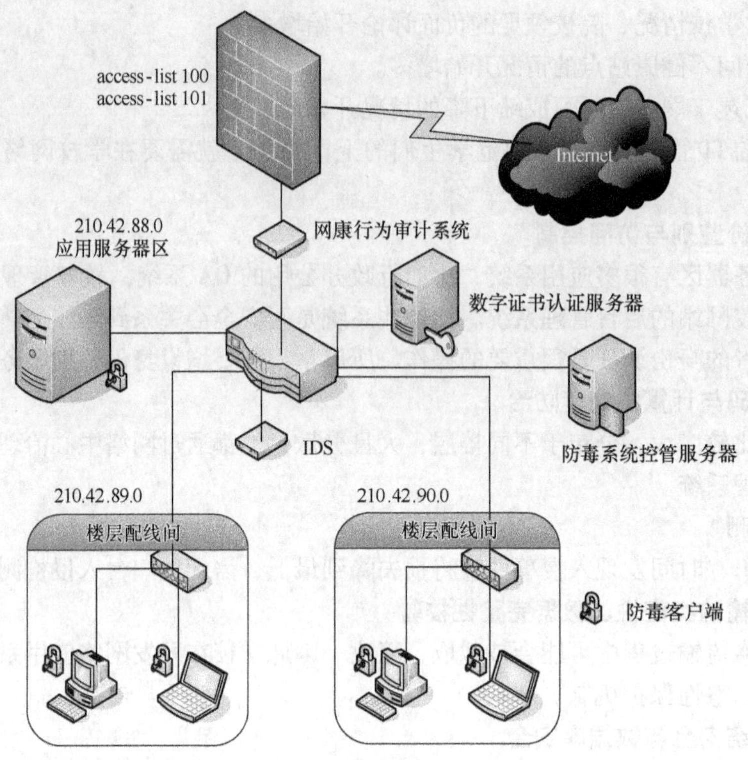

图10-2 安全方案

access-list 100 extended deny ip any 210. 42. 90. 0 255. 255. 255. 0

access-list 100 extended permit icmp any any

access-list 100 extended permit ip any any

普通上网区：

access-list 101 extended permit ip 210. 42. 89. 0 255. 255. 255. 0 any

access-list 101 extended permit ip 210. 42. 90. 0 255. 255. 255. 0 any

上面的语句设置了两个访问列表，access-list 100 是用于服务器区的访问策略，只能访问进来，不能访问出去。210. 42. 88. 0 网段作为服务器区将适用于该访问列表，其中 210. 42. 88. 3、210. 42. 88. 4 是用于外网可访问的服务器，而 88 网段的其他 IP 将只能被内网访问到。access-list 101 是用于普通上网区的访问策略，其意思是 89 和 90 网段的用户可以访问出去，但外界不能直接访问进来。

3. 系统审计

为了能够监视内部网络主机网络用户的 Internet 接入行为，需要在学校网络的主干道上增加一台监控设备。图 10-2 中，防火墙后面设置了一台网康行为审计系统。网络管理员可以通过 HTTP 来使用其系统。使用界面如图 10-3 所示。

4. 证书认证系统

为了进行身份鉴别与访问控制，这里使用数字证书认证系统。该系统部署在核心交换机处，以保证能够直接管理到各个网段。管理员可以通过证书认证系统实现对证书的签发和处理，密钥管理，查看日志和生成审计报告。

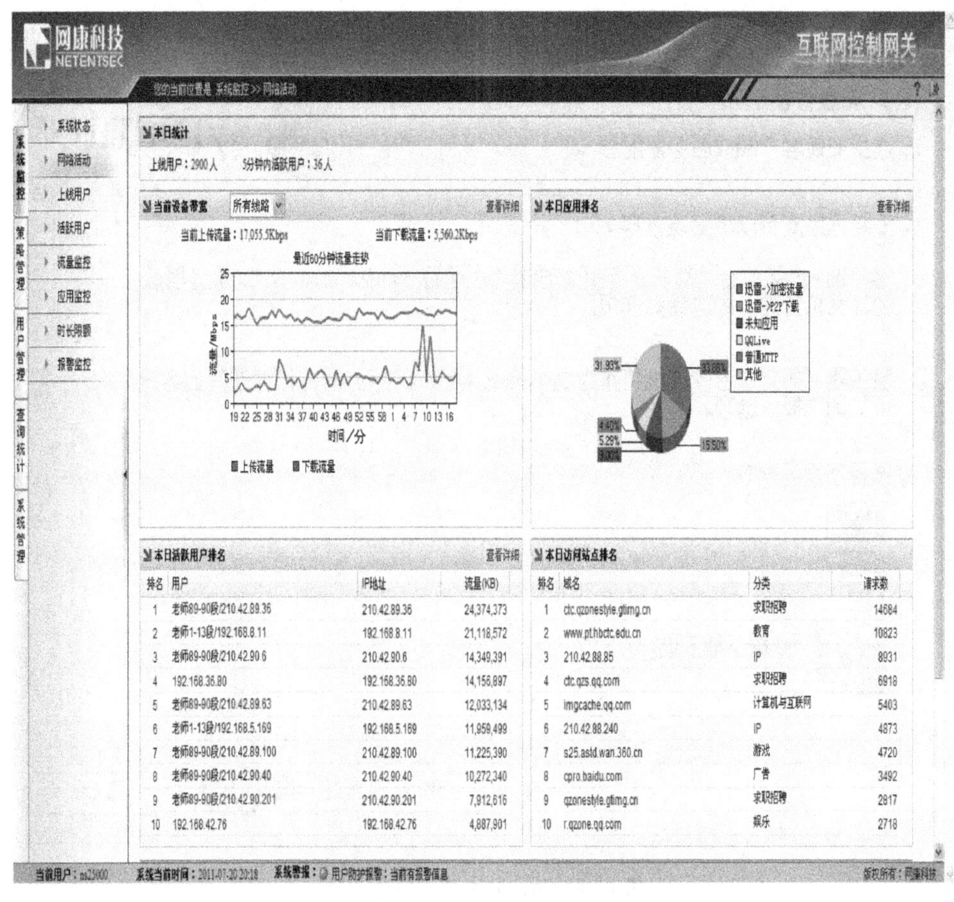

图 10-3　审计系统界面

5. 病毒防护

学校的防病毒系统需要做到全面防毒，快捷部署，易于治理，统一更新。可以部署企业版防毒系统。防毒系统分为控管中心和客户端两大部分。在图 10-2 中，控管中心直接连接核心交换机，客户端则要求内部网络的每台用户计算机都需安装。这里部署的是 Symantec 网络防病毒系统。Symantec AntiVirus 企业版主要有 3 个部分：一级服务器、二级服务器和客户端。客户端直接装在各个主机上。而每个网段部署有一台防病毒二级服务器。所有二级服务器都由一级服务器监控。防病毒服务器的安装主要由 4 步骤：选择服务器端、添加服务器组、开启自动防护和进行 LiveUpdate。图 10-4 是选择安装服务器或客户端的界面。

病毒扫描策略包括：

1）手动扫描。管理员可对服务器和客户端手动扫描查杀病毒，如图 10-5 所示。

2）调度扫描。可以设置在特定时间间隔为一天、一周或一月。

3）自动防护。对服务器和客户端进行实时防护。

6. 入侵检测模块（IDS）

为了实时地掌握网络中的各种访问连接情况，及时发现各种可能的攻击企图，与防火墙系统联动，及时发现网络的入侵，为有效阻断入侵提供技术支撑，所以需要部署入侵检测系统或者模块，这里使用的是 Cisco 的 WS-SVC-IDS2-BUN-K9 入侵检测模块。

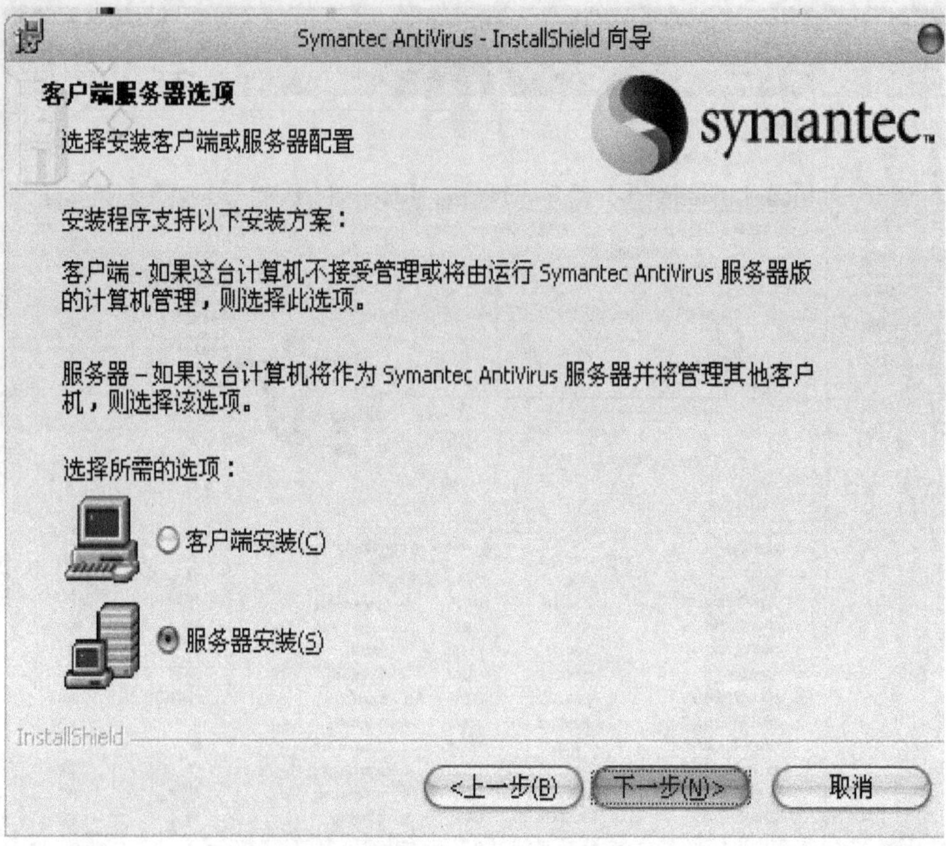

图 10-4　Symantec AntiVirus 安装

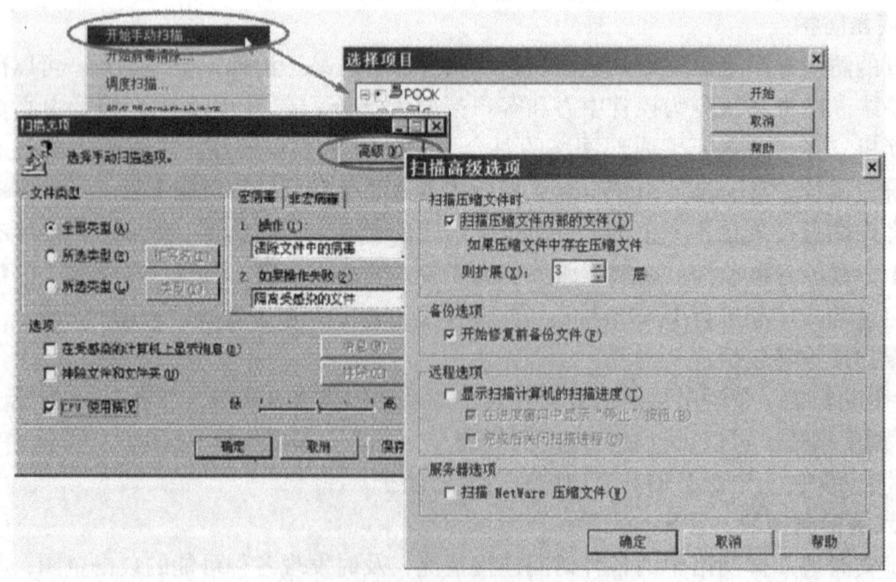

图 10-5　设置手动扫描策略

这里要特别注意，为了确保 IDS 正常工作，这里需要使用“show module”命令来验证 IDS 模块是否被交换机识别，下面为正常状态“show module”命令显示。

```
router# show module
Mod Ports Card Type Model Serial No.
--------------------------------------------------------------------
1 48 48 port 10/100 mb RJ-45 ethernet WS-X6248-RJ-45 SAD0401012S
2 48 48 port 10/100 mb RJ45 WS-X6348-RJ-45 SAL04483QBL
3 48 SFM-capable 48 port 10/100/1000mb RJ45 WS-X6548-GE-TX SAD073906GH
6 16 SFM-capable 16 port 1000mb GBIC WS-X6516A-GBIC SAL0740MMYJ
7 2 Supervisor Engine 720(Active)WS-SUP720-3BXL SAD08320L2T
9 1 1 port 10-Gigabit Ethernet Module WS-X6502-10GE SAD071903BT
10 3 Anomaly Detector Module WS-SVC-ADM-1-K9 SAD084104JR
11 8 Intrusion Detection System WS-SVC-IDSM2 SAD05380608
13 8 Intrusion Detection System WS-SVC-IDSM-2 SAD072405D8
```

7. 数据备份策略

备份策略指确定需备份的内容、备份时间及备份方式。各个单位要根据自己的实际情况来制定不同的备份策略。目前被采用最多的备份策略主要有完全备份（Full Backup）、增量备份（Incremental Backup）和差异备份（Differential Backup）。根据实际需求来设定策略，可 3 种搭配起来使用，如每周一至周六进行一次增量备份或差分备份，每周日进行全备份，每月底进行一次全备份，每年底进行一次全备份。

此外，还可以根据实际需求选择使用备用服务器，准备备份服务器，可先在原服务器上做完全的备份，再把此备份放到备份服务器上做还原，使两边的数据同步，以后可以定期对原数据库做事务日志备份，把事务日志放到备份服务器上还原，当原服务器出现问题即可使用备份服务器接上网络提供服务。

本章小结

本章主要介绍了网络安全系统规划设计的原则和方法，并以某学校的网络安全规划为例作了解析。通过这一章的学习，读者可以了解网络安全技术的整体规划方法。

【关键概念】

网络安全系统、木桶原则、标准化与一致性原则、需求、风险、代价平衡的原则。

【课堂讨论】

1. 结合当前的黑客和网络安全技术，你认为网络安全规划里还有什么需要补充的？
2. 现在社会上网络的安全主要受到哪些方面的威胁？

复习思考题

1. 网络安全规划有哪些原则？
2. 安全保密需求分析的需要考虑哪些方面？

实践与训练

1. 给你所在的学校设计出一份网络安全规划方案。
2. 搜索资料，总结目前有哪些评估网络安全方案合理性的机构和方法。

参考文献

[1] 张涛. 网络安全管理技术专家门诊 [M]. 北京：清华大学出版社，2005.

[2] 罗诗尧. 黑客攻防实战进阶 [M]. 北京：电子工业出版社，2008.

[3] 肖军模. 网络信息安全 [M]. 北京：机械工业出版社，2006.

[4] 肖松岭. 网络安全技术内幕 [M]. 北京：北京邮电大学出版社，2008.

[5] 李剑. 信息安全导论 [M]. 北京：科学出版社，2007.

21世纪高职高专规划教材书目（基础课及电和计算机类）

（有*的为普通高等教育“十一五”国家级规划教材并配有电子课件）

*高等数学（理工科用） 第2版
高等数学学习指导书（理工科用） 第2版
计算机应用基础 第2版
应用文写作
应用文写作教程
经济法概论
法律基础
法律基础概论
*C语言程序设计
工程制图（非机械类用）
工程制图习题集（非机械类用）
离散数学
电工电子基础
电路基础
单片机原理与应用
电力拖动与控制
*可编程序控制器及其应用（欧姆龙型）
可编程序控制器及其应用（三菱型）
工厂供电
微机原理与应用

模拟电子技术
*数字电子技术
数字逻辑电路
*办公自动化技术
现代检测技术与仪器仪表
传感器与检测技术
*制冷原理与设备
制冷与空调装置自动控制技术
电视机原理与维修
自动控制原理与系统
电路与模拟电子技术
低频电子线路
电路分析基础
常用电子元器件
单片机原理及接口技术案例教程
多媒体技术及其应用操作系统
*数据结构
数据库基础及其应用
数据库设计及其应用
软件工程
微型计算机维护技术
汇编语言程序设计

VB6.0程序设计
VB6.0程序设计实训教程
Java程序设计
*C++程序设计
Delphi程序设计
计算机网络技术
网络应用技术
网络数据库技术
网络操作系统
网络安全技术 第2版
网络营销
网络综合布线
网络工程实训教程
*计算机网络技术实验实训指导
计算机图形学实用教程
*三维动画制作
*动画设计与制作
管理信息系统
电工与电子实验
专业英语（电类用）
计算机专业英语